高等学校计算机基础教育教材

C程序设计教程与实验

（第3版）

吉顺如　主　编

陶　恂　曾祥绪　副主编

U0304062

清华大学出版社

北　京

内 容 简 介

本书在内容编排上力求重点突出、难点分散,在语言描述上注重概念清晰、通俗易懂,并通过大量的例题分析将理论知识与实践相结合,以期逐步提高学生编写程序的能力。

全书共分 10 章,内容包括 C 语言程序设计概述、顺序结构程序设计、选择结构程序设计、循环结构程序设计、数组、函数、指针、结构体与共用体、文件以及 C 语言编程实例——简易物联网监控系统。本书每章均有精心设计的上机实验和难易适当的习题供学生练习,具体题型包括选择题、填空题、改错题和编程题,可以让学生在反复实践中提高设计程序和调试程序的能力。

本书可作为高等院校理工科各专业"高级语言程序设计"课程的教材,也可为对程序设计有兴趣的读者提供帮助。

本书封面贴有清华大学出版社防伪标签, 无标签者不得销售。

版权所有, 侵权必究。举报: 010-62782989, beiqinquan@tup.tsinghua.edu.cn。

图书在版编目(CIP)数据

C 程序设计教程与实验/吉顺如主编.—3 版.—北京:清华大学出版社,2022.1 (2023.8重印)
高等学校计算机基础教育教材
ISBN 978-7-302-59714-8

Ⅰ.①C… Ⅱ.①吉… Ⅲ.①C 语言-程序设计-高等学校-教材 Ⅳ.①TP312.8

中国版本图书馆 CIP 数据核字(2021)第 261372 号

责任编辑:刘翰鹏
封面设计:何凤霞
责任校对:李 梅
责任印制:沈 露

出版发行:清华大学出版社
      网　　　址:http://www.tup.com.cn, http://www.wqbook.com
      地　　　址:北京清华大学学研大厦 A 座　　　　邮　　编:100084
      社 总 机:010-83470000　　　　　　　　　邮　　购:010-62786544
      投稿与读者服务:010-62776969, c-service@tup.tsinghua.edu.cn
      质量反馈:010-62772015, zhiliang@tup.tsinghua.edu.cn
      课件下载:http://www.tup.com.cn, 010-83470410
印 装 者:天津鑫丰华印务有限公司
经　　销:全国新华书店
开　　本:185mm×260mm　　　印　　张:20.25　　　字　　数:463 千字
版　　次:2011 年 6 月第 1 版　2022 年 1 月第 3 版　　印　　次:2023 年 8 月第 4 次印刷
定　　价:58.00 元

产品编号:094579-01

  C语言是国内外广泛使用的计算机程序设计语言,是高等院校理工科相关专业重要的专业基础课程。C语言功能丰富,使用灵活方便,程序执行效率高,可移植性好,既可以用来编写系统程序,又可以用来编写应用程序,因此得到越来越多程序员的青睐。

  本书是根据教育部《关于进一步加强高等学校计算机基础教学的意见》的教学基本要求和高等院校计算机基础教学改革的需要,结合作者多年讲授C语言程序设计课程的教学经验编写而成。

  本书的教学目标是培养学生的逻辑思维能力和程序设计能力,因此在内容编排上力求重点突出、难点分散,在语言描述上注重概念清晰、通俗易懂,并通过大量的例题分析将理论知识与实践相结合,以期逐步提高学生编写程序的能力。

  本书在第2版的基础上将有些内容进行了整合,并根据教学反馈增加了"本章常见错误小结",以使读者"少走弯路"。具体内容安排如下。

  第1章主要介绍C程序的结构、C程序的基本要素以及C程序的集成开发环境。

  第2章主要介绍运算符和表达式、C语言的基本语句、输入与输出函数以及算法的概念。

  第3章主要介绍关系运算符、逻辑运算符以及选择结构控制语句。

  第4章主要介绍循环结构控制语句、循环的嵌套。

  第5章主要介绍一维数组、二维数组和字符串。

  第6章主要介绍结构化与模块化程序设计思想、函数的定义与调用、变量的作用域和存储类别。

  第7章主要介绍指针的概念、指针变量的定义以及指针与数组、指针与函数的关系。

  第8章主要介绍结构体、链表、共用体的定义及应用。

  第9章主要介绍文件的操作函数。

  第10章通过综合运用C语言的各种编程技巧和数据类型,结合基本的硬件知识,开发一个简单的物联网监控系统,示范了初学者如何使用C语言轻松进入智能化领域编程。

  由于C语言程序设计是一门理论性、实践性较强的课程,为了帮助学生掌握有关的基本概念和程序设计方法,每章均有精心设计的上机实验和难易适当的习题供学生练习,具体题型包括选择题、填空题、改错题和编程题,可以使学生在反复实践中提高设计程序和调试程序的能力。

　　本书有对应的微信订阅号(ID：ProgramDesign_)，可以观看部分编程教学视频、习题参考解答、数据结构与算法等资源。本书配套的 PPT 文件可到清华大学出版社官方网站下载。

　　本书由上海电机学院吉顺如主编，计春雷主审。第 3 版编写分工：第 1 章由吉顺如、任远编写；第 2、5、9 章及附录由吉顺如编写；第 3 章由陶恂编写；第 4 章由张艳编写；第 6 章由任远编写；第 7、8 章由王中华、吉顺如编写；第 10 章由曾祥绪编写。全书由吉顺如统稿。

　　在本书编写过程中得到了许多教师的帮助，在此表示诚挚的谢意。由于编者水平有限，书中不足之处在所难免，恳请读者批评指正。

编　者

2021 年 9 月

目　录

第1章

C 语言程序设计概述

计算机处理问题是由程序来控制的。程序是人们根据解决问题的思路,利用计算机程序设计语言编制的能完成一定功能的指令序列。程序设计是指用计算机程序设计语言编制计算机程序的过程。

C 语言是一种计算机程序设计语言,起源于 20 世纪 70 年代,最初用于编写 UNIX 操作系统,后来由于 C 语言强大的功能及可移植性,使 C 语言迅速得到推广,并成为世界上应用最为广泛的程序设计语言之一。

本章通过几个简单的例子来认识 C 语言,了解 C 语言的结构特点、书写格式以及在 Dev-C++ 集成环境和 Visual Studio 2019 集成环境下调试 C 语言程序的方法。

1.1 C 程序简介

为了说明 C 程序的结构特点以及书写格式,下面通过几个例子来认识一下 C 程序。

【例 1-1】 在屏幕上输出一行信息。

```
#include <stdio.h>                              /* 编译预处理命令 */
int main(void)                                  /* 主函数 */
{                                               /* 函数体开始 */
    printf("This is my first C Program!\n");    /* 在屏幕上输出信息 */
    return 0;
}                                               /* 函数体结束 */
```

运行结果为:

```
This is my first C Program!
```

程序说明:

(1) 程序的第 1 行是 C 语言中以 # 开头的编译预处理命令,以 .h 为扩展名的文件称为头文件,通过文件包含命令 # include 将头文件 stdio.h 包含进自己编写的 C 程序中。所谓头文件是系统内置的已经编写好的程序,用户通过文件包含命令实现对头文件的调用,头文件用尖括号<>或双引号" "括起来。此处的 stdio.h 是标准的输入/输出函数头文件。若要在程序中实现输入/输出,需使用系统内置的库函数,如该程序中的 printf() 函数,则必须在程序的开始处写上预处理命令 # include <stdio.h>或 # include "stdio.h",详见附录 B。

(2) 程序的第 2~第 6 行是 C 程序主函数 main() 的定义。main 前面的 int 表明该函数将返回一个整数值。圆括号中的 void 表明没有给 main 函数传递任何数据。在 C 语言程序中,必须有而且只能有 1 个 main()主函数,C 程序的执行总是从 main()函数开始。从{开始,到}结束的部分称为函数体。第 4 行 printf()函数的功能是在屏幕上输出信息,双引号内的\n 表示换行,即信息在屏幕上输出后,光标定位到下一行。最后的分号";"是 C 程序语句结束的标记。

(3) 在 C 语言中,以/ * 开头、* /结束的内容或以//开头的内容是程序的注释。注释是对代码的"提示",注释可以出现在程序的任何位置,用以帮助理解程序。运行程序时,注释部分将不被执行。一般地,程序块的注释采用/ * … * /,行注释采用"//…"。

(4) 函数体中最后一条语句"return 0;"有两个作用:一是使 main 函数终止(从而结束程序);二是指出 main 函数的返回值是 0,这个值表明程序正常终止。如果 main 函数的末尾没有 return 语句,程序仍然能终止,但是,许多编译器会产生一条警告信息。

【例 1-2】 从键盘输入两个整数,求它们的乘积。

```
#include <stdio.h>
int main(void)
{
    int a,b,cj;                        //定义 3 个整型变量
    printf("Please Input Two Integers:\n"); //在屏幕上输出提示信息
    scanf("a=%d,b=%d",&a,&b);          //从键盘输入两个整数分别放入变量 a 和 b 中
    cj=a*b;                            //将 a 和 b 的乘积赋给变量 cj
    printf("cj=%d\n",cj);              //在屏幕上输出乘积 cj 的值
    return 0;
}
```

运行结果为:

```
Please Input Two Integers:
a=7,b=9↙
cj=63
```

说明:

(1) 程序的第 4 行是变量的定义语句。C 语言用变量来存放数据,此处用关键字 int 定义 3 个整型变量 a、b、cj,表示这 3 个变量中可以存放整数。在定义变量时,多个变量之间以逗号","分隔。

(2) 程序的第 6 行 scanf()函数的功能是从键盘输入两个整数分别放入变量 a 和 b 中,其中%d 是格式控制符,表示从键盘输入数据的类型是十进制整数;& 是取地址符,表示从键盘输入的数放到 & 符号后面变量所对应的存储地址中。假如从键盘输入的两个数是 7 和 9,则此处 scanf()函数的输入方式为:$a=7, b=9$。注意:双引号中普通字符原样输入。

(3) 程序的第 7 行是赋值语句,"="是赋值运算符,其功能是把"="右边表达式 $a *$ b 的乘积值赋给左边的变量 cj。

(4) 程序的第 8 行功能是在屏幕上输出乘积 cj 的值,注意双引号中的 cj=是普通字符原样输出。%d 表示输出数据的类型是十进制整数,后面 cj 的值对应输出在%d 的

位置。

【例 1-3】 从键盘输入两个实数,比较它们的大小,在屏幕上输出其中较小的数。

```c
#include <stdio.h>
float min1(float x,float y);        //函数声明语句
int main(void)
{
    float a,b,min;                  //定义 3 个 float 实数类型的变量
    printf("Please Input a,b: ");   //输出提示信息
    scanf("%f,%f",&a,&b);           //从键盘输入两个数分别存入变量 a 和 b
    min=min1(a,b);                  //调用函数 min1(),并将返回值赋给变量 min
    printf("min=%f\n",min);         //输出结果
    return 0;
}
float min1(float x,float y)         //定义函数 min1()
{
    float z;                        //定义变量 z 是 float 实数类型
    if(x<y)                         //条件判断语句,判断 x 是否小于 y
        z=x;                        //如果 x<y,则执行该行赋值语句
    else                            //否则,即 x 不小于 y,则执行下一行赋值语句
        z=y;
    return(z);                      //返回 z 的值
}
```

运行结果为:

```
Please Input a,b: 1.2,5.4↙
min=1.200000
```

说明:

(1) 本程序中定义了 main() 和 min1() 两个函数。其中 main() 函数是 C 语言程序必不可少的,min1() 函数是用户根据功能需求自己定义的,称为用户自定义函数。这两个函数是相互平行的,它们可以通过调用发生联系。所有被调用的函数都必须先定义后使用,main() 主函数不可以被其他函数调用。

(2) 程序的第 2 行是一条函数声明语句,当被调用函数写在主调函数的后面时,必须对被调用函数进行声明,以使系统在编译时识别。

(3) 程序的第 7 行 scanf() 函数和第 9 行 printf() 函数中的"%f"是格式控制符,表示输入和输出数据的类型是 float 类型,即实型,也称为单精度浮点型。

(4) 程序的第 12～第 20 行是用户自定义函数 min1(),其功能是比较两个实数的大小,并将其中较小的数返回调用该函数的语句。

1.2 C 程序的结构与书写格式

通过 1.1 节中的 3 个例子,可以看出 C 语言程序的结构和书写格式如下。

1. C 程序的结构

(1) C 程序由函数构成。一个 C 源程序可以由一个 main() 主函数和若干个用户自

定义函数构成，其中 main() 主函数必须有而且只能有一个，通常 main() 函数以"return 0;"语句结束。函数是 C 程序的基本单位。

（2）函数由函数首部和函数体两部分组成。如例 1-3 中的用户自定义函数 min1()，其中 float min1(float x, float y)是函数首部，包括函数名 min1、函数类型 float、参数类型 float 和参数 x 和 y。注意：函数名后面的一对圆括号不可缺少。此函数中各项的含义为：

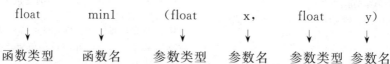

函数体是函数首部后面一对大括号{}内的内容。函数体一般由两部分组成：对所使用的变量进行定义的说明部分和完成各种操作的执行部分。

（3）C 程序的执行总是从 main() 函数开始，并到 main() 函数结束。main() 函数在整个程序中的位置可以任意。

（4）C 程序的语句以分号";"结束。

（5）C 程序中包含注释，以方便理解程序，注释不参与程序的执行。

2. C 程序的书写格式

为便于阅读和理解，C 程序的书写一般遵循以下规则。

（1）一个语句占一行。用 C 语言书写程序时较为自由，既可以一行写一个语句，也可以一行写多个语句，还可以一个语句分多行来写，但为了清晰起见，建议一个语句占一行。

（2）英文字母严格区分大小写。C 程序中英文字母严格区分大小写，一般书写 C 程序时使用小写字母。C 语言规定了 37 个有特定意义的单词，称为关键字，这些关键字在使用时必须是小写字母。

（3）采用缩进格式的书写方法。为了看清 C 程序的层次结构，便于阅读和理解程序，C 程序一般都采用缩进格式的书写方法。缩进格式要求在书写程序时，不同结构层次的语句，从不同的起始位置开始，同一结构层次中的语句，缩进同样个数的字符位置。

（4）为了便于阅读和理解程序，在程序中适当添加注释信息。在编写程序时应力求遵循以上书写规则，以养成良好的编程习惯。

1.3 C 语言的特点

计算机程序设计语言一般可以分为机器语言、汇编语言和高级语言。

机器语言是计算机能够直接识别的语言，其操作指令只能由二进制代码 0 和 1 构成。汇编语言是为方便记忆和编写程序，用一些助记符表示二进制代码，是一种与机器语言对应的符号化的语言，汇编语言编写的程序不能被计算机识别，必须通过专门的汇编程序将符号转换成二进制代码才能执行。高级语言是 20 世纪 50 年代发展起来使用人们习惯的自然语言编写程序的计算机语言，高级语言编写的程序计算机也不能直接识别和执行，必须通过专门的编译程序转换成机器语言才能执行，其转换的方式有两种：一种是解释方式,即将高级语言编写的程序翻译一句执行一句;另一种是编译方式,即将高级语言编写的程序全部翻译成机器语言,生成可执行文件后再执行。C 语言采用的是编译方式。

C 语言是一种介于汇编语言和高级语言之间的程序设计语言,它有以下特点。

(1) 程序结构简洁紧凑。C 程序由若干函数构成,各函数是相互独立的,它们通过调用发生联系,C 语言是一种模块化程序设计语言。程序书写形式自由。

(2) 表达能力强且应用灵活。C 语言运算符丰富,共有 34 种,可以组成各种类型的表达式以提高运算效率。C 语言数据类型丰富,包括整型、实型、字符型、数组类型、指针类型、结构体类型、共用体类型等,能实现各种数据结构的运算,从而可以适应不同的功能需求。

(3) 生成的目标程序质量好,执行效率高。C 语言具有汇编语言的许多特性,允许直接访问物理地址,能进行位操作,可以直接对硬件进行操作。用 C 语言编写的程序经编译后生成的可执行代码比用汇编语言编写的代码执行效率仅低 $10\%\sim20\%$。

(4) C 程序可移植性好。C 语言通过调用标准输入/输出库函数实现输入/输出功能,因此 C 语言不依赖于计算机硬件系统,从而便于在不同的计算机之间实现程序的移植。

由于 C 语言具有上述众多特点,已经成为程序设计的主要语言之一,被广泛应用于计算机的系统软件和应用软件的开发。

1.4　C 程序的开发过程

简单的 C 程序从编写到得到最终结果,其开发过程如图 1-1 所示。

1. 编辑源程序

用高级语言编写的程序称为源程序。将 C 语言编写的源程序输入编辑器,并保存为文件,扩展名为.c。

2. 编译程序

编译程序就是将 C 源程序转换成机器语言程序,编译的作用是对源程序进行词法检查和语法检查,如果没有错误,则生成目标程序,文件扩展名是.obj;如果存在错误,则编译系统给出的出错信息分为两种,一种是错误(error),一种是警告(warning)。凡是检查出 error 类的错误,就不能生成目标程序,必须改正后重新编译。

编译中没有出现错误,只能说明程序中没有词法和语法错误。

3. 链接程序

使用系统的"连接程序"将目标文件与系统的库文件和系统提供的其他信息链接起来,生成可执行的二进制文件,扩展名是.exe。

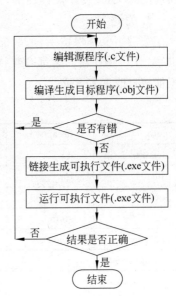

图 1-1　C 程序的开发过程

4. 运行程序

运行.exe可执行文件,得到运行结果。若运行结果不正确,则需检查并修改源程序,重复上述步骤,直到得到正确的运行结果为止。

1.5 C程序的基本要素

1.5.1 标识符

程序中变量、类型、函数和标号等的名称统称为标识符。在C语言中,有两类标识符。

1. 用户自定义标识符

由用户根据需要自行定义的标识符,通常用作函数名、变量名等,如自定义函数名Add,变量名x、y、sum等。

标识符的命名必须遵循一定的规则。C语言规定,标识符只能由字母(A~Z,a~z)、数字(0~9)和下划线(_)组成,并且其第一个字符必须是字母或下划线。以下标识符是合法的:

```
Average, x, x3, BOOK_1, sum5, _123
```

以下标识符是非法的,不能作为变量名或函数名:

6s(以数字开头),s * T(出现非法字符 *),bowy-1(出现非法字符-)

C语言是区分大小写的,即在标识符中,大小写字母是有区别的。例如BOOK和book是两个不同的标识符。

标识符虽然可由用户随意定义,但它是用于标识某个量的符号,因此,命名应尽量有相应的意义,以便于阅读理解,做到"见名知意"。

2. 关键字

关键字又称保留字,是系统已有的标识符,表1-1中列出的关键字(C99新增5个关键字)对C编译器而言都有着特殊的意义,用户只能按其预先规定的含义来使用它们,而不能擅自改变其含义。

表 1-1 关键字

auto	break	case	char	const	continue
default	do	double	else	enum	extern
float	for	goto	if	inline[①]	int
long	register	restrict[①]	return	short	signed
sizeof	static	struct	switch	typedef	union
unsigned	void	volatile	while	_Bool[①]	_Complex[①]
_Imaginary[①]					

注:① 仅C99有。

1.5.2　数据类型、常量和变量

在 C 语言中使用的数据都是有类型的,即通过类型说明数据的种类。数据有常量和变量之分。

1. 数据类型

C 语言提供了丰富的数据类型:①系统定义的基本数据类型,包括整型、浮点型(实型)和字符型;②构造类型(由若干个基本数据类型的变量按特定的规律组合构造而成的数据),包括数组、结构体、共用体、枚举等;③指针类型;④无值类型 void。

各种数据所能表示的数据精度不同,因而它所占用的内存空间的大小也不同。在程序中直接给出的数据,计算机可以自动识别数据的类型,但当使用标识符来表示可变化的数据时,就需要考虑该数据变化的范围和精度。下面仅就基本数据类型来分析所能表示的数的精度和所占用的内存空间。表 1-2 列出了 32 位机的整型数据所占存储空间与范围。

表 1-2　32 位机的整型数据

数 据 类 型	字节数	数 值 范 围
整型 int	4	$-2147483648 \sim 2147483647(-2^{31} \sim 2^{31}-1)$
无符号整型 unsigned int	4	$0 \sim 4294967295(0 \sim 2^{32}-1)$
短整型 short int	2	$-32768 \sim 32767(-2^{15} \sim 2^{15}-1)$
长整型 long int	4	$-2147483648 \sim 2147483647(-2^{31} \sim 2^{31}-1)$
无符号长整型 unsigned long int	4	$0 \sim 4294967295(0 \sim 2^{32}-1)$

另外,C99 标准提供了两个额外的数据类型:long long int 和 unsigned long long int 以满足日益增长的对超大型整数的需求。同时为了支持 64 位运算的新处理器的能力,这两个 long long 类型要求至少 64 位宽。long long int 的取值范围为:$-9223372036854775808 \sim 9223372036854775807(-2^{63} \sim 2^{63}-1)$,而 unsigned long long int 的取值范围为:$0 \sim 18446744073709551615(0 \sim 2^{64}-1)$。

C 标准没有说明 float、double 和 long double 类型提供的精度到底是多少,因为不同的计算机可以用不同的方法存储浮点数。大多数现代计算机都遵循 IEEE754 标准的规范。表 1-3 列出了根据 IEEE 标准实现时浮点类型数据所占存储空间、范围及精度。

表 1-3　浮点类型(IEEE 标准)

数 据 类 型	字节数	有效位数	数值范围(绝对值)
单精度浮点型 float	4	6~7	$1.17549 \times 10^{-38} \sim 3.40282 \times 10^{38}$
双精度浮点型 double	8	15~16	$2.22507 \times 10^{-308} \sim 1.79769 \times 10^{308}$
扩展精度浮点型 long double	10(16)	18~19	约 $10^{-4932} \sim 10^{4932}$

说明:long double 类型的长度随着机器的不同而变化,而最常见的大小是 80 位和 128 位。

C 语言设置字符类型 char 的目的是存储字母和标点符号之类的字符。字符类型所占存储空间为 1 字节。C 语言把字符当作小整数进行处理,因此字符类型 char 存储的是整数而不是字符。char 类型可以是 signed char 类型(取值范围为 $-128\sim127$),也可以是 unsigned char 类型(取值范围为 $0\sim255$),具体取决于编译器。也就是说,不同机器上的 char 类型可能有不同范围的取值,因此为了使程序保持良好的可移植性,我们所声明的 char 类型变量的值应该限制在 signed char 与 unsigned char 的交集范围内。

2. 常量

常量是在程序执行过程中其值不能被改变的量。常量有各种不同的数据类型,常量的类型通常由书写格式决定。例如:25 是整型常量,25.36 是浮点型常量,'A'是字符常量,"ABC"是字符串常量。

1) 整型常量的表示形式

计算机中的数据都以二进制形式存储。在 C 语言中,使用的整型常量有十进制、八进制和十六进制 3 种。

(1) 十进制整数:由数字 $0\sim9$ 组成,没有前缀,不能以 0 开始。数字前可带正负号。如 221、-128、0、$+9$。

(2) 八进制整数:由数字 $0\sim7$ 组成,以 0 为前缀。如 015。

(3) 十六进制整数:由数字 $0\sim9$ 和字母 $A\sim F$($a\sim f$)组成,以 0X 或 0x 为前缀。如 0X2A。

在程序中是根据前缀来区分各种进制数的,因此在书写常数时不要把前缀弄错,造成结果不正确。

整型常量的后缀:若整数后面加 L 或 l 表示是长整型数,如 158L、012L、0x15L 等。若整数后面加 U 或 u 表示是无符号整型数,如 358u、0x3A8u 等。

2) 浮点型常量的表示形式

计算机中的实数也称浮点数。如 3.14159、-42.8 等都是浮点型常量。在 C 语言中,浮点型常量的表示方法有两种。

(1) 十进制小数形式:由数字 $0\sim9$ 和小数点组成。注意必须有小数点,如 0.123、-12.36、.78、18. 等都是合法的表示形式,其中,.78 等效于 0.78,18. 等效于 18.0。如果没有小数点,则不是浮点型常量。

(2) 指数形式:在实际应用中会遇到绝对值很大或很小的数,这时将其写成指数形式,更显得直观方便,如 0.00000234 写成 2.34×10^{-6},或者 0.234×10^{-7},但程序编辑时不能输入上标,因此 C 语言中用字母 e 或 E 来代表以 10 为底的指数。其一般形式为:

a e n(a 为十进制数,n 为十进制整数)

其值为 $a\times10^n$。

指数形式表示时要求 e 的前后均有数字,且 e 后面为整数。如 1.1e5,3.6e-2,0.6e7,-2.7e-2 等都是合法的表示形式,而 E7、2.7E、.e3 等都是不合法的表示形式。

一个浮点数可以有多种指数表示形式。例如 123.456 可以表示为 123.456e0,12.3456e1,1.23456e2,0.123456e3,0.0123456e4 等。

浮点型常量的后缀：浮点型常量的默认类型是 double 类型。若浮点常量加后缀 f 或 F,表示该常量是 float 类型,如 35.6f、12.5F 等;若浮点常量加后缀 l 或 L,表示该常量是 long double 类型。

3) 字符常量

字符常量是用单引号括起来的一个字符。

例如: 'a'、'A'、'＊'、'＄'、'?'都是合法字符常量。字符常量只能用单引号括起来,不能用双引号或其他括号;字符常量只能是单个字符;字符可以是字符集中任意字符。

转义字符是一种特殊的字符常量,它是以反斜线\开头,后跟一个或几个字符。转义字符具有特定的含义,不同于字符原有的意义,故称"转义"字符。常用的转义字符如表 1-4 所示。

表 1-4　常用的转义字符及其含义

转义字符	含　义	ASCII 码(十进制数)
\n	换行,将当前位置移到下一行开头	10
\t	水平制表(跳到下一个 Tab 位置)	9
\b	退格,将当前位置移到前一列	8
\r	回车,将当前位置移到本行开头	13
\f	换页,将当前位置移到下页开头	12
\a	发出铃声	7
\\	代表一个反斜杠字符"\"	92
\'	代表一个单引号符	39
\"	代表一个双引号符	34
\ddd	1～3 位八进制数所代表的字符	
\xhh	1～2 位十六进制数所代表的字符	

转义字符主要用来表示那些用一般字符不便于表示的控制代码。表中的\ddd 和\xhh 正是为此而提出的。ddd 和 hh 分别为八进制和十六进制的 ASCII 码。如\101 表示字母'A',\102 表示字母'B',\134 表示反斜线,\X0A 表示换行等。

4) 字符串常量

字符串常量是由一对双引号括起的字符序列。例如: "hello"、"C program"、"＄12.36"等都是字符串。无论双引号内是否包含字符、包含多少个字符,都代表一个字符串常量。

字符串常量和字符常量是不同的量,要特别注意它们之间的区别。

(1) 字符常量由单引号括起来,字符串常量由双引号括起来。

(2) 字符常量只能是单个字符,字符串常量则可以含零个或多个字符。

(3) 字符常量占 1B 的内存空间。字符串常量占的内存字节数等于字符串中字符个数加 1。增加的一个字节存放字符'\0'(ASCII 码为 0)。这是字符串结束的标志。

例如:如果有一个字符串常量 " hello ",实际上在内存中是

h	e	l	l	o	\0

它占内存单元不是 5 字节,而是 6 字节,最后一个字符为'\0'.但在输出时不输出'\0'.

字符常量'a'和字符串常量"a"虽然都只有一个字符,但在内存中的情况是不同的.

'a'在内存中占 1 字节,可表示为:

```
┌─────┐
│  a  │
└─────┘
```

"a"在内存中占 2 字节,可表示为:

```
┌─────┬─────┐
│  a  │ \0  │
└─────┴─────┘
```

特别注意,在写字符串常量时不必加'\0',因为'\0'是系统自动加上的.

5) 符号常量

在 C 语言中,还可以用一个标识符来表示一个常量,称为符号常量.符号常量在使用之前必须先定义,其一般形式为:

#define 标识符 字符串

其中,♯define 是一条预处理命令(预处理命令都以♯开头),称为宏替换,其功能是在程序中使用到"标识符"时都用其后的"字符串"替换.

符号常量在程序中不能被改变,也不能被赋值.符号常量通常用大写字母表示.使用符号常量可以增加程序的可读性,而且能做到"一改全改",增强程序的可维护性.

【例 1-4】 符号常量的使用.

```c
#define PI 3.14159          //定义符号常量
#include<stdio.h>
int main(void)
{
    float r,v;
    r=4;
    v=4.0/3 * PI * r * r * r;          //计算圆球体积
    printf("v=%.2f\n", v);
    return 0;
}
```

运行结果为:

```
v=268.08
```

程序中用标识符 PI 代表,用♯define 命令行定义 PI 代表字符串 3.14159,在程序编译过程中所有 PI 均用 3.14159 代替.

6) const 常量

const 是 C 语言的关键字,用 const 定义的标识符在程序运行过程中不允许被改动,这在一定程度上提高了程序的安全性和可读性.const 的语法格式如下:

```
const 类型名 标识符=数据;
```

例如：在程序中出现了"const float pi＝3.14159;"语句，则 pi 就会被当作常量，被称为常浮点型数据，并且在程序里无法修改 pi 的值。

3. 变量

变量是在程序执行过程中可以改变的量。在 C 语言中，变量必须"先定义、后使用"，即每个变量在使用之前都要用变量定义语句将其声明为某种具体的数据类型。

变量定义的一般形式：

```
类型名 变量名 1[，变量名 2]…;
```

其中，方括号内的内容为可选项，即可以同时声明多个相同类型的变量，多个变量之间用逗号分隔。例如：

```
int a;              //定义一个整型变量 a,用于存放整数
float max,sum;      //定义 2 个单精度浮点型变量 max 和 sum,用于存放实数
```

要注意的是变量名和变量值是两个不同的概念。变量名是由用户定义的标识符，用于标识内存中一个具体的存储单元，在这个存储单元中存放的数据称为变量的值。通常，定义但未赋初值的变量中，存放的是随机值（静态变量除外）。因此，C 语言允许在定义变量的同时对变量进行初始化（即为其赋初值）。其形式如下：

```
类型名 变量名 1=常量 1[,变量名 2=常量 2]…;
```

例如：

```
long int sum=0;         //定义 sum 为长整型变量,初值为 0
float score=68.5;       //定义 score 为单精度实型变量,初值为 68.5
char sex='M';           //定义 sex 为字符型变量,初值为'M'
```

【例 1-5】 大小写字母的转换。

分析：从 ASCII 码表中可以看出大小写字母的 ASCII 码值相差 32。

```
#include <stdio.h>
int main(void)
{
    char c1,c2;
    c1='a';
    c2='b';
    c1=c1-32;           //将小写字母 a 转换成大写字母 A
    c2=c2-32;           //将小写字母 b 转换成大写字母 B
    printf("%c, %c\n", c1, c2);
    return 0;
}
```

运行结果为：

```
A, B
```

1.6 C程序的集成开发环境

1.6.1 Dev-C++

Dev-C++ 是一个 Windows 环境下 C/C++ 的集成开发环境(integrated development environment,IDE),它是一款自由软件,遵守 GPL 许可协议分发源代码。Dev-C++ 的下载地址是 https://sourceforge.net/projects/orwelldevcpp/files/Setup％20Releases/,其中包含了各种版本,根据需要选择软件下载后双击即可安装。注意:安装过程中,语言选项选择 English,其余的默认即可,首次运行时选择简体中文则界面即为中文。

下面通过在 Dev-C++ 中运行简单的 C 程序来说明其用法。

1. 编辑 C 程序并保存

单击"开始"|"所有程序"|Bloodshed Dev-C++ /Dev-C++ 命令,打开 Dev-C++ 主窗口。执行"文件"|"新建"|"源代码",即新建了文件,并显示源程序编辑区。在编辑窗口中输入源程序,然后执行"文件"|"另存为"命令,在"保存为"对话框中的"文件名"后面文本框中输入 LT1-2,在"保存类型"后面下拉列表中选择 C source files(* .c),把 C 源程序保存文件名为 LT1-2.c。如图 1-2 所示。

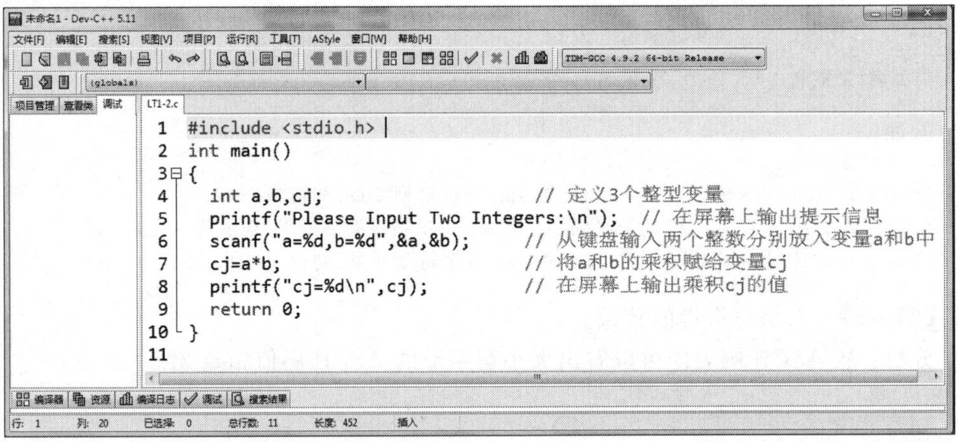

```
1  #include <stdio.h>
2  int main()
3  {
4      int a,b,cj;                    // 定义3个整型变量
5      printf("Please Input Two Integers:\n");  // 在屏幕上输出提示信息
6      scanf("a=%d,b=%d",&a,&b);      // 从键盘输入两个整数分别放入变量a和b中
7      cj=a*b;                        // 将a和b的乘积赋给变量cj
8      printf("cj=%d\n",cj);          // 在屏幕上输出乘积cj的值
9      return 0;
10 }
11
```

图 1-2　Dev-C++ 主窗口

2. 编译 C 程序

执行"运行"|"编译"命令或按 F9 功能键,或按工具栏中的编译按钮 ，一次性完成程序的编译和连接过程,并在下面信息框中显示编译结果信息:错误 0,警告 0。如图 1-3 所示。

3. 运行 C 程序

执行"运行"|"运行"命令或按 F10 功能键,或按工具栏中的运行按钮 ，弹出运行窗口,在窗口中根据提示输入相应数据,即可得到运行结果,如图 1-4 所示,其中"请按任意键继续"提示用户按任意键退出运行窗口,返回编辑窗口。

图 1-3　编译 C 程序

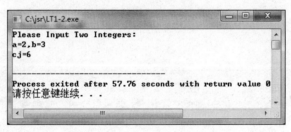

图 1-4　运行 C 程序

4. 调试 C 程序

假设有 C 源程序如图 1-5 所示,该程序中存在错误,要求纠正。这就需要进行程序调试,其方法如下。

首先编译 C 源程序,单击工具栏中的编译按钮 ▦,编译后显示错误信息,如图 1-6 所示。在信息窗口中双击错误信息,则在编辑窗口中可能的错误行前会显示一个红色的叉号,且错误行呈高亮显示。在该错误行或它的上行下行找到错误并修改程序,然后再编译,如此反复,直到程序编译正确,显示如图 1-7 所示的"错误:0,警告:0"信息为止。然后运行程序,观察结果是否正确,若结果错误,则再仔细检查程序,调试修改,直到得到正确的运行结果为止。

5. 编译工具条的显示与关闭

在工具栏空白处右击鼠标,在弹出的快捷菜单中"编译运行工具条"命令,可以显示或关闭如图 1-8 所示的"编译运行工具条"。其中从左到右第一个按钮是"编译(F9)",第二个按钮是"运行(F10)",第三个按钮是"编译运行(F11)",第四个按钮是"全部重新编译(F12)",第五个按钮是"调试(F5)"。

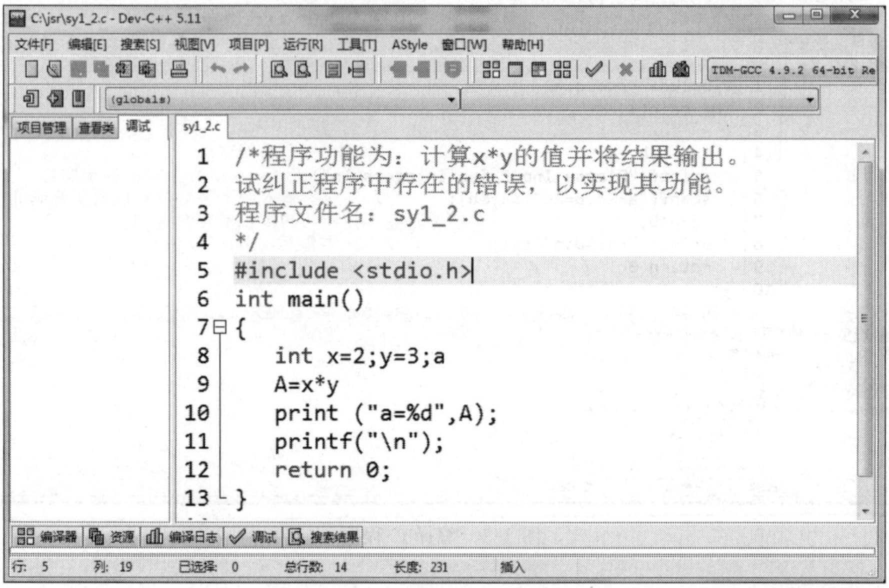

14

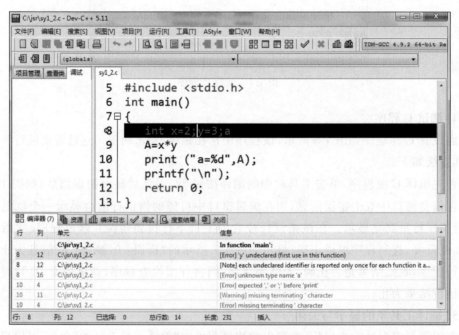

图 1-5　有错误的 C 程序

图 1-6　编译有错误的 C 程序

图 1-7　编译正确的 C 程序

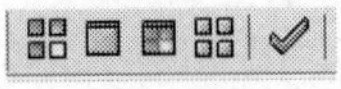

图 1-8　编译运行工具条

6. 使用调试按钮 ✓ 单步调试程序

编译如图 1-9 所示的 C 程序,编译无错误但是运行结果错了。一方面可以通过

图 1-9　编译无错误但运行结果不正确

C 语言的语法规则找到错误的原因;另一方面也可以通过单步调试来检查。

1) 设置断点

断点的作用是使程序执行到断点处暂停,此时可以观察当前变量的值。设置断点的方法是将光标定位到要设置断点的代码前面的序号上单击,则代码红色高亮显示,再次单击则取消断点设置。

2) 单步调试

在第 8 行行首单击设置断点,此时第 8 行代码为红色高亮显示,开始单步调试,单击工具栏中的调试按钮 ✅,则会显示"调试"信息窗口,其中有 10 个调试命令按钮,同时程序运行到断点处,第 8 行变成蓝色高亮显示,如图 1-10 所示。

图 1-10 "调试"信息窗口

单击"下一步"按钮,则蓝色高亮显示条移动到第 9 行,单击"添加查看"按钮,则弹出"新变量"对话框,在其中输入变量名,单击"OK"按钮,即可在左侧调试窗口中观察到变量 x 的值,如图 1-11 所示。

继续单击"下一步"按钮,则蓝色高亮显示条移动到第 10 行,此时把光标移到语句"printf("a=%f",A);"中的变量 A 处停留片刻,可以看到 $A=6$,如图 1-12 所示,表示变量 A 的值是 6,根据前面运算结果判断 A 的值正确。但为何最终输出结果是 0.000000?查找原因,原来变量 A 定义为 int 整型,那么其输出函数中的格式控制符应该是%d 而不是%f。单击"停止执行"按钮,则程序调试结束。修改错误后再次编译运行,得到正确结果。

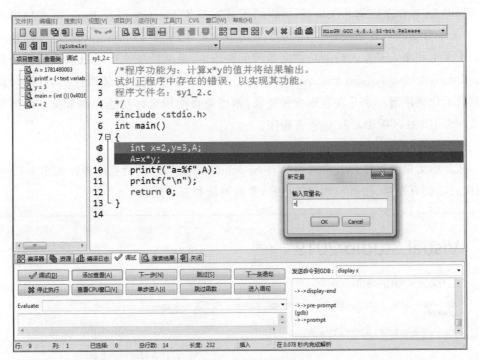

图 1-11 单步调试信息

图 1-12 观察单步调试信息 A＝6

1.6.2 Visual Studio 2019

Visual Studio 2019(以下简称 VS2019)集成开发环境是美国微软公司最新推出的基

于 Windows 操作系统的开发工具,可以用于开发 C/C++、C♯ 以及 Basic 等多种语言程序,功能十分强大且界面友好。VS2019 分为多种版本,其中 Community(社区版)是一个适用于学生和个人开发人员的功能完备的免费版本,最新的中文版可以从美国微软公司网站 https://visualstudio.microsoft.com/zh-hans/vs/下载。安装后首次运行时,只需根据提示免费注册一个开发者账户并登录,即可免费使用全部功能。本节仅介绍如何在中文 VS2019 社区版中开发 C 语言程序。

1. VS2019 启动界面

从开始菜单的程序列表中找到"Visual Studio 2019",启动后程序界面如图 1-13 所示(首次启动会有登录、注册和欢迎等信息,界面可能稍有不同)。

图 1-13   VS2019 启动界面

2. 创建新项目

VS2019 用项目的方式组织程序,一个程序就是一个项目,项目中包含解决方案。在图 1-13 中选择"创建新项目"后,单击"下一步"按钮,打开"创建新项目"对话框,如图 1-14 所示。

选择"Windows 桌面向导"后,单击"下一步"按钮,打开"配置新项目"对话框,如图 1-15 所示。

填写项目名称并指定存储位置后,单击"创建"按钮,打开"Windows 桌面项目"对话框,如图 1-16 所示。

在"应用程序类型中"选择"控制台应用程序"。在"其他选项"中勾选"空项目"。单击"确定"按钮,出现 VS2019 的主界面,如图 1-17 所示。

图 1-14　"创建新项目"对话框

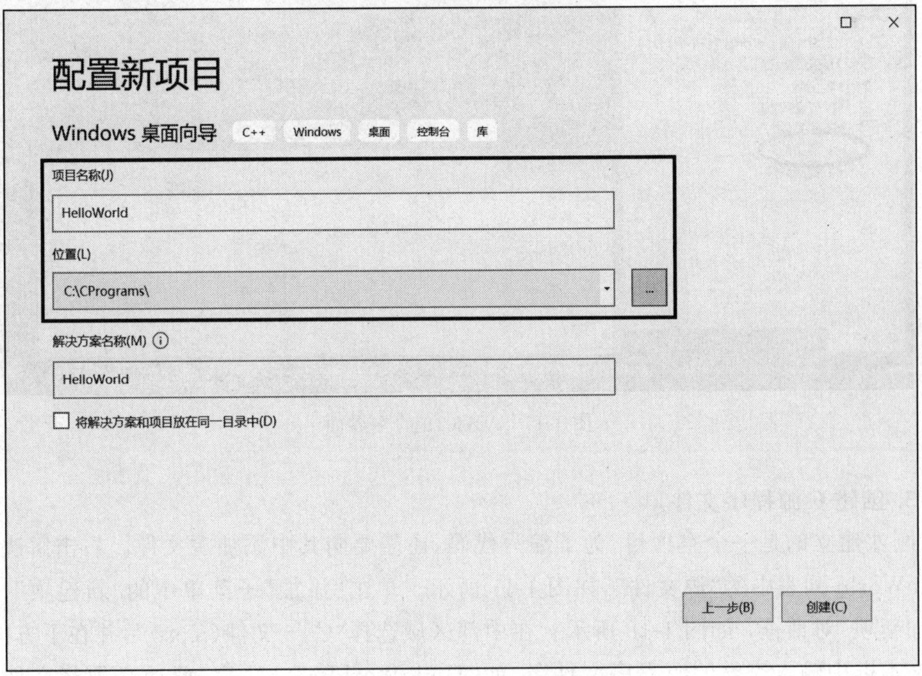

图 1-15　"配置新项目"对话框

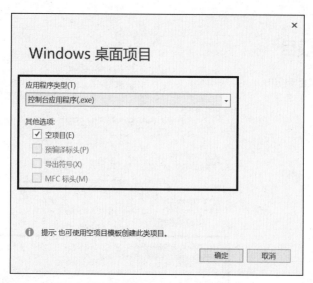

图 1-16 "Windows 桌面项目"对话框

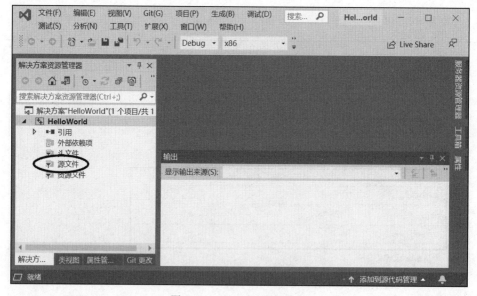

图 1-17 VS2019 的主界面

3. 创建 C 源程序文件

刚才建立的是一个空项目，为了编写代码，还需要向其中添加源文件。右击解决方案 HelloWorld 列表中的"源文件"，如图 1-17 所示。单击"添加"子菜单中的"新建项"，出现 "添加新项"对话框，如图 1-18 所示。在中部区域选择"C++ 文件（.cpp）"，并在下方的"名 称"文本框中输入完整的源程序文件名，如"HelloWorld.c"。注意，此处必须将文件扩展 名从默认的".cpp"（C++ 语言源程序文件扩展名）改为".c"（C 语言源程序文件扩展名），因 为 VS2019 会根据扩展名自动选择使用 C 或 C++ 语言编译器编译源程序。如果用 C++ 编译器编译 C 程序,可能存在一定的兼容性问题。

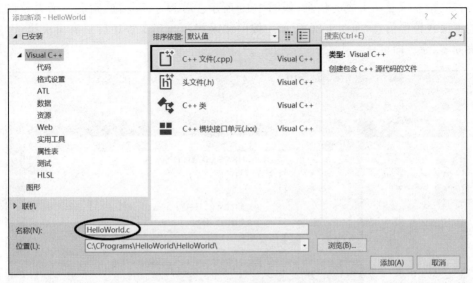

图 1-18　"添加新项"对话框

单击"添加"按钮,完成源程序的建立并返回程序的主窗口,此时选项卡中显示当前编辑的源程序文件名 HelloWorld.c,如图 1-19 所示。光标在代码编辑区闪烁,表示代码编辑区已激活,可以编辑源程序。

图 1-19　程序的主窗口

4. 编译、连接和运行源程序

在代码编写过程中,可以随时执行菜单栏的"编辑"|"高级"|"设置文档的格式"命令自动格式化代码,提高代码的可读性。代码编写完毕后,执行"生成"|"生成解决方案"命

令,完成对程序的编译和连接,生成可执行的"HelloWorld.exe"文件,右侧主窗口的下方"输出"区将显示成功生成的信息,如图 1-19 所示。若程序不正确,则会显示失败以及具体的错误或警告信息,如图 1-20 所示。按照错误提示改正源程序后只需再次执行"生成解决方案"命令即可。

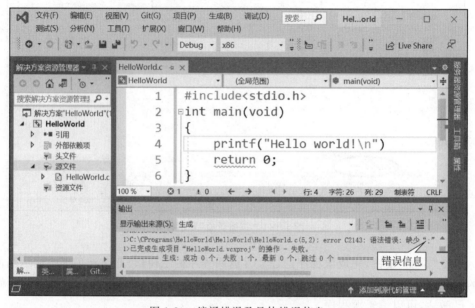

图 1-20　编译错误及具体错误信息

生成解决方案后,执行"调试"|"开始执行(不调试)"命令,或者按快捷键 Ctrl+F5 执行程序,如图 1-21 所示。

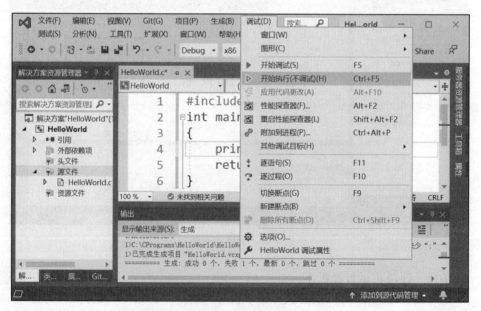

图 1-21　执行程序

若程序正确,结果将在一个 DOS 窗口(控制台)中显示。程序运行完毕后,系统会自动加一行提示信息"按任意键关闭此窗口...",如图 1-22 所示,按任意键即可关闭 DOS 运行窗口返回 VS2019 开发环境主窗口。

图 1-22　程序运行结果

5. 关闭和打开项目

项目开发完成后,为了节约系统资源,应该将当前项目关闭,执行"文件"|"关闭解决方案"命令,或关闭 VS2019,即可关闭整个项目。

需要重新打开程序时,从操作系统的文件管理器定位到项目文件夹,单击其中的".sln"文件即可打开项目,如图 1-23 所示。

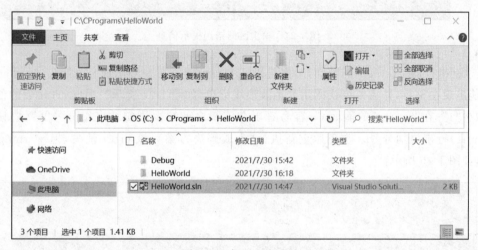

图 1-23　打开已有项目

6. 程序的调试

编译系统能检查程序的语法错误。编译时如果出现错误(error),则代码不能生成可执行程序,一定要全部改正;如果出现警告(warning),虽然再次执行编译强行忽略警告则代码可以生成可执行程序,但程序可能存在瑕疵,应尽量全部改正。编译系统对于程序中的逻辑错误(程序能运行,但中途异常或结果非预期)无能为力。调试的任务是发现和改正程序中的非语法错误,使程序能正常运行并得到正确的结果。

1）通过输出区的提示信息修改语法错误

如前所述,在编译程序(生成解决方案)时,输出区会显示具体的信息,如图 1-24 所示。

输出信息指出程序有 1 个 error 和 1 个 warning。单击第一行"error C2143：语法错

图 1-24　输出区的错误提示信息

误：缺少";"(在"return"的前面)，则代码区中 return 一行左侧出现一个箭头，标明 error
可能出现在该行，并且该行代码用红色波浪线突出，如图 1-24 所示。根据 error 后的信息
"缺少";"(在"return"的前面)"，容易看出在该行之前缺少语句结束符分号";"，应该在
printf()行末添加分号。改正后重新执行"生成解决方案"，该 error 消失，但 warning 仍
在，如图 1-25 所示。

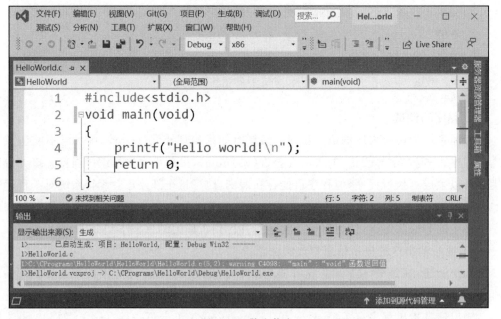

图 1-25　警告信息

该 warning 后信息表示 main()的返回值类型是 void,但实际返回值的类型是 int,两者不匹配。若确认 warning 无关紧要,可以再次执行"生成解决方案"将其强行忽略,如图 1-26 所示。此时将正常生成可执行文件,程序可以运行,但程序中包含瑕疵。最好改正全部 warning,将 main()的返回值类型修改为 int,重新执行"生成解决方案"以生成完全正确的程序。

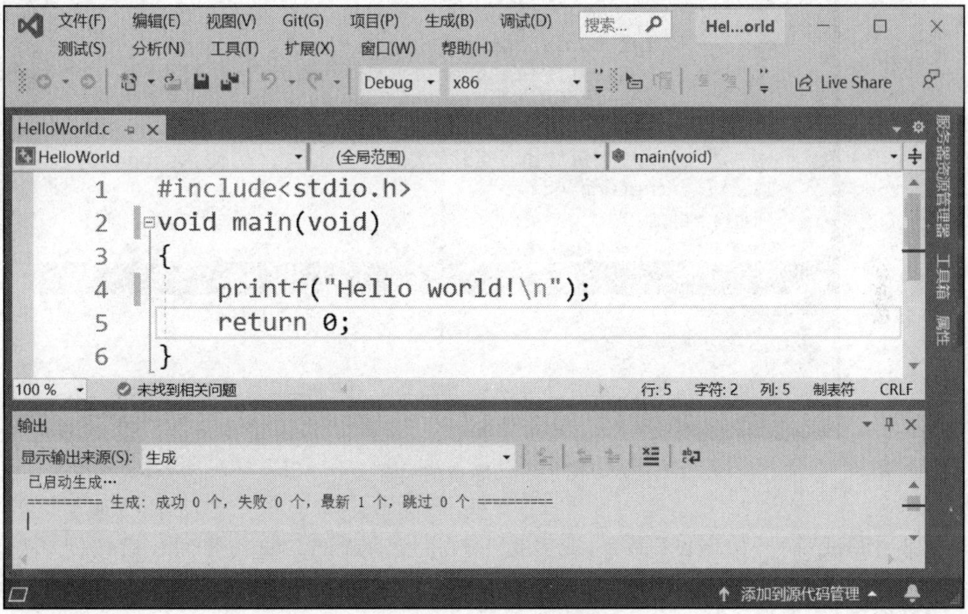

图 1-26　忽略警告信息

有时代码中的一个错误可以引发一系列的编译错误或警告,因而在改正程序时,出错点及其上下行都要检查。改正一个或几个错误之后即可重新"生成解决方案",此时可能多个相关的错误或警告都消失了,因而不必严格按照列出的错误或警告信息逐个全都改正完再重新编译程序。

2) 设置断点,观察中间结果

有时程序中会存在逻辑错误,即程序可以执行但结果不正确。此时可以通过让程序在执行到可疑(可能有错误)的位置前临时暂停观察那时的中间结果,如变量的值或屏幕输出,判断该位置是否有错,之后可以从断点继续执行程序以进一步观察判断,直到找出问题所在。

例如,图 1-27 所示的程序用于从键盘输入两个整数并显示它们的乘积。程序可以运行但结果是错误的。首先怀疑数据的输入出错,希望在读取数据后、计算乘积前先让程序暂停以观察是不是读取的数值并非用户输入的。

单击可疑行之后,即第 8 行的最左侧空白位置,设置断点,标识是出现一个红色圆点,如图 1-27 所示。单击红色圆点可取消该断点,也可以在其他位置设置更多断点。

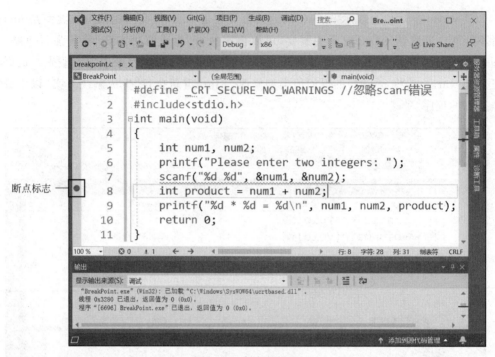

图 1-27　断点的设置

执行"调试"|"开始调试"命令,或者按 F5,将启动调试。输入 2 和 3 后按回车键,程序执行到第 8 行时暂停(该行还未执行),如图 1-28 所示,并显示如图 1-29 所示的调试信息窗口,其中断点的标识由红色圆点变为内部带黄色箭头的红色圆点,表明当前暂停的位置。

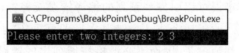

图 1-28　程序运行暂停

左下部的"自动窗口"显示了变量的值,其中 num1 和 num2 的值分别是从键盘输入的 2 和 3,是正确的,说明断点之前的代码可能并无错误,需要继续向后执行定位错误。

3) 单步执行

如前所述,当程序在断点暂停时,可能暂时没有发现错误,此时需要继续执行后续代码以进一步判断。单击菜单栏的"调试"菜单可以找到多种继续执行的方式,如图 1-30 所示。

单击"调试"|"继续"命令,或按 F5 可以从该断点处继续执行,到下一断点处暂停;单击"调试"|"逐过程"命令,或按 F10 可以从该断点处继续执行一条语句后暂停,并将函数调用视作一条完整语句而不进入内部;单击"调试"|"逐语句"命令,或按 F11 可以从该断点处继续执行一条语句后暂停;单击"调试"|"跳出"命令,或按快捷键 Shift+F11 可以从该断点处继续执行,直到该断点所在函数结束后暂停。对于上述程序,使用"调试"|"逐语

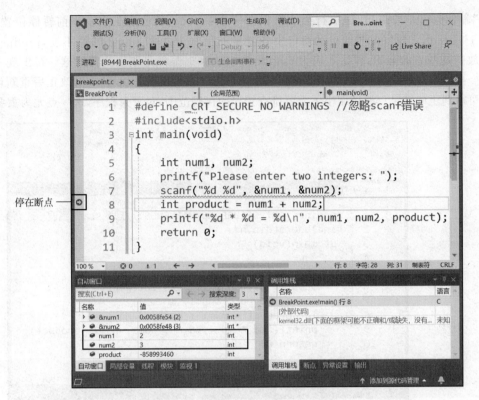

图 1-29　程序暂停时的调试信息

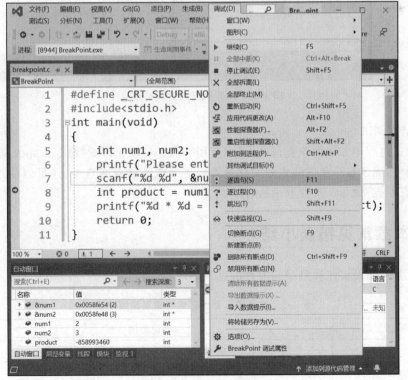

图 1-30　"调试"菜单

句"命令执行一条语句,即执行第 8 行后暂停在第 9 行,黄色箭头表示当前暂停位置,如图 1-31 所示。观察此时的自动窗口中各变量的值,num1 和 num2 的值不变,product 中存放的是两者的乘积,理论上应为 6,但此处却显示 5,显然是刚刚执行的这一行出现了错误。再仔细观察即可看出,本应计算乘法的乘号"＊"被错误写为加号"＋",改正后重新运行即可得到正确结果。调试缩小了需要排查错误的代码范围,对于大程序,这一点尤为重要。

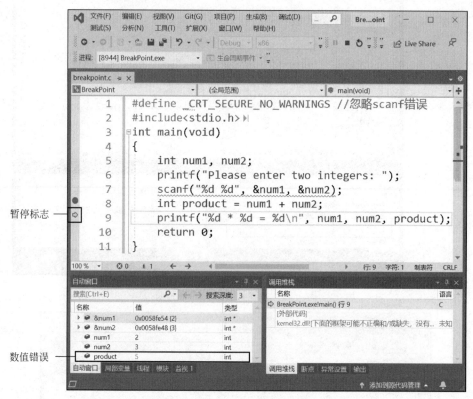

图 1-31　单步执行后的调试信息

4)结束调试

在调试过程中如果要停止调试,可以使用"调试"|"停止调试"命令。完成调试后应取消所有断点,除了逐个单击断点处的红色圆点逐个取消所有断点外,还可以使用"调试"|"删除所有断点"命令一次性取消所有断点。

1.7　本章常见错误小结

本章常见错误实例和错误原因分析见表 1-5。

表 1-5　本章常见错误实例和错误原因分析

常见错误实例	错误原因分析
＃include＜stido.h＞	头文件拼写错误,应该写成:＃include＜stdio.h＞
int mian(void)	主函数拼写错误,应该写成:int main(void)

续表

常见错误实例	错误原因分析
int a＝3； printf("％d\n",A)；	忽视了变量大小写字母的区别,使得定义的变量与使用的变量不同名,应该写成：printf("％d\n",a)；
float x＝3.5； printf("％d\n",x)；	变量定义类型与 printf()函数输出格式控制类型不一致,应该写成：printf("％f\n",x)；
char c；　c＝"a"；	将字符常量与字符串常量混淆,应该写成：c='a'；
int a；b；c	变量定义时,多个变量之间应该以逗号进行分隔,语句最后以分号结束,应该写成：int a，b，c；

1.8　习题

1. 选择题

(1) 一个 C 程序的执行是从(　　　)。

　　A. 本程序的 main 函数开始,到 main 函数结束

　　B. 本程序文件的第一个函数开始,到本程序文件的最后一个函数结束

　　C. 本程序的 main 函数开始,到本程序文件的最后一个函数结束

　　D. 本程序文件的第一个函数开始,到本程序 main 函数结束

(2) 以下叙述正确的是(　　　)。

　　A. 在 C 程序中,main 函数必须位于程序的最前面

　　B. C 程序的每行中只能写一条语句

　　C. C 语言本身没有输入输出语句

　　D. 在对一个 C 程序进行编译的过程中,可发现注释中的拼写错误

(3) 以下叙述不正确的是(　　　)。

　　A. 一个 C 源程序可由一个或多个函数组成

　　B. 一个 C 源程序必须包含一个 main 函数

　　C. C 程序的基本组成单位是函数

　　D. 在 C 程序中,注释说明只能位于一条语句的后面

(4) 在一个 C 程序中下列说明正确的是(　　　)。

　　A. main()函数必须出现在所有函数之前

　　B. main()函数可以在任何地方出现

　　C. main()函数必须出现在所有函数之后

　　D. main()函数必须出现在固定位置

(5) 对 C 语言的特点,下面描述不正确的是(　　　)。

　　A. C 语言兼有高级语言和低级语言的双重特点,执行效率高

　　B. C 语言既可以用来编写应用程序,也可以用来编写系统软件

　　C. C 语言的可移植性较差

　　D. C 语言是一种结构化程序设计语言

(6) 下列符号串中,属于 C 语言合法标识符的是(　　)。

    A. else   B. a−2   C. _123   D. 123

(7) 以下选项中合法的 C 语言字符常量是(　　)。

    A. '\128'   B. "a"   C. 'ab '   D. '\x43 '

(8) 以下选项中不合法的 C 语言常量是(　　)。

    A. 123   B. 345L   C. 2.5e−3   D. 'no'

(9) 编译程序的功能是(　　)。

    A. 建立并修改程序   B. 将 C 源程序编译成目标程序

    C. 调试程序   D. 命令计算机执行指定的操作

(10) 二进制代码程序属于(　　)。

    A. 面向机器语言   B. 面向问题语言

    C. 面向过程语言   D. 面向汇编语言

2. 填空题

(1) C 程序是由函数构成的。其中有并且只能有_____个主函数。一个函数由两部分组成:函数的首部和_____。

(2) C 程序必须要有一个_____函数,而且只能有一个。C 语言程序总是从_____函数开始执行,并且终止于该函数。

(3) 用高级语言编写的源程序必须通过_____程序翻译成二进制程序计算机才能识别,这个二进制程序称为_____程序。

(4) C 语言源程序文件的后缀是_____,经过编译后,生成文件的后缀是_____,经过连接后,生成文件的后缀是_____。

(5) 为了提高程序的可读性,在编写 C 程序时通常使用_____格式,并给程序添加必要的注释。注释可出现在程序的任何位置,注释对程序的执行_____,C 程序中一般块注释用_____表示,行注释用_____表示。

(6) 十进制数 123,转换为二进制数为_____,转换为八进制数为_____,转换为十六进制数为_____。

(7) 将二进制数转换为十进制数:$(110101)_2 = ($_____$)_{10}$

(8) 将十进制浮点数转换为二进制浮点数:$(52.625)_{10} = ($_____$)_2$

3. 编程题

(1) 用 printf() 函数在屏幕上分三行输出自己的班级、学号、姓名。

(2) 从键盘输入两个整数,计算它们的和、差、积、商,并在屏幕上输出结果。

1.9　上机实验:熟悉 C 程序编程环境

1. 实验目的

(1) 掌握在集成环境下 C 程序的建立、编辑、编译和执行过程。

(2) 掌握 C 程序的最基本框架结构,完成简单程序的编制与运行。

(3) 了解基本输入函数 scanf() 和输出函数 printf() 的格式及使用方法。

（4）掌握发现语法错误、逻辑错误的方法以及排除简单错误的操作技能。

2. 实验内容

1）编程练习题

下列程序的功能是从键盘输入两个数 a 和 b，求它们的平方和，并在屏幕上输出。输入该 C 程序，编译并运行之，记下屏幕的输出结果，以文件名 sy1_1.c 保存。

```c
# include <stdio.h>
int main(void)
{
    int a,b,sum;                              //定义整型变量 a、b、sum
    printf("Please Input a,b \n ");           //输出提示信息
    scanf("%d%d", &a, &b);                     //从键盘输入两个整数分别赋予 a 和 b
    sum=a * a+b * b;                          //赋值语句,把 a²+b² 的结果赋给变量 sum
    printf("%d * %d +%d * %d=%d\n",a,a,b,b,sum);   //输出语句
    return 0;
}
```

2）改错题

（1）下列程序的功能为：计算 $x * y$ 的值并将结果输出。试纠正程序中存在的错误，以实现其功能。程序以文件名 sy1_2.c 保存。

```c
# include <stdio.h>
int main
{
    int x=2;y=3;a
    A=x * y
    print ('a=%d',A);
    printf("\n");
    return 0;
}
```

（2）下列程序的功能为：求两数中的较大数据并输出。纠正程序中存在的错误，以实现其功能。程序以文件名 sy1_3.c 保存。

```c
# include <stdio.h>
int main(void)
{
    int a ,b , max;
    Scanf("%d,%d", &a, &b);      //从键盘输入两个整数分别赋予变量 a 和 b
    Max=a;
    If(max<b) max=b;             //如果 max 中的值小于 b 中的值,则把 b 的值赋给 max
    Printf("max=%d",max);        //输出 max 的值
    return 0;
}
```

3）程序填空题

（1）从键盘输入两个整数，输出这两个整数的和。根据注释信息填写完整程序，以实现其功能。以文件名 sy1_4.c 保存。

```
#include<stdio.h>
int main(void)
{
    _____                                     //定义整型变量 x,y,total
    printf("Please input x,y ! ");               //输出提示信息
    _____                                     //由键盘输入两个数分别赋予 x 和 y
    total=x+y;                                   //赋值语句
    printf("%d +%d=%d\n",x,y,total);             //输出两个整数的和
    return 0;
}
```

(2) 从键盘输入两个整数,输出这两个整数的差。根据注释信息填写完整程序,以实现其功能。程序以文件名 sy1_5.c 保存。

```
#include<stdio.h>
int main(void)
{
    int a,b,m;
    printf("Input a,b please ! ");
    scanf("%d%d", &a, &b);
    _____                                     //赋值语句,将 a 和 b 的差值赋给 m
                                                 //输出 a 和 b 差的结果值后换行
    return 0;
}
```

4) 编程题

(1) 要求程序运行后输出如下信息: Better City,Better Life!。程序以文件名 sy1_6.c 保存。

(2) 要求从键盘输入 3 个整数,输出它们的平方和。程序以文件名 sy1_7.c 保存。

第2章

顺序结构程序设计

一个程序由一系列的执行语句构成,所有的操作也都由一条条语句完成。结构化程序设计强调程序设计风格和程序结构的规范化,1966 年 Bohra 和 Jacopini 提出了 3 种基本结构:顺序结构、选择结构和循环结构。一个良好的程序,不论有多么复杂,都是由这 3 种基本结构组成的。

处理问题的步骤就是执行语句书写的顺序,即每条语句按自上而下顺序依次执行一次以实现相应功能,这样的程序称为顺序结构程序。

在编写程序时要把数据和变量建立起一定的联系,即程序对数据做了哪些操作(运算),这就需要运算符和表达式,并把它们组成一定的语句序列,才能实现相应的功能。本章介绍运算符和表达式、C 语言的基本语句、输入与输出函数以及程序设计的灵魂——算法。

2.1 运算符和表达式

C 语言有丰富的运算符和表达式,能有效完成 C 语言的功能。运算符有不同的优先级和结合性。在表达式中,各运算量参与运算的先后顺序不仅要遵守运算符优先级别的规定,还要受运算符结合性的制约,以便确定是自左向右进行运算还是自右向左进行运算。

C 语言的运算符丰富,详见附录 C。本章介绍算术、赋值、逗号等运算符及其表达式,其他运算符和表达式在以后各章中结合有关内容将陆续介绍。

2.1.1 算术运算符和算术表达式

算术运算包括加、减、乘、除、求余等操作。算术运算符是双目运算符,双目运算符需要两个操作数。表达式是由常量、变量、函数和运算符组合起来的式子。一个表达式有一个值及其类型,它们等于计算表达式所得结果的值和类型。表达式求值按运算符的优先级和结合性规定的顺序进行。算术表达式是指用算术运算符和括号将运算对象(也称操作数)连接起来的符合 C 语法规则的式子。单个的常量、变量、函数可以看作表达式的特例。如:$3.14 * r * r$、$x + \mathrm{sqrt}(0.25 * y)/(\mathrm{abs}(a + b) - 3.6)$。算术运算符的优先级为:先 $*$、$/$、$\%$ 后 $+$、$-$,其结合性为:左结合,即自左向右进行计算。

算术运算符及其使用规则见表 2-1。

表 2-1　算术运算符及其使用规则

运算符名称	运算符	运 算 规 则	优先级	结合性
加	＋	双目运算符,应有两个量参与加法运算	低	左结合
减	－	双目运算符,应有两个量参与减法运算		
乘	＊	双目运算符,应有两个量参与乘法运算	高	
除	/	两个整数相除时结果也为整数(舍去小数),如 7/2 的值为 3 若运算量中有一个是实型,则结果为双精度实型,如 7/2.0 的值为 3.5		
模(求余)	％	％两侧操作数必须均为整型。求余运算的结果等于两数相除后的余数		

2.1.2　赋值运算符和赋值表达式

1. 概念与功能

赋值运算符为等号"＝",由赋值运算符及相应操作数组成的表达式称为赋值表达式。其一般形式为:

变量=表达式

例如 $x = x + 1$,它的含义是:把等号右边 x 的值加 1 后,存入等号左边的变量 x 中。

赋值表达式的功能是计算表达式的值再赋给左边的变量。赋值运算符具有右结合性,因此 $a = b = c = 7$ 可理解为 $a = (b = (c = 7))$。

注意:赋值运算符的左边必须是一个变量。

2. 赋值结果与类型转换

如果赋值运算符两边的数据类型不相同,系统将自动进行类型转换,即把赋值号右边的类型转换成左边的类型。具体规定如下:

(1) 实型数据(包括单、双精度)赋给整型变量时,舍去实数的小数部分。

(2) 整型数据赋给实型,数值不变,但以浮点数形式存储到变量中。

(3) 长度相同的有符号与无符号整型数,原样赋值(连原有的符号位也作为数值一起传送)。

【例 2-1】　有符号整数赋值给无符号整型变量,数据有时会失真。

```
#include <stdio.h>
int main(void)
{
    unsigned int a;              //定义无符号整型变量 a
    int b;                       //定义有符号整型变量 b
    b=-1;                        //将-1 赋给整型变量 b
    a=b;                         //将有符号整数赋值给无符号整型变量
    printf("%u\n", a);           //输出无符号整型变量 a 的值
    return 0;
}
```

运行结果为：

4294967295　　（即 $2^{32}-1$）

本例中 a 是无符号整型变量,因此不能用"%d"输出格式符,而要用输出无符号数的
"%u"格式符。而 $b=-1$,-1 的补码在内存中的表示形式以及 $a=b$ 赋值后情况如图 2-1
所示。

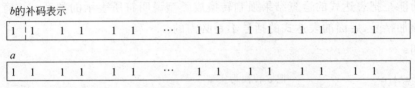

图 2-1　有符号整数赋值给无符号整型变量

3. 复合的赋值运算符

在赋值符"="之前加上算术运算符,构成复合赋值运算符。如"+=""-=""*="
"/=""%="。

构成复合赋值表达式的一般形式为：

变量　算术运算符=表达式

例如：

a+=3　　　　等价于 a=a+3
x*=y+9　　　等价于 x=x*(y+9)
x%=3　　　　等价于 x=x%3

复合赋值运算符这种写法比其等价写法不仅简练,而且更重要的是编译后的代码较
少,十分有利于编译处理,能提高编译效率并产生质量较高的目标代码。

2.1.3　逗号运算符和逗号表达式

在 C 语言中逗号","也是一种运算符,称为逗号运算符。用逗号运算符把多个表达
式连接起来组成一个表达式,称为逗号表达式。其一般形式为：

表达式 1,表达式 2,…,表达式 n

逗号表达式的求解过程是先求解表达式 1,再求解表达式 2,依次求解到表达式 n。
整个逗号表达式的值是表达式 n 的值。

一个逗号表达式又可与另一个表达式组成一个新的逗号表达式。

例如：

(a=3*5,a*4),a+5

赋值运算符的优先级别高于逗号运算符,上面逗号表达式应先求解 $a=3*5$,经过计
算和赋值后得到 a 的值为 15,然后求解 $a*4$,得到 60,即 $(a=3*5,a*4)$ 的值为 60;最
后计算 $a+5$ 得到 20,故整个表达式的值为 20。

2.1.4　强制类型转换运算符

强制类型转换是通过类型转换运算符来实现的。

其一般形式为：

(类型说明符) (表达式)

其功能是把表达式的运算结果强制转换成类型说明符所表示的类型。注意：类型说明符必须加括号,后面的表达式的括号不是必需的。

例如：

```
(float) a            把 a 转换为实型
(int)(x+y)           把 x+y 的结果转换为整型
```

在使用强制类型转换时应注意以下问题。

- 类型说明符和表达式都必须加括号(单个变量可以不加括号),如把 $(int)(x+y)$ 写成 $(int)x+y$ 则成了把 x 转换成 int 型之后再与 y 相加。
- 无论是强制转换或是自动转换,都只是为了本次运算的需要而对变量的数据进行的临时性转换,它不改变数据说明时对该变量定义的类型。

【例 2-2】　强制类型转换应用,注意程序中表达式括号的位置。

```
#include <stdio.h>
int main(void)
{
    printf("%f \n",( int ) 3.73+4.5 );
    printf("%f \n",( int ) (3.73)+4.5 );
    printf("%d \n",( int ) (3.73+4.5) );
    return 0;
}
```

运行结果为：

```
7.500000
7.500000
8
```

2.1.5　sizeof 运算符

该运算符用来求其后的类型说明符或表达式所表示的数据在内存中所占有的字节数。

该运算符的使用形式为：

sizeof(类型说明符);

或者

sizeof(表达式);

如果想了解 C 编译系统对变量分配的存储空间大小,可以用 sizeof( )运算符进行计算。

【例 2-3】　用 sizeof 运算符测定所用 C 编译系统中各种类型数据的长度。

```
#include <stdio.h>
int main(void)
{
    int i=0;
    printf("char:%d bytes\n",sizeof(char));
    printf("short:%d bytes\n",sizeof(short));
    printf("i:%d bytes \n",sizeof(i));              //计算变量 i 的字节数
    printf("long:%d bytes\n",sizeof(long));
    printf("float:%d bytes\n",sizeof(float));
    printf("double:%d bytes\n",sizeof(double));
    printf("1.23456:%d bytes\n",sizeof(1.23456));   //计算实型常量的字节数
    printf("1.23456f:%d bytes\n",sizeof(1.23456f)); //计算带后缀实型常量的字节数
    return 0;
}
```

运行结果为:

```
char:1 bytes
short:2 bytes
i:4 bytes
long:4 bytes
float:4 bytes
double:8 bytes
1.23456:8 bytes
1.23456f:4 bytes
```

2.1.6　不同数据类型的数据间的混合运算

变量的数据类型是可以转换的。转换的方法有两种:一种是自动转换,一种是强制转换。自动转换发生在不同数据类型的量混合运算时,由编译系统自动完成。自动转换遵循以下规则,如图 2-2 所示。

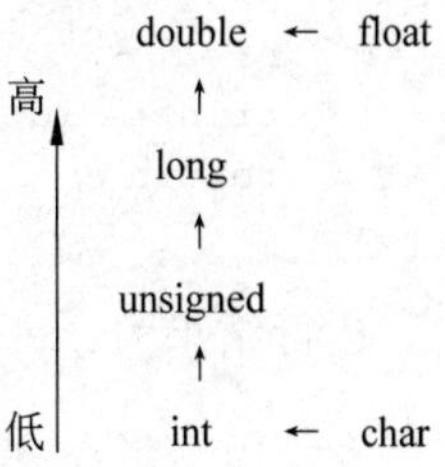

图 2-2 中向左方向的箭头为自动类型转换,即 char 型数据参与运算时,自动转换成 int 型;float 型数据参与运算时,先自动转换成 double 型再作运算。

图 2-2 中向上方向的箭头表示当运算对象为不同类型时转换的原则。例如,int 型和 double 型数据进行运算时,先把 int 型转成 double 型,然后对两个同类型(double 型)数据进行运算,结果为 double 型。不同类型数据进行混合运算时,按照类型级别由低到高的顺序转换。

例如:10+'a'+12.3-3.14 * 'x' 表达式中'a'和'x'为 char 型变量,自动转换成整型,用字符的 ASCII 码参与运算,表达式中 12.3 和 3.14 是浮点型数据,因此,整个表达式最终

图 2-2　自动类型转换

double　←　float

↑

long

↑

unsigned

↑

int　←　char

高

低

38

结果为 double 型。其类型的转换都是由系统自动进行的。

2.1.7 自增、自减运算符

C语言中提供有两种非常有用的运算符,即自增运算符和自减运算符。自增运算符记为"＋＋",其功能是使变量的值自增 1。自减运算符记为"－－",其功能是使变量的值自减 1。

自增、自减运算符均为单目运算,都具有右结合性,只需要一个操作数,且操作数只能是变量,不能是常量或表达式。它们既可以作为前缀运算符(用在变量的前面),也可以作为后缀运算符(用在变量的后面)。

表 2-2 列出了自增、自减运算符的使用形式、使用规则及示例,假设其中变量 i 的初始值为 6。

表 2-2 自增(＋＋)、自减(－－)运算符的使用形式、使用规则及示例

使用形式	使用规则	示例
＋＋i;	i 自增 1 后把新值赋给 i	$i=6$;执行＋＋i;等价于 $i=i+1$;结果 $i=7$
－－i;	i 自减 1 后把新值赋给 i	$i=6$;执行－－i;等价于 $i=i-1$;结果 $i=5$
i＋＋;	i 自增 1 后把新值赋给 i	$i=6$;执行 i＋＋;等价于 $i=i+1$;结果 $i=7$
i－－;	i 自减 1 后把新值赋给 i	$i=6$;执行 i－－;等价于 $i=i-1$;结果 $i=5$
$y=$＋＋i;	i 自增 1 后再参与其他运算	$i=6$;执行 $y=$＋＋i;等价于 $i=i+1$; $y=i$;结果 $i=7,y=7$
$y=$－－i;	i 自减 1 后再参与其他运算	$i=6$;执行 $y=$－－i;等价于 $i=i-1$; $y=i$;结果 $i=5,y=5$
$y=i$＋＋;	i 参与运算后,i 的值再自增 1	$i=6$;执行 $y=i$＋＋;等价于 $y=i$; $i=i+1$;结果 $i=7,y=6$
$y=i$－－;	i 参与运算后,i 的值再自减 1	$i=6$;执行 $y=i$－－;等价于 $y=i$; $i=i-1$;结果 $i=5,y=6$

【例 2-4】 自增、自减运算符的应用。

```c
#include <stdio.h>
int main(void)
{
    int i,m,n=2;
    i=7;
    m=++i;
    n+=i--;
    printf("%d,%d,%d \n",i, m,n);
    return 0;
}
```

运行结果为:

7,8,10

自增、自减运算符常用于循环语句中,使循环变量自动加 1(或减 1);也用于指针变量,使指针指向下一个地址。这些将在以后的章节中介绍。

2.1.8 位运算符

"位运算"是一种数据运算的方式,是操作数据位(bit)的运算。C语言既具有高级语

言的特点，又具有低级语言的功能，其支持位运算就是这种特点的具体体现。位运算主要对二进制数位进行测试、抽取、设置或移位等操作。位运算量只能是 char 型和 int 型的数据。

C 语言提供了六种位运算符，如表 2-3 所示。已知整数 9 的二进制表示为 00001001，整数 5 的二进制表示为 00000101。

表 2-3　位运算符

运算符	含义	运 算 规 则	举　　例
~	按位取反	对参与运算的数的各二进制位按位求反	$\sim 0=1, \sim 1=0$ ~ 9 相当于 $\sim$(00001001) 运算结果为 11110110
&	按位与	把参与运算的两个数的二进制位相与，只有对应的二进制位均为 1 时，结果的对应位才为 1，否则为 0	0&0=0,0&1=0,1&0=0,1&1=1 9&5 相当于 00001001&00000101 运算结果为 00000001，即 9&5=1
│	按位或	把参与运算的两个数的二进制位相或，只要对应的二进制位有一个为 1，结果的对应位就为 1	0│0=0,0│1=1,1│0=1,1│1=1 9│5 相当于 00001001│00000101 运算结果为 00001101，即 9│5=13
^	按位异或	把参与运算的两个数的二进制位相异或，当对应的二进制位上的数字不相同时，结果对应位为 1，否则为 0	0^0=0,0^1=1,1^0=1,1^1=0 9^5 相当于 00001001^00000101 运算结果为 00001100，即 9^5=12
<<	左移	把"<<"左边的运算数的各二进制向左移若干位，移动的位数即是"<<"右边的数字，高位丢弃，低位补 0	若 $a=15$，则 $a<<2$ 指将 a 的二进制位左移 2 位，相当于 $a=00001111$，左移 2 位得到 00111100（十进制数为 60）
>>	右移	把">>"左边的运算数的各二进制向右移若干位，移动的位数即是">>"右边的数字，低位丢弃，高位补 0（有时补 1）	若 $a=15$，则 $a>>2$ 指将 a 的二进制位右移 2 位，相当于 $a=00001111$，右移 2 位得到 00000011（十进制数为 3）

需要说明的是，对于有符号数，在右移时，符号位将随同移动，当操作数为正数时，最高位为 0，而为负数时，最高位为 1，最高位是补 0 还是补 1 取决于编译系统的规定。

位运算符与赋值运算符可以组成复合赋值运算符，例如："&=""│="">>=""<<=""^="。

例如：$a\,\&=b$ 相当于 $a=a\,\&\,b$；$a<<=2$ 相当于 $a=a<<2$。

2.2　C 语言的基本语句

C 语言中，语句是构成程序的基本单元，语句能完成特定功能的操作。C 程序通过语句的有机结合来实现复杂的计算处理功能。C 语言规定每条语句都以分号结尾。语句的种类很多，以下介绍常用的一些语句。

1. 选择语句（selection statement）

if 语句和 switch 语句允许程序在一组可选项中选择一条特定的执行路径。

2. 循环语句（iteration statement）

while 语句、do…while 语句和 for 语句支持循环(重复)操作。

3. 跳转语句（jump statement）

return 语句、break 语句、continue 语句和 goto 语句使程序执行跳转到某个位置。

4. 表达式语句

表达式语句是由一个表达式加一个分号组成,最常用的是赋值语句。赋值语句通常用来完成对变量赋初值或将表达式的运算结果赋给变量。例如:

```
float area,r=2.25;
area=3.1415*r*r;              //计算圆的面积并赋值给变量 area。
```

在程序中用赋值语句对变量赋值时要注意以下内容。

(1) 在定义变量的同时对变量赋初值,不同变量具有相同的值时要分别赋值。例如:

```
int a=b=c=2;                  //错误
int a=2,b=2,c=2;              //正确
```

(2) 当多个变量需要赋相同值时,可以先定义变量,再对变量赋值。例如:

```
int a,b,c;
a=b=c=2;                      //正确
```

5. 复合语句

将几条语句用{}括起,使其在语法上相当于一个语句,例如:

```
{
    x=a-b;
    y=x/100;
    printf("%f",y);
}
```

6. 空语句

单独由“;”构成的语句,该语句不执行任何操作,可以用来作为循环语句中的循环体,表示循环体什么都不做。

2.3　输入与输出函数

数据可以通过赋值语句赋给变量。而当程序需要把用户输入的数据赋给变量,则必须通过输入函数来实现,而需要将数据的处理结果输出给用户看时,则需要使用输出函数来实现。C 语言提供了多种输入/输出函数。

2.3.1　格式输入/输出函数

1. 格式输入函数 scanf()

scanf()函数用于接收用户从键盘输入的数据。其一般格式为:

```
scanf(格式控制,地址表列);
```

功能：按格式控制指定的格式从键盘上输入数据到地址表所指定的变量地址中,地址表由若干个输入变量的地址组成。例如:

```
scanf("%d%d%d",&a,&b,&c);
```

其中,& 称为取地址符,&a 指 a 在内存中的地址,变量 a、b、c 的地址在编译时进行分配。%d 表示以十进制整数形式输入数据,这里 3 个 %d 连在一起,输入数据时,数据之间以空格、回车键或跳格键 Tab 分隔,不能用逗号或其他符号作为分隔符。

在使用 scanf()时,用 % 加上不同的格式字符,可以完成对不同类型变量的数据输入,常用的 scanf()函数的格式字符如表 2-4 所示。

表 2-4 scanf()函数的格式字符

格式字符	说　　明
d	用来输入有符号的十进制整数
ld	用来输入有符号的长整型数据
u	用来输入无符号的十进制整数
i	输入整型数: 可以是十进制数; 可以是八进制数,但需要以 0 开头; 可以是十六进制数,但需要以 0x(或 0X)开头
o	用来输入无符号的八进制整数,数据前缀 0 可有可无
x, X	用来输入无符号的十六进制整数(大小写作用相同)
c	用来输入单个字符
s	用来输入字符串,将字符串送到一个字符数组中,在输入时以非空白字符开始,以第一个空白字符结束。字符串以串结束标志"\0"作为其最后一个字符
f	用来输入 float 型数据,可以用小数形式或指数形式输入
lf	用来输入 double 型数据,可以用小数形式或指数形式输入
e, E	与 f 作用相同,可以用小数形式或指数形式输入,e、f 可通用
le, lE	用于输入 double 型数据
域宽	指定输入数据所占宽度(列数),域宽应为正整数
*	表示本输入项在读入后不赋给相应的变量

说明:

(1) 可以指定输入数据所占的宽度,系统自动按照给定的长度截取相应的数据。例如:

```
scanf ("%4d",&x);
```

输入:

```
123456✓
```

变量 x 得到的数值为 1234,后面的数字系统将会自动地舍去。

(2) 若在%后面有一个 * ,则表示它指定的宽度数值无效,不赋值给任何变量。例如:

```
scanf ("%3d␣%*2d␣%3d",&a,&b);        //␣表示空格
```

输入如下数据:

```
246␣13␣567↙
```

系统将 246 赋值给变量 a ,% * 2d 对应输入的 2 位数不赋给任何变量,直接跳过,后面的 567 赋给变量 b。

(3) 如果在"格式控制"字符串中包含有其他字符,则输入数据时在相应的位置上必须输入与此相同的字符。例如:

```
scanf("%d: %d", &a, &b);
scanf("%d, %d, %d", &x, &y, &z);
scanf("m=%d, n=%d", &m, &n);
```

输入数据时用如下的形式:

```
4:5↙
1, 2, 3↙
m=10, n=20↙
```

(4) 使用%c 格式输入字符时,空格符、回车也作为有效字符输入。例如:

```
scanf("%c%c", &ch1, &ch2);
```

如果输入数据是("␣"代表空格字符):

```
a␣b↙
```

由于%c 只接受一个字符,则字符 'a' 赋给了 ch1,空格字符赋给了 ch2。因此,当 scanf()函数中两个%c 连在一起,输入字符时不能用空格来分隔两个字符,应该连续地输入两个字符。

例如,有以下两条输入语句:

```
scanf("%d", &a);
scanf("%c", &ch);
```

若输入一个整数,再输入一个回车,没有等到输入想要的字符便已结束。这是因为回车也是字符,%c 格式使得变量 ch 获得的字符是回车。若要解决此问题,有两种方法:①在"scanf("%c", &ch);"前面加一个"getchar();"语句来吃掉前面输入的回车;②在"scanf(" %c", &ch);"的格式控制符%c 前面加一个空格,这样就可以避免回车存入变量 ch 中了。

【例 2-5】 使用格式控制字符输入数值。

```
#include<stdio.h>
```

```
int main(void)
{
    int a,b;
    float c,d;
    char e;
    scanf("%c", &e);
    scanf("%d%d", &a, &b);
    scanf("%f, %f", &c, &d);
    printf("%c\n", e);
    printf("%d+%d=%d\n", a, b, a+b);
    printf("%f-%f=%f\n", c, d, c-d);
    return 0;
}
```

输入以下数据：

t↙
3 7↙
2.356, 1.556↙

则输出结果为：

t
3+7=10
2.356000-1.556000=0.800000

【例 2-6】 拓展应用：关于 scanf() 函数的返回值。

分析：scanf() 函数也会返回一个值,这个值是 scanf() 成功执行时,获得输入数据的个数。程序中的 count1、count2 用于保存 scanf() 函数的返回值。

```
#include<stdio.h>
int main(void)
{
    int a,b,count1,count2;
    float c,d,e;
    count1=scanf("%d%d", &a, &b);
    count2=scanf("%f,%f,%f", &c, &d, &e);
    printf("a=%d,b=%d,count1=%d\n", a, b, count1);
    printf("c=%.1f,d=%.1f,e=%.1f,count2=%d\n", c, d, e, count2);
    return 0;
}
```

输入以下数据：

2 3↙
1.2,3.4,4.5↙

运行结果为：

a=2,b=3,count1=2

```
c=1.2,d=3.4,e=4.5,count2=3
```

2. 格式输出函数 printf()

printf()函数用于在屏幕上按指定格式输出数据。其一般格式为:

```
printf(格式控制,输出表列);
```

其中:

(1)"格式控制"是用双引号括起来的字符串,也称"转换控制字符串",它包括两种信息。

- 格式说明,由%和格式字符组成,它的作用是将输出的数据转换为指定的格式输出,具体用法见表 2-5 所示。
- 普通字符,即需要原样输出的字符,例如上面 printf()函数中双引号内的逗号。

(2)"输出表列"是指需要输出的一些数据,可以是变量或表达式。例如:

```
printf("%d +%d=%d\n", x, y, x+y);
printf("x=%d, y=%d", x, y);
```

上面语句中双引号括起来的内容为"格式控制"部分,包含有格式说明符"%d",它由对应位置上变量或表达式的值来决定,其他的普通字符如空格、等于号、逗号等则按原样输出。这里设 x、y 的值分别为 2、3,则输出结果为:

```
2+3=5
x=2, y=3
```

对于不同类型的数据要用不同的格式字符来表示,常用的格式字符见表 2-5。

表 2-5 printf()函数的格式字符

格 式 字 符	说 明
d	以带符号的十进制形式输出整数(正数不输出符号)
o	以八进制无符号形式输出整数(不输出前导符 0)
x,X	以十六进制无符号形式输出整数(不输出前导符 0x),用 x 则输出十六进制数的 a~f 以小写字母形式,用 X 时,则用大写字母输出
u	以无符号十进制形式输出整数
c	以字符形式输出,只输出一个字符
s	输出字符串
f	以小数形式输出单、双精度数,隐含输出 6 位小数
e,E	以指数形式输出实数,数字部分小数位数为 6 位
g,G	选用%f 或%e 格式中输出宽度较小的那种,不输出无意义的 0
l	用于长整型数据,可加在格式符 d、o、x、u 前面
m(代表一个正整数)	数据最小宽度

续表

格 式 字 符	说　　　明
n(代表一个正整数)	对实数,表示输出 n 位小数;对字符串,表示截取的字符个数
—(负号)	输出的数字或字符在域内向左对齐

说明:

(1) f 格式符,以小数形式,输出单精度或双精度的实数。主要有以下几种用法。

- %f,输出具有 6 位小数的实数。
- %m.nf,输出的数值共占有 m 列(小数点占 1 位),保留 n 位小数。数据长度小于 m 时,右对齐,数值左边补空格。%-m.nf,数据长度小于 m 时,左对齐,数值右边补空格。

(2) s 格式符,输出一个字符串。主要有以下几种用法。

- %s,按原样输出一个字符串。
- %-ms,输出的字符串占 m 列。若字符串的宽度超出 m,则输出全部字符串;若字符串宽度小于 m,则在字符串的左边加空格,即右对齐;-m 表示在右边补上空格,即左对齐。
- %-m.ns,输出字符串时只取左边 n 个字符输出,输出宽度为 m 列,不足的左边补上空格。加上负号,表示在右边补上空格。

【例 2-7】 字符串的输出。

```
#include<stdio.h>
int main(void)
{
    printf("%s,%2s,%5.2s,%-7.3s","CLASS", "CLASS", "CLASS", "CLASS");
    return 0;
}
```

运行结果为:

CLASS,CLASS,␣␣␣CL,CLA␣␣␣␣

2.3.2 字符输入/输出函数

1. 字符输入函数 getchar()

getchar()函数的功能是从键盘接受一个字符,并在屏幕上显示该字符。其一般格式为:

```
getchar();
```

例如:

```
char ch;
ch=getchar();                 //把从键盘输入的一个字符赋值变量 ch
```

getchar()函数没有参数,它只能接受一个字符,使用该函数必须在文件开头写上文

件包含命令：#include <stdio.h>

2. 字符输出函数 putchar()

putchar()函数的功能是在屏幕上输出一个字符。其一般格式为：

putchar(参数);

putchar()函数括号里的参数可以是字符常量、字符变量、整型变量或控制字符。

【例 2-8】 getchar()、putchar()函数的应用。

```c
#include<stdio.h>
int main(void)
{
    char ch;
    printf("Input a letter: ");
    ch=getchar();
    putchar(ch);
    putchar(68);
    putchar('\x44');
    putchar('\104');
    putchar('\n');                    //输出换行
    return 0;
}
```

运行结果为：

```
Input a letter: B✓
BDDD
```

2.4 算法简介

2.4.1 算法的概念

做任何事情都有一定的方法步骤。例如，在家烧开水，首先要在水壶里装入冷水，然后将水壶放到炉罩上，点火开始烧水，当水烧开后，关掉炉火，将开水倒入热水瓶里。实际上，在日常生活和工作中，这样类似的例子很多，在做某些事情之前，我们的脑子里都已经有了一定的步骤，在具体完成这些事情时都是以此步骤去进行的。

解决计算方面的问题时，更是要有步骤地去完成。例如，计算 $1+2+3+4+5+6+\cdots+200$ 的值，无论手算、心算或者用算盘、计算器计算，都要经过有限的事先设计好的步骤去执行。不仅数值计算的问题要研究算法，做任何事情都要有一定的步骤。例如，菜谱是做菜的算法，空调说明书是空调使用的算法，太极拳动作图解是一个太极拳的算法。一个工作计划、生产流程、乐谱、珠算口诀等都可称为"算法"。

古希腊数学家欧几里得曾在他的著作中描述过求两个数最大公因子的过程，他所描述的这个过程，被称为欧几里得算法(辗转相除法)。下面是欧几里得算法的一种描述及它的例子。

输入：正整数 m、n

输出：m、n 的最大公因子

首先比较两个数的大小，若大数为 m，小数为 n，则本题的算法为：

① 求 m/n 的余数 r；

② 若 $r=0$，则 n 为最大公约数，若 $r\neq 0$，执行第③步；

③ 将 $n\rightarrow m$，将 $r\rightarrow n$；

④ 返回重新执行第①步。

用 C 语言来描述求最大公因子的求解过程。

输入：正整数 m、n

输出：m、n 的最大公因子

```
int euclid(int m,int n)          /*第 1 行*/
{                                /*第 2 行*/
    int r;                       /*第 3 行*/
    r=m%n;                       /*第 4 行*/
    while (r)                    /*第 5 行*/
    {   m=n;                     /*第 6 行*/
        n =r;                    /*第 7 行*/
        r =m%n;                  /*第 8 行*/
    }                            /*第 9 行*/
    return n;                    /*第 10 行*/
}                                /*第 11 行*/
```

此算法如下：在第 4 行，把 m 除以 n 的余数赋予 r，第 5 行判断 r 是否为 0，若为 0，就转到第 10 行处理，返回 n 值，算法结束。若 r 非 0，第 6 行把 n 的值赋予 m，第 7 行把 r 的值赋予 n，第 8 行把 m 除以 n 的余数赋予 r。返回第 5 行，判断 r 是否为 0，若非 0，继续第 6 行进行处理；若为 0，就转到第 10 行处理，返回 n 值，算法结束。按照上面这组规则，给定任意两个正整数，总能返回它们的最大公因子，可以证明这个算法的正确性。

根据上面这个例子，可以知道算法是指在有限步骤内求解某一问题所使用的一组定义明确的规则。简单地说，就是为解决一个问题而采取的方法和步骤。

无论是解题思路还是编写程序都是在实施某种算法，不过前者是推理实现，后者是操作实现。

在计算机科学中，算法代表用计算机求解一类问题的精确、有效的方法。算法＋数据结构＝程序，求解一个给定的可计算或可解的问题，不同的人可以编写出不同的程序来解决同一个问题。算法和程序之间存在密切的关系，算法是解决"做什么"和"怎么做"的问题，在程序设计中起着重要的作用，算法是程序设计的灵魂。

2.4.2　算法的特性

算法是一组有穷的规则，它们规定了解决某一特定类型问题的一系列运算，是对解题方案的准确与完整的描述。算法具有以下特性。

（1）有穷性：在有限的操作步骤内完成。有穷性是算法的重要特性，任何一个问题的解决不论其采取什么样的算法，其最终目的是要把问题解决好。如果一种算法的执行时间是无限的，或在期望的时间内没有完成，那么这种算法就是无用和徒劳的，不能称其为算法。

(2) 确定性：每个步骤确定,步骤的结果确定。算法中的每一个步骤其目的应该是明确的,不应该是含糊的、模棱两可的,对问题的解决是有贡献的。如果采取了一系列步骤而问题没有得到彻底的解决,也就达不到目的,则该步骤是无意义的。

(3) 可行性：每个步骤有效执行,并且得到确定的结果。要求算法中有待实现的运算都是基本的,每种运算至少在原理上能在有限的时间内完成。

(4) 零个或多个输入：一个算法有 0 个或多个输入,在算法运算开始之前给出算法所需数据的初值,从外界获得信息。这些输入取自特定的对象集合。算法的过程可以无数据输入,也可以有多种类型的多个数据输入,需根据具体的问题加以分析。

(5) 一个或多个输出：算法得到的结果就是算法的输出(不一定就是打印输出)。算法的目的是解决一个具体问题,一旦问题得以解决,就说明采取的算法是正确的,而结果的输出正是验证这一目的的最好方式。

计算机算法是以一步接一步的方式来详细描述计算机如何将输入转化为所要求的输出过程,算法是对计算机上执行的计算过程的具体描述。作为程序设计语言的学习者,应该掌握一些典型问题的算法,设计一些简单算法,并根据算法编写出正确的程序。

2.4.3 算法的表示

对于同一算法,允许在算法的描述和实现方法上有所不同。常用的算法描述方法可以归纳为以下几种。

1. 自然语言

描述算法最简单的工具就是自然语言,可以是汉语、英语或其他语言,其优点是通俗易懂,易于掌握,一般人都会用。但也有其缺点：一是烦琐,二是容易产生歧义。特别是对有些复杂的算法表示起来很不方便。所以,除了有些很简单的问题,一般不用自然语言描述算法。

人们的生产活动和日常生活离不开算法,都在自觉不自觉地使用算法,例如人们到商店购买物品,首先会确定购买哪些物品,准备好所需的钱,然后确定到哪些商场选购、怎样去商场、行走的路线,若物品的质量好如何处理,对物品不满意又怎样处理,购买物品后做什么等。以上购物的算法是用自然语言描述的,也可以用其他描述方法描述该算法。

2. 流程图

流程图是使用一些图框表示各种类型的操作,用带箭头的流程线表示操作的执行顺序。相对于自然语言来说更简洁直观,易于理解。

流程图中常用的符号如图 2-3 所示。

其中菱形框的作用是对一个给定的条件进行判断,根据给定的条件是否成立来决定如何执行其后的操作。它有一个入口,两个出口。连接点是用于将画在不同地方的流程线连接起来,这样可以避免流程线的交叉或过长,使流程图清晰。

将前面欧几里得算法用流程图的形式表示如图 2-4 所示。

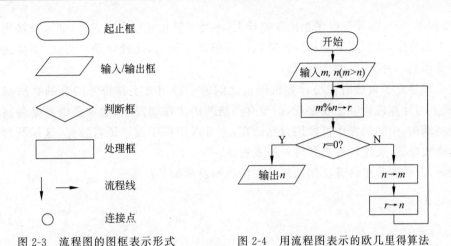

图 2-3　流程图的图框表示形式　　　　图 2-4　用流程图表示的欧几里得算法

3. N-S 流程图

N-S 流程图是描述算法的另一种常见方法,主要是省掉了流程图中的流程线,使得图形更紧凑。它的优点是能直观地用图形表示算法,缺点是修改不方便。

N-S 图的基本结构描述形式如下。

(1)顺序结构:A 和 B 两个框组成一个顺序结构,如图 2-5 所示。

(2)选择结构:当 p 条件成立时执行 A 操作,p 不成立则执行 B 操作,如图 2-6 所示。

图 2-5　顺序结构　　　　　　　　图 2-6　选择结构

(3)循环结构:当型循环结构用图 2-7 所示形式表示。当 p 条件成立时反复执行 A 操作,直到 p 条件不成立为止。直到型循环结构用图 2-8 的形式表示。

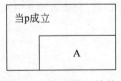

图 2-7　当型循环结构　　　　　　图 2-8　直到型循环结构

用以上三种 N-S 流程图中的基本框,可以表示复杂的 N-S 流程图。例如,用 N-S 流程图表示的欧几里得算法如图 2-9 所示。

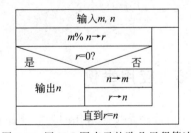

4. 伪代码

流程图、N-S 图是描述算法的图形工具,使用这些图形工具详细描述出的算法直观、逻辑关系清楚,但画起来比较费事,修改起来困难;同时,自然

图 2-9　用 N-S 图表示的欧几里得算法

语言、流程图、N-S图等与程序相比较差异大,不利于转化成程序。另外,如果直接用计算机语言去编程序,又需要掌握相应计算机语言的语法规则,比较烦琐。为此,在描述算法时还经常用到一种工具,即伪代码。

伪代码是介于自然语言与计算机语言之间的一种用文字和符号结合的算法描述工具,形式上与计算机语言比较接近,但没有严格的语法规则限制,通常是借助某种高级语言的控制结构,中间的操作可以用自然语言,也可以用程序设计语言描述,这样既避免了严格的语法规则,又比较容易最终转换成程序。

例如,前面欧几里得算法用循环结构伪代码表示如下:

```
read m, n
m%n→r
while r≠0
{ n→m
  r→n
  m%n→r}
print n
```

5. 计算机语言

设计算法的目的是实现算法,上述所介绍的描述算法的不同形式仅仅表示出了操作的步骤,要得到最终的结果必须实现算法。

计算机是无法识别流程图和伪代码的,只有用计算机语言编写的程序才能被计算机执行。所以,在用流程图或伪代码描述出一个算法后,还要将它转换成计算机语言程序。

用计算机语言表示算法必须严格遵循所用语言的语法规则,将前面介绍的欧几里得算法用 C 语言表示如下:

```c
#include <stdio.h>
int main(void)
{
    int m, n, r,t;
    scanf("%d%d",&m, &n);
    if(m<n)
    { t=m; m=n; n=t; }        /*若 m 中的数小于 n 中的数,交换 m 和 n 中的数*/
    r=m %n;
    while (r)
    {   m=n;
        n=r;
        r=m %n;
    }
    printf("%d\n",n);
    return 0;
}
```

2.5 应用举例

当程序是按照语句的先后顺序依次执行,没有任何分支时,我们将这样的程序称为顺序结构程序。通常,顺序结构程序只能实现简单的功能。

【例 2-9】　从键盘输入一个三位整数,然后逆序输出。例如,输入 123,输出 321。

源程序:

```
#include<stdio.h>
int main(void)
{ int n, i, j, k;
  printf("输入一个 3 位数的整数: ");
  scanf("%d", &n);
  i=n/100;                  //求百位数
  j=n/10%10;                //求十位数
  k=n%10;                   //求个位数
  n=k*100+j*10+i;
  printf("逆序数为: %d\n",n);
  return 0;
}
```

运行结果为:

```
输入一个 3 位数的整数: 123
逆序数为: 321
```

【例 2-10】　从键盘输入一个小写字母,在屏幕上输出它的大写字母及对应的 ASCII 码。

源程序:

```
#include<stdio.h>
int main(void)
{ int c1,c2;
  c1=getchar();
  c2=c1-32;
  printf("%c,%d\n",c2,c2);
  return 0;
}
```

运行结果为:

```
a↙
A, 65
```

【例 2-11】　已知三角形的两条边 a、b 及其夹角 alfa,求第三边 c 及面积 s。

分析:下面是三角形边长、面积的计算公式,设夹角值以角度形式输入,则在计算前必须先将其转换成弧度。

$$c^2=a^2+b^2-2ab\cos(\text{alfa})\qquad s=\frac{1}{2}ab\sin(\text{alfa})$$

源程序:

```
#define PI 3.1415926
#include <math.h>              /* 标准函数 cos()、sin()包含在 math.h 头文件中 */
#include<stdio.h>
int main(void)
{ float a, b, c, s, alfa;
```

```
        scanf("%f%f%f", &a, &b, &alfa);
        alfa=alfa * PI/180;
        c=sqrt(a * a+b * b-2 * a * b * cos(alfa));
        s=0.5 * a * b * sin(alfa);
        printf("A=%.2f  B=%.2f  alfa=%.2f\n",a, b, alfa);
        printf("第三边长 C=%.2f  面积 S=%.2f\n",c, s);
        return 0;
    }
```

运行结果为:

```
2 3 30↙
A=2.00  B=3.00  alfa=0.52
第三边长 C=1.61  面积 S=1.50
```

【例 2-12】 从键盘输入三角形的三条边长 a、b、c(能构成一个三角形),计算并输出它的周长和面积(保留 2 位小数)。要求编程前画出该算法的流程图和 N-S 图。

分析:三角形面积计算公式 $area=\sqrt{s\times(s-a)\times(s-b)\times(s-c)}$,其中

$$s=\frac{a+b+c}{2}$$

用流程图和 N-S 图描述的算法如图 2-10 所示。

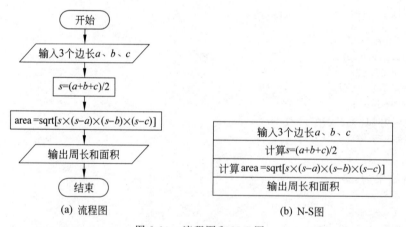

(a) 流程图　　　　　　　　　　(b) N-S 图

图 2-10　流程图和 N-S 图

源程序:

```
#include <stdio.h>
#include <math.h>            /* 标准函数 sqrt() 包含在 math.h 头文件中 */
int main(void)
{   float a,b,c,s,area;
    scanf("%f,%f,%f",&a,&b,&c);
    s=(a+b+c)/2;
    area=sqrt(s * (s-a) * (s-b) * (s-c));
    printf("a=%.2f b=%.2f c=%.2f\n",a,b,c);
    printf("周长=%.2f,面积=%.2f\n", s * 2,area);
    return 0;
}
```

运行结果为：

```
2.5,4,6.1↙
a=2.50  b=4.00  c=6.10
周长=12.60,面积=3.32
```

【例 2-13】　分钱游戏。甲、乙、丙三人共有 24 元钱,先由甲分钱给乙和丙两人,所分得的数与已有数相同;接着由乙分钱给甲和丙,分法同前;再由丙分钱给甲和乙,分法也同前。经上述三次分钱后,每个人的钱数恰好一样。求原先各人的钱数分别是多少?

分析:设甲、乙、丙三人的钱数分别为 a、b、c。用倒推算法,从最后结果入手,反向按步骤推算出每次分法各人当时的钱数。丙分完后各人的钱数应为 $a=b=c=8$。

源程序:

```
#include<stdio.h>
int main(void)
{
    int a,b,c;
    a=b=c=8;                    //丙分完后各人的钱数
    a/=2; b/=2; c=a+b+c;        //丙分钱 a=4,b=4,c=16
    a/=2; c/=2; b=a+b+c;        //乙分钱 a=2,b=14,c=8
    b/=2; c/=2; a=a+b+c;        //甲分钱 a=13,b=7,c=4
    printf("a=%d, b=%d, c=%d",a,b,c);
    return 0;
}
```

运行结果为:

```
a=13, b=7, c=4
```

2.6　本章常见错误小结

本章常见错误实例与错误原因分析见表 2-6。

表 2-6　本章常见错误实例与错误原因分析

常见错误实例	错误原因分析
x^2+y^2　写成:x^2+y^2	把数学的乘方运算符^用于 C 语言数学表达式中。在 C 语言中,符号^是位运算异或运算符。数学表达式 x^2+y^2 应写成:x＊x＋y＊y
delt＝b^2-4ac	C 表达式中连乘漏写乘号,应写成:delt＝b＊b－4＊a＊c
$\dfrac{a}{b^2}$ 写成 a/b＊b	分母中的平方漏加括号,应写成:a/(b＊b)
1/2	若除号/的两个操作符是整数,则是整除,结果为 0,而不是 0.5
5.6％3	求余运算符％的两个操作数应该是整数
scanf("％d",a);	输入函数 scanf()变量名前面漏了取地址符＆,应写成: scanf("％d",＆a);

续表

常见错误实例	错误原因分析
printf("%d",&b);	输出函数 printf()变量名前面多加了取地址符 &,应写成: printf("%d",b);
#define PI=3.14159;	把编译预处理命令写成 C 语句形式,最后多加了分号,中间多加了等 号,应该写成:#define PI 3.14159
int a=b=c=10;	要在定义变量的同时利用连等方式对多个变量赋值,应写成: int a=10,b=10,c=10;
int a; scanf("%d\n", &a);	scanf()函数的格式控制字符串中不能包含转义字符'\n',应写成: scanf("%d", &a);
float a; scanf("%5.2f", &a);	输入数据时规定精度,这在 C 语言中是不允许的,应写成: scanf("%f", &a);

2.7 习题

1. 选择题

(1) 在 C 语言中,要求运算数必须是整型的运算符是(　　)。

  A. /   B. ++   C. !=   D. %

(2) 若有代数式 2ab/cd,则下面错误的 C 语言表达式是(　　)。

  A. 2*a*b/c/d   B. a/c/d*b*2   C. a*b/c/d*2   D. 2*a*b/c*d

(3) 假设所有变量均为整型,则表达式(a=2,b=5,b++,a+b)的值是(　　)。

  A. 7   B. 8   C. 6   D. 2

(4) 执行语句"x=(a=3,b=a--);"后,x、a、b 的值依次为(　　)。

  A. 3,3,2   B. 2,3,2   C. 3,2,3   D. 2,3,3

(5) 若有以下语句: int a=3,b=6,c; c=a^b<<2;,则变量 c 的二进制值是(　　)。

  A. 00011011   B. 00010100   C. 00011000   D. 00000110

(6) 用函数从终端输出一个字符,可以使用函数(　　)。

  A. getchar()   B. putchar()   C. gets()   D. puts()

(7) 要输出长整型的数值,需用格式符(　　)。

  A. %d   B. %ld   C. %f   D. %c

(8) 设 a、b 为 float 型变量,则以下不合法的赋值语句是(　　)。

  A. --a   B. b=(a%4)/5   C. a*=b+9   D. a=b=10

(9) 以下程序的输出结果是(　　)。

```
#include<stdio.h>
int main (void)
{
    char c1='6',c2='0';
    printf("%c,%c,%d,%d\n",c1,c2,c1-c2,c1+c2);
}
```

　　A. 6,0,7,6　　　　B. 6,0,5,7　　　　　C. 输出出错信息　　D. 6,0,6,102

（10）有以下程序：

```
#include<stdio.h>
int main (void)
{
    int m,n,p;
    scanf("%d%d%d", &m, &n, &p);
    printf("m+n+p=%d\n", m+n+p);
    return 0;
}
```

　　当从键盘上输入的数据为：2,3,5＜Enter＞,则正确的输出结果是（　　　）。

　　A. m＋n＋p＝10　　　　　　　　B. m＋n＋p＝5

　　C. m＋p＝7　　　　　　　　　　D. 不确定值

2. 填空题

（1）表达式"3.5＋(int)(8/3 ＊ (3.5＋6.7)/2)％4"的值为＿＿＿＿＿＿。

（2）表达式 5.7＋2/19＝＿＿＿＿＿＿。若定义"int a＝4,b;",则表达式"$(b＝6＊5,a＊4)$,
$a＋16$"的值是＿＿＿＿＿＿。

（3）假设 x 是一个两位正整数,使该数的个位和十位调换的表达式为＿＿＿＿＿＿。（如
78 调换后变为87）

（4）将数学式 $\dfrac{\sin(\sqrt{x^2})}{a \cdot b}$ 转换成 C 语言表达式为：＿＿＿＿＿＿。

（5）设整型变量 x、y、z 均为 3,执行"$x\%＝y＋z$"后,$x＝$＿＿＿＿＿＿。

（6）若有 char x＝32,y＝3;则表达式～x＆y 的值为＿＿＿＿＿＿。

（7）算法通常具有以下 5 个方面的特性：＿＿＿＿＿＿、＿＿＿＿＿＿、＿＿＿＿＿＿、零个或多个
输入、一个或多个输出。

（8）若有定义"char c1＝'a', c2＝'e';",已知字符"a"的 ASCII 码值是 97,则执行语句
"printf("%d,%c",c1,c2＋2);"后的输出结果是＿＿＿＿＿＿。

（9）

```
#include <stdio.h>
#include <math.h>
int main(void)
{
    float x,y,z;
    scanf("_____",_____);          //从键盘输入两个浮点数,以逗号分隔
    z=2 * x * sqrt(y);
    printf("z=%5.2f",z);
    return 0;
}
```

（10）下列程序的运行结果是＿＿＿＿＿＿。

```
#include <stdio.h>
```

```
int main(void)
{   int a=9,b=2;
    float x=6.6,y=1.1,z;
    z=a/2+b*x/y-1/2;
    printf("%5.2f",z);
    return 0;
}
```

3. 编程题

(1) 编写程序,计算 $x = \dfrac{a^2+b^2}{\sqrt{3(a+b)}}$ 的值并输出(保留 3 位小数),其中 a、b 的值由键盘输入。

(2) 编写程序,从键盘输入一个梯形的上底 a、下底 b 和高 h,输出梯形的面积 s。

2.8 上机实验:顺序结构程序设计

1. 实验目的

(1) 掌握 scanf()/printf()函数、getchar()/putchar()函数的使用。

(2) 掌握格式控制符的使用。

(3) 掌握顺序结构程序设计的方法。

2. 实验内容

1) 改错题

(1) 下列程序的功能为:输入一个华氏温度,要求输出摄氏温度。公式为:$c = \dfrac{5}{9}(f-32)$,输出取 2 位小数。纠正程序中存在的错误,以实现其功能。程序以文件名 sy2_1.c 保存。

```
#include <stdio.h>
int main(void)
{
    float c,f;
    printf("请输入一个华氏温度: \n");
    scanf("%f", f);
    c=(5/9) * (f-32);
    printf("摄氏温度为: %5.2f\n",c);
    return 0;
}
```

(2) 下列程序的功能为:按下列公式计算并输出 x 的值。其中 a 和 b 的值由键盘输入。纠正程序中存在的错误,以实现其功能。程序以文件名 sy2_2.c 保存。

$$x = \frac{2ab}{(a+b)^2}$$

```
#include <stdio.h>
int main(void)
```

```
{
    int a,b;
    float x;
    scanf("%d,%d",a,b);
    x=2ab/(a+b)(a+b);
    printf("x=%d\n",x);
    return 0;
}
```

（3）下列程序的功能为：从键盘输入一个小写字母，要求输出该小写字母及其 ASCII 码，并将该小写字母转换成大写字母并输出。请纠正程序中存在的错误，使程序实现其功能，程序以文件名 sy2_3.c 保存。

```
#include <stdio.h>
int main(void)
{
    char c1,c2;
    c1=getchar;                 //从键盘输入一个小写字母
    printf("%c,%d\n",c1,c1);    //输出该小写字母及其 ASCII 码值
    c2=c1+26;                   //转换为大写字母
    c2=putchar();               //输出大写字母
    return 0;
}
```

2）填空题

（1）下列程序的功能为：按给定格式输入数据，按要求格式输出结果。补充完善程序，以实现其功能。程序以文件名 sy2_4.c 保存。

输入形式：

enter x,y: 2   3.4

输出形式：

x+y=5.4

```
#include <stdio.h>
int main(void)
{
    int x;
    float y;
    printf ("enter x,y: ");
    _____
    _____
    return 0;
}
```

（2）下列程序的功能为：设圆半径 $r=1.5$，圆柱高 $h=3$，求圆周长、圆面积、圆球表面积、圆球体积、圆柱体积。用 scanf 输入数据 r、h，输出计算结果，输出时要求有文字说明，取小数点后 2 位数字。（周长 $l=2\pi r$，圆面积 $s=\pi r^2$，圆球表面积 $sq=4\pi r^2$，圆球体积

$vq=\dfrac{4}{3}\pi r^{3}$，圆柱体积 $vz=\pi hr^{2}$），请补充完善程序，以实现其功能。程序以文件名 sy2_5.c 保存。

```c
#include <stdio.h>
int main(void)
{
    float h,r,l,s,sq,vq,vz;
    const float pi=3.1415926;
    printf("请输入圆半径 r,圆柱高 h: \n");
    _____;
    l=_____;
    s=_____;
    sq=_____;
    vq=_____;
    vz=_____;
    printf("圆周长为: _____);
    printf("圆面积为: _____);
    printf("圆球表面积为: _____);
    printf("圆球体积为: _____);
    printf("圆柱体积为: _____);
    return 0;
}
```

（3）下列程序的功能为：从键盘输入 3 个整数分别存入变量 x、y、z，然后，将变量 x 的值存入变量 z，将变量 y 的值存入变量 x，将变量 z 的值存入变量 y，输出经过转存后变量 x、y、z 的值（提示：使用中间变量）。补充完善程序，以实现其功能。程序以文件名 sy2_6.c 保存。

```c
#include <stdio.h>
int main(void)
{
    int x,y,z,_____;
    printf("Please input x,y,z: ");
    scanf("%d%d%d",_____);
    _____;
    _____;
    _____;
    _____;
    printf("x=%d\ny=%d\nz=%d\n",x,y,z);
    return 0;
}
```

3）编程题

（1）编写程序实现如下功能：从键盘输入数据：两个整数、两个浮点数、两个字符，分别赋给整型变量 a 和 b、浮点型变量 x 和 y 以及字符变量 ch1 和 ch2，要求输出如下结果形式，程序以文件名 sy2_7.c 保存。

a=3, b=4
x=2.5,y=5.6
ch1=A,ch2=B

（2）编写程序实现如下功能：输入一元二次方程 $ax^2+bx+c=0$ 的系数 a、b、c，求方程的根。要求：运行该程序时，输入 a、b、c 的值，分别使 b^2-4ac 的值大于、等于和小于零，观察并分析运行结果。程序以文件名 sy2_8.c 保存。求根公式如下：

$$x=\frac{-b\pm\sqrt{b^2-4ac}}{2a}$$

第3章

选择结构程序设计

选择结构是程序设计的三种基本结构之一,它是根据指定条件的成立与否,来确定接下来要完成的操作,C语言中用关系运算符和逻辑运算符表示判断条件。本章将介绍在C语言中实现选择结构程序设计的方法。

3.1 关系运算符和逻辑运算符

3.1.1 关系运算符

关系运算实际上是"比较运算",将两个值进行比较,判断比较的结果是否符合给定的条件。如 $x>0$、$x+y>=5$、$x==10$ 等,这些表达式的值是一个逻辑值("真"或"假"),用于比较的符号称为关系运算符。

C语言提供了6种关系运算符:

$$
\begin{array}{lll}
< & \text{小于} & \\
<= & \text{小于或等于} & \\
> & \text{大于} & \\
>= & \text{大于或等于} & \\
== & \text{等于} & \\
!= & \text{不等于} &
\end{array}
$$

优先级相同(高)

优先级相同(低)

注意:在C语言中,"等于"关系运算符是双等号"$==$",而不是单等号"$=$"(赋值运算符)。

1. 优先级与结合性

(1) 前4种关系运算符($<$、$<=$、$>$、$>=$)的优先级别相同,后2种运算符($==$、$!=$)的优先级别相同,且前4种运算符的优先级别高于后2种。

(2) 关系运算符的优先级低于算术运算符而高于赋值运算符。

(3) 关系运算符都是双目运算符,均为"左结合性"。

2. 关系表达式

关系表达式是指用关系运算符将前后两个表达式连接起来的式子,运算的结果均为逻辑值("真"或"假")。在C语言中,用1表示"逻辑真",用0表示"逻辑假"。

例如,假设 $a=3,b=4,c=5$,则:

$a>b$ 的值为0。

$(a>b)!=c$ 的值为 1。

$a+b>c$ 的值为 1。

关系表达式的值还可以参与其他类型的运算,例如算术运算、赋值运算等。例如:

$d=a<b$　d 的值为 1。

$e=a>b>c$　e 的值为 0,因为先执行 $a>b$,结果为 0,再执行 $0>c$,结果为 0。

3.1.2　逻辑运算符

利用关系运算符只能描述简单的条件,例如,表示变量 a 为正整数 $a>0$。如果需要描述一些复合条件,例如,变量 a 取值为 0～20(包括 0),即条件为 $a>=0$ 并且 $a<20$,就要借助于逻辑运算符来表示。C 语言提供了 3 种逻辑运算符:

&&　　　逻辑与

‖　　　逻辑或

!　　　逻辑非

其中,!(逻辑非)为单目运算符,只要求在它的右侧有一个操作数,&&(逻辑与)和‖(逻辑或)为双目运算符,要求在运算符的两侧各有一个操作数。

在 3 种逻辑运算符中,! 的优先级最高,&& 次之,‖ 最低。! 是右结合性,&& 和‖是左结合性。

用逻辑运算符将操作数连接起来的式子称为逻辑表达式。逻辑表达式的结果值只有真和假两个值,C 语言用 1 表示"真",用 0 表示"假"。逻辑运算的操作数有非 0 和 0 之分,其中"非 0"代表真,0 代表"假"。

逻辑运算规则如下。

&&:当且仅当两个运算量的值都为"真"时,运算结果为"真",否则为"假"。

‖:当且仅当两个运算量的值都为"假"时,运算结果"假",否则为"真"。

!:当运算量的值为"真"时,运算结果为"假";当运算量的值为"假"时,运算结果为"真"。

逻辑运算规则(也称真值表)如表 3-1 所示。

表 3-1　逻辑运算真值表

a	b	!a	!b	a && b	a‖b
0	0	1	1	0	0
0	非 0	1	0	0	1
非 0	0	0	1	0	1
非 0	非 0	0	0	1	1

例如,下面的表达式都是逻辑表达式,运算结果为 1 或 0,设:$a=4,b=5$。

(1) $!a$ 的值为 0。由于 a 的值为非 0,为"真",! 求反运算为假,即是 0。

(2) $a>=0$ && $a>b$ 的值为 0。先做关系运算符的操作,$a>=0$ 成立,结果为 1;$a>b$ 不成立,结果为 0;最后做 1&&0 的操作,结果为 0。

(3) $a‖b>10$ 的值为 1。先做 $b>10$,结果为 0;再做 $a‖0,a=4$,为非 0,值为 1;1‖

0,最终的值为1。

说明：

在计算逻辑表达式的值时,只有在必须执行下一个表达式才能求出表达式的解时,才执行该表达式(即并不是所有的表达式都被求解)。换句话说:对于"逻辑与"运算,如果左端表达式被判定为"假",则该表达式的值一定为"假",系统不再判定或求解右端的表达式;对于"逻辑或"运算,如果左端的表达式被判定为"真",则该表达式的值一定为"真",系统不再判定或求解右端的表达式。

例如:假设 $a=1,b=2,c=3,d=4,x$、y 的值为1,则求解下列表达式的值。

(1) $(x=a>b)$ && $(y=c>d)$

结果:x 的值为0,y 的值不变,仍等于1,整个表达式的值为0。因为 x 的值为0,可以直接得出最终表达式结果为0,y 的值不需要再进行求解,y 等于原来的值1。

(2) $(x=a<b)$ || $(y=c>d)$

结果:x 的值为1,而 y 的值不变,仍等于1,整个表达式的值为1。因为 x 的值为1,可以直接得出最终表达式结果为1,后面的表达式不需要再进行求解,y 等于原来的值1。

3.2 选择结构控制语句

3.2.1 if 语句

在计算机程序中,语句的执行需要依赖于输入的数据或表达式的值来决定执行哪些语句或跳过哪些语句执行,这种程序结构称为选择结构。C 语言提供了条件语句(if 语句)和开关语句(switch 语句)来实现选择结构程序设计。

在 C 语言中,if 条件语句的一般形式有以下 3 种。

1. if 语句 (单分支语句)

if 语句的一般格式为:

```
if(表达式)   语句 1;
```

其流程图如图 3-1 所示。执行时,首先计算表达式的值,若为真(非 0),则执行语句 1;否则(即表达式值为 0)不执行任何语句,即跳过 if 语句直接执行后面的语句。

【例 3-1】 从键盘上输入一个整数 x,输出 x 的绝对值。

分析:对由键盘输入的整数做一次比较,当输入的数值小于 0(为负数)时,将其转换为正数。

源程序:

```
#include<stdio.h>
int main(void)
{
    int x;
    printf("Enter a number: ");
```

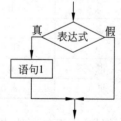

图 3-1　if 选择结构示意图

```
    scanf("%d",&x);
    if(x<0)
        { x=-x; }
    printf("该整数的绝对值是：%d\n", x);
    return 0;
}
```

运行结果为：

Enter a number: -45 ↙

该整数的绝对值是：45

2. if…else 语句（双分支语句）

if…else 语句的一般格式为：

```
if(表达式)
    语句 1;
else
    语句 2;
```

其流程图如图 3-2 所示。执行这种形式的条件语句时，首先计算表达式的值，若为"真"（即表达式具有非 0 值），则执行语句 1；若表达式的值为"假"（即等于 0），则执行语句 2。

注意：这里的"语句 1 和语句 2"可以是一条 C 语句，也可以是多条 C 语句，若为多条 C 语句，务必要将这些语句用花括号括起来作为复合语句。

【例 3-2】 从键盘上输入 3 个实数 a、b 和 c，找出其中的最大值输出。

分析：3 个数要进行两两比较。首先 a 和 b 作比较，将 a、b 中较大的数赋给 max，再将 max 和 c 作比较，将较大的数赋给 max，最后输出 3 个数中的最大值 max。对应的流程图如图 3-3 所示。

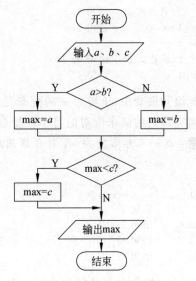

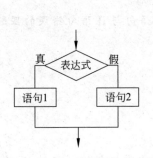

图 3-2　if…else 选择结构示意图

图 3-3　例 3-2 的流程图

源程序：

```c
#include<stdio.h>
int main(void)
{
    float a,b,c,max;
    printf("please enter 3 numbers:\n");
    scanf("%f,%f,%f",&a,&b,&c);
    if (a>b)
        max=a;
    else
        max=b;
    if (max<c)
        max=c;
    printf("a=%.2f,b=%.2f,c=%.2f\n",a,b,c);
    printf("max=%.2f\n",max);
    return 0;
}
```

运行结果为：

```
please enter 3 numbers:
3,6,9↙
a=3.00,b=6.00,c=9.00
max=9.00
```

3. if 语句的嵌套(if 多分支语句)

C 语言允许在条件语句中又包含另一个条件语句,称为条件语句的嵌套。if 语句嵌套的一般格式为：

```
if(表达式 1)
    if(表达式 2)   语句 1;
    else          语句 2;
else
    if(表达式 3)   语句 3;
    else          语句 4;
```

选择语句嵌套中,if 与 else 的配套是关键,其配对规则为：从第一个 else 开始,else 总是与离它最近的尚未配对的且不在复合语句中的 if 配对。

注意：这一点非常重要,否则在应用时会发生 else 语句与 if 语句错误的匹配情况。例如：

```
if()
    if()   语句 1;
else       语句 2;
if()       语句 3;
else       语句 4;
```

第三行的 else 与第一个 if 语句在同一列上,但它并不是和第一行的 if 配对,而是和第二行的 if 配对,因为它们距离最近且第二个 if 尚未与 else 配对。如果要实现 else 与第一个

if 语句的配对,可以加上花括号来确定配对关系,这样就限定了内嵌 if 语句的范围,如下所示:

```
if()
    { if()  语句 1; }
else    语句 2;
  if()  语句 3;
  else  语句 4;
```

【例 3-3】　从键盘上输入一个字符,判断它是英文字母、数字或其他字符。

分析:由于输出结果有多种,可以采用 if 多分支选择语句进行判断。

源程序:

```
#include<stdio.h>
int main(void)
{
    char ch;
    printf("Enter a character: ");
    ch=getchar();
    if ((ch>='A'&&ch<='Z')||( ch>='a'&&ch<='z'))    //判断是否是英文字母
        printf( "The character is a letter.\n");
    else if(ch>='0'&& ch<='9')                       //判断是否是数字
        printf( "The character is a digit.\n ");
    else
        printf("The character is other character.\n");
    return 0;
}
```

第一次运行结果为:

```
Enter a character: G↙
The character is a letter.
```

第二次运行结果为:

```
Enter a character: 9↙
The character is a digit.
```

第三次运行结果为:

```
Enter a character: &↙
The character is other character.
```

判断字符是否为英文字符时,要同时考虑到大写和小写字母,利用关系运算符和逻辑运算符判断输入的字符是否为英文字符。

3.2.2　条件运算符

条件运算符有 3 个操作数,是 C 语言中的一个三目运算符。条件表达式的一般形式为:

表达式 1？表达式 2：表达式 3

说明：

（1）求解过程：先求解表达式 1,若为非 0(真),则求解表达式 2 的值,此时表达式 2 的值就是整个条件表达式的值。若表达式 1 的值为 0(假),则求解表达式 3 的值,表达式 3 的值就是整个条件表达式的值。执行过程如图 3-4 所示。

例如,max＝(a＞b)?a:b 的执行结果就是将条件表达式的值赋给 max,也就是将 a 和 b 中较大的值赋给 max。

（2）条件运算符的优先级高于赋值运算符,但低于关系运算符和算术运算符。

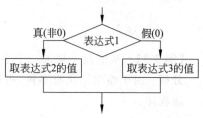

图 3-4　条件表达式执行过程

例如：

```
max=(a>b)?a:b      等效于     max=a>b?a:b
a>b?a:b-1          等效于     a>b?a:(b-1)
```

（3）条件运算符的结合方向为"自右向左"。例如：

```
a>b?b:c>d?c:d  相当于  a>b?b:(c>d?c:d)
```

假设 $a=1, b=2, c=3, d=4$,首先执行的是后面的条件运算表达式,值为 d 的值,即 4。再执行前面一个条件表达式：$a＞b?b:4$,最后的值等于 4。

（4）条件表达式中的"表达式 1"通常为关系表达式,"表达式 2"和"表达式 3"可以是数值表达式,也可以是赋值表达式或函数表达式。例如：

```
a>b?(a=10):(b=20);
a>b?printf("%d",a):printf("%d",b);
```

（5）在 if 语句中,若表达式为"真"和"假"时,都对同一个变量执行赋值语句,则可以用条件运算符来代替,例如：判断一个字母是否为小写字母,如果是,将其转换为大写字母；如果不是,保留原字母。可表示为：c＝(c＞='a' & & c＜='z')?c－32:c;。

3.2.3　switch 语句

在实际应用中常常要用到多分支的选择,例如,成绩分类、工资统计和气象数据的分类等,这些可以采用前面介绍的 if 多分支语句或 if 语句的嵌套来实现。

C 语言还提供了 switch 语句,可以实现多分支选择操作。switch 语句的一般格式为：

```
switch(表达式)
{
    case 常量表达式 1: 语句序列 1;[break;]
    case 常量表达式 2: 语句序列 2;[break;]
    ...
    case 常量表达式 k: 语句序列 k;[break;]
```

```
    default: 语句序列 k+1;
}
```

说明：

（1）switch 后面的表达式，必须是整型或字符型。

（2）各个 case 分支的常量（常量表达式）类型和 switch 后面表达式的类型要一致。

（3）执行 switch 语句时，首先计算 switch 后面表达式的值，然后根据其计算的值依次与每个 case 分支的常量的值进行比较，当相等时，则执行该 case 分支的语句组。若表达式的值与所有 case 分支的常量的值都不相同，则执行 default 后面的语句组。

（4）在执行完某一个分支的语句组时，若遇到 break 语句，则结束 switch 语句的执行。若没有 break 语句，则不经过判断比较，继续执行下一个 case 分支语句组。

分析下列两个程序段，变量 n 的运行结果是不同的。第 1 个程序段运行后，$n=8$；第 2 个程序段运行后，$n=6$。

```
int n=5;                          int n=5;
switch(n)                         switch(n)
{                                 {
    case 4: n++;                      case 4: n++; break;
    case 5: n++;                      case 5: n++; break;
    case 6: n++;                      case 6: n++; break;
    default: n++;                     default: n++;
}                                 }
printf("n=%d\n",n);               printf("n=%d\n",n);
```

（5）各个 case 分支的常量（常量表达式）的值必须互不相同。

（6）各个 case 分支允许内嵌多个语句，可以不必用花括号括起来，系统顺序执行 case 分支后面的语句。

（7）各个 case 和 default 出现的次序不影响执行结果。

【例 3-4】 用 switch 语句实现从键盘输入百分制成绩，转换成相应的等级后输出（90～100 为 A，80～89 为 B，70～79 为 C，60～69 为 D，59 及以下为 E）。

分析： 要根据输入的不同分数值进行判断，得出相应的结果，可以考虑将输入的分数值除以 10，得到一个整数，作为 switch 语句的表达式值，与下面的 case 分支语句分别进行比较，以得出正确的结果，其流程图如图 3-5 所示。

图 3-5　例 3-4 的流程图

源程序:

```
#include<stdio.h>
int main(void)
{
    int score;
    printf("Please input a score: ");
    scanf("%d",&score);
    switch(score/10)    /*用以将输入的成绩按等级与 10 以内的某一个非负整数相对应*/
    {
      case 10:
      case 9: printf("A 等\n"); break;        /*执行 break 语句后结束 switch 语句*/
      case 8: printf("B 等\n"); break;
      case 7: printf("C 等\n"); break;
      case 6: printf("D 等\n"); break;
      default: printf("E 等\n");
    }
    return 0;
}
```

第一次运行结果为:

```
Please input a score: 84↙
B 等
```

第二次运行结果为:

```
Please input a score: 64↙
D 等
```

多个 case 语句可以共用一组执行语句,例如上例中的 case 10、case 9 两个语句都执行输出等级 A 的操作。

3.3 应用举例

【例 3-5】 编写一个四则运算计算器程序(输入两个数和一个四则运算符,输出运算结果)。

分析:定义一个字符变量 op 用来存放运算符,根据它的输入,判断是执行加、减、乘、除之一的运算,可以采用 switch 语句结构,用 4 个 case 分支语句分别完成相应的四则运算。相应的流程图如图 3-6 所示。

源程序:

```
#include<stdio.h>
int main(void)
{
    float operand1,operand2,result;
    char op;
```

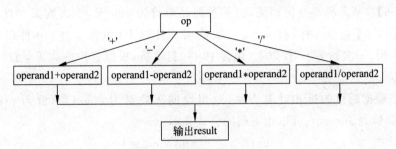

图 3-6　例 3-5 的流程图

```
    scanf("%f%c%f",&operandl,&op,&operand2);
                                    /*由键盘输入操作数1、运算符、操作数2*/
    switch(op)                      /*由op的值决定执行哪一条case语句*/
    {
        case '+': result=operandl+operand2;
                  printf("result=%.2f\n",result);
                  break;
        case '-': result=operandl-operand2;
                  printf("result=%.2f\n",result);
                  break;
        case '*': result=operandl*operand2;
                  printf("result=%.2f\n",result);
                  break;
        case '/': if(operand2!=0)
                  {   result=operandl/operand2;
                      printf("result=%.2f\n",result);
                  }
                  else
                      printf("Illegal number\n");
                  break;
        default: printf("Illegal operator , error!\n");
    }
    return 0;
}
```

第一次运行结果为：

```
4.5+6.2↙
result=10.70
```

第二次运行结果为：

```
4*2.5↙
result=10.00
```

第三次运行结果为：

```
3.45/0↙
Illegal number
```

【例 3-6】 某商场举办促销活动,某种商品单价为 100 元,一次购买 3 件以上(包含 3 件)5 件以下(不包含 5 件)打 9 折,一次购买 5 件以上(包含 5 件)10 件以下(不包含 10 件)打 8 折,一次购买 10 件以上(包含 10 件)打 7 折,根据客户的购买量设计程序计算应付的总价。

分析:根据题目的折扣计算方法,这里设购买数量为 count,单价为 price,折扣为 discount,总价为 amount,可以用下面的公式表示。

$$count < 3 \quad\quad\quad discount = 1$$
$$3 \leqslant count < 5 \quad\quad discount = 0.9$$
$$5 \leqslant count < 10 \quad\quad discount = 0.8$$
$$10 \leqslant count \quad\quad\quad discount = 0.7$$

则应付的总价为:

$$amount = price * count * discount$$

可以采用 if 的嵌套结构,通过判断 count 的范围大小,对 discount 变量赋给相应的数值,相应的 N-S 流程图如图 3-7 所示。

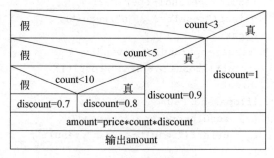

图 3-7   例 3-6 的流程图

源程序:

```c
#include <stdio.h>
int main(void)
{
    float price=100,discount,amount;
    int count;
    printf("输入购买件数: ");
    scanf("%d", &count);
    if (count<3)
        discount=1;
    else if (count<5)  discount=0.9;
    else if(count<10)  discount=0.8;
    else discount=0.7;
    amount=price * count * discount;
    printf("购买件数: %d\t",count);
    printf("单价: %.2f\t 折扣: %.2f\n",price,discount);
    printf("总价: %.2f\n",amount);
```

```
    return 0;
}
```

第一次运行结果为：

输入购买件数：6↙
购买件数：6   单价：100.00   折扣：0.80
总价：480.00

第二次运行结果为：

输入购买件数：12↙
购买件数：12   单价：100.00   折扣：0.70
总价：840.00

【例 3-7】　求一元二次方程 $ax^2+bx+c=0$ 的根。其中系数 a、b、c 的值由键盘输入。

　　分析：输入系数 a、b、c 后，首先判断系数 a 值，若 $a=0$，则不是二次方程；若 a 不等于 0，则令 $delta=b^2-4ac$，若 $delta=0$，方程有两个相同实根；若 $delta>0$，方程有两个不同实根；若 $delta<0$，方程无实根。用 N-S 流程图表示如图 3-8 所示。

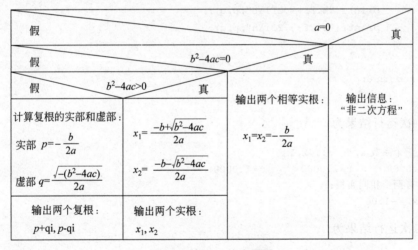

图 3-8　例 3-7 的流程图

源程序：

```c
#include <stdio.h>
#include <math.h>
int main(void)
{
    float a,b,c;
    float delta,x1,x2,p,q;
    float zero=0.00001;                    /* 定义一个很小的数 */
    printf("输入三个系数 a, b, c:");
    scanf("%f,%f,%f",&a,&b,&c);
```

```
        printf("a=%.4f\tb=%.4f\tc=%.4f\n",a,b,c);
        if(fabs(a)<zero)
            printf("不是一个二次方程:\n");
        else
        {   delta=b*b-4*a*c;
            if(fabs(delta)<zero)                    /*绝对值很小的数即被认为是 0*/
            {   printf("方程有两个相同实根:\n");
                printf("x1=x2=%.2f\n",-b/(2*a));
            }
            else if(delta>zero)
            {   x1=(-b+sqrt(delta))/(2*a);
                x2=(-b-sqrt(delta))/(2*a);
                printf("方程有两个不相同实根:\n");
                printf("x1=%.2f\tx2=%.2f\n",x1,x2);
            }
            else
            {   p=-b/(2*a);
                q=sqrt(-delta)/(2*a);
                printf("方程有两个不相同复根:\n");
                printf("%.2f+%.2fi\t",p,q);
                printf("%.2f-%.2fi\n",p,q);
            }
        }
        return 0;
}
```

第一次运行结果为:

```
输入三个系数 a, b, c:1,2,1↙
a=1.0000      b=2.0000        c=1.0000
方程有两个相同实根:
x1=x2=-1.00
```

第二次运行结果为:

```
输入三个系数 a, b, c:1,5,3↙
a=1.0000      b=5.0000        c=3.0000
方程有两个不相同实根:
x1=-0.70      x2=-4.30
```

第三次运行结果为:

```
输入三个系数 a, b, c:1,3,6↙
a=1.0000      b=3.0000        c=6.0000
方程有两个不相同复根:
-1.50+1.94i       -1.50-1.94i
```

程序中变量 a、delta 是实数,而实数在计算和存储时会有一些微小的误差,因此不能直接判断 if(delta==0)和 if(a==0),这样会出现原来是 0 的数,由于误差而被判别为不等于 0。这里定义一个很小的数 zero＝0.00001，如果小于 zero，就认为相应的变量为 0。

【例 3-8】 编写一个程序，输入某年某月，打印出该年份该月的天数。

分析：一年中每月的天数有三种情况，30 天、31 天和 2 月的特殊情况（28 天或 29 天）。可以采用 switch 语句，相同天数的不同月份的 case 语句共用一个执行语句，2 月要进行闰年的判断，闰年条件是能被 4 整除但不能被 100 整除，或能被 400 整除的年份。其流程图如图 3-9 所示。

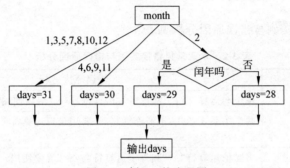

图 3-9　例 3-8 的流程图

源程序：

```c
#include<stdio.h>
int main(void)
{   int year, month, days;
    printf("Enter year and month: ");
    scanf("%d%d",&year,&month);
    switch(month)
    {   case 1: case 3: case 5: case 7: case 8: case 10:
            case 12:days=31;break;
        case 4: case 6: case 9:
            case 11: days=30;break;
        case 2: if(year%400==0 || year%4==0 &&year%100!=0) days=29;
            else days=28; break;
        default: printf("Input error!\n ");
    }
    if(month>=1&&month<=12)
        printf("%d年%d月有%d天\n",year,month,days);
    return 0;
}
```

第一次运行结果为：

```
Enter year and month:1990 2↙
1990 年 2 月有 28 天
```

第二次运行结果为：

Enter year and month:2008 10↙
2008 年 10 月有 31 天

第三次运行结果为：

Enter year and month: 2015 13↙
Input error!

3.4　本章常见错误小结

本章常见错误实例与错误原因分析见表 3-2。

表 3-2　本章常见错误实例与错误原因分析

常见错误实例	错误原因分析
ch>='a' & ch<='z'	按位与运算符"&"和逻辑与运算符"&&"混淆使用
if(0≤x<5)	两个关系表达式,不能连续写,需要用逻辑运算符 && 连接,即 x>=0&&x<5
if(x%2=0)	将赋值运算符"="和等于运算符"=="混淆使用
if(x>=20);	if(表达式)后面加了分号
if(x>1) && (x<10)	if(表达式)遗漏了括号,应为: if ((x>1) && (x<10))
score>=90? A:B	条件运算符表达式的结果为字符常量时,字符常量两边遗漏了单引号
else y=1	else 语句找不到相匹配的 if 语句,自身不能单独存在
case 1+x:	case 语句分支后面必须是常量或常量表达式
float a; switch(a){……}	switch(表达式)后面必须是整型或字符型

3.5　习题

1. 选择题

(1) 要判断 char 型变量 m 是否是数字字符,可以使用表达式(　　)。

　　A. m>=0 && m<=9　　　　　　　　B. m>='0' && m<='9'

　　C. m>="0" && m<="9"　　　　　　D. m>=0 & m<=9

(2) 要判断 char 型变量 c 是否为大写字母,可以使用表达式(　　)。

　　A. c>=A && c<=Z　　　　　　　　B. c>='A' && c<='Z'

　　C. c>="A" && c<="Z"　　　　　　D. 'A'<c<'Z'

(3) 判断 x 的值为奇数,以下不能满足要求的表达式是(　　)。

　　A. x%2==1　　　　　　　　　　　B. ！(x%2==0)

　　C. x%2　　　　　　　　　　　　　D. ！(x%2)

(4) 假设有定义 int $a=1,b=2,m=1,n=1$。则执行表达式 $(m=a>b)$&&$(n=a!=b)$ 后,m 和 n 的值为(　　)。

　　A. 0 1　　　　　　B. 1 0　　　　　　C. 1 1　　　　　　D. 0 0

(5) 以下选项中不合法的表达式是(　　)。

    A. $x>=1\&\&x<=50$　　　　　　　　B. $x=y==1$

    C. $x+1=x$　　　　　　　　　　　　D. $y=y+1$

(6) 下列运算符中优先级最高的是(　　)。

    A. !　　　　　　B. &&　　　　　　C. >　　　　　　D. ! =

(7) 有下面的程序段,执行后 c 的值为(　　)。

```
int a=3, b=2, c;
char p='A';
c=(a && b)&&(p>'B');
```

    A. false　　　　　B. true　　　　　C. 1　　　　　D. 0

(8) 若已定义 $a=3,b=c=4$,则执行下列语句后变量 x、y 的值分别为(　　)。

```
x=(c>=b>=a)?1:0;
y=c>=b&&b>=a;
```

    A. 0　1　　　　　B. 1　1　　　　　C. 0　0　　　　　D. 1　0

(9) 在 C 语言中,多分支选择结构语句为:

```
switch(表达式)
{
    case 常量表达式 1: 语句 1;
        …
    case 常量表达式 k: 语句 k;
    default:          语句 k+1;}
```

    其中 switch 括号中表达式的类型(　　)。

    A. 只能是整型　　　　　　　　　　B. 可以是任意类型

    C. 可以是整型或字符型　　　　　　D. 可以是整型或实型

(10) 执行以下程序后的输出结果是(　　)。

```
#include<stdio.h>
int main(void)
{   int a=4, b=5,c=5;
    a=b==c;
    printf("%d ",a);
    a=a==(b-c);
    printf("%d\n",a);
}
```

    A. 5　0　　　　　B. 5　1　　　　　C. 1　0　　　　　D. 1　1

2. 填空题

(1) 有"int x,y,z;"且 $x=3,y=4,z=5$,则表达式 $!(x+y)+z-1\&\&y+z/2$ 的值为_____。

(2) 用 x 描述 1~100 的所有偶数的表达式为_____。

(3) 当 $a=3,b=-4,c=5$ 时,表达式 $(a\&\&b)==(a\parallel c)$ 的值是_____。

（4）判定 year 为闰年的条件是能被 4 整除但不能被 100 整除，或能被 400 整除的年份，用表达式表示为_____。

（5）若有定义"int a=1,b=0;"表达式－－$a>(b+a)?10:5>b++?'A':'Z'$ 的值为_____。

（6）能正确表示 $x<0$ 或 $10<x<50$ 关系的 C 语言表达式是_____。

（7）下面程序的输出结果是_____。

```c
#include<stdio.h>
int main(void)
{  int x,y=1,z;
   if(y!=0) x=5;
     printf("%d\n",x);
   if(y==0) x=4;
   else x=3;
     printf("%d\n",x);
   x=2;
   if(y<0)
     if(y>0) x=4;
     else x=5;
   printf("%d\n",x);
   return 0;
}
```

（8）下面程序的输出结果是_____。

```c
#include<stdio.h>
int main(void)
{
    int a=2,b=7,c=5;
    switch(a>0)
    {   case 1:switch(b<0)
            {   case 1:printf("@");break;
                case 2:printf("!");break;
            }
        case 0:switch(c==5)
            {   case 0:printf("*");break;
                case 1:printf("#");break;
                default:printf("$");break;
            }
        default:printf("&");
    }
    return 0;
}
```

（9）下面程序的输出结果是_____。

```c
#include<stdio.h>
int main(void)
{  int a,b,c;
```

```
    a=b=c=1;
    a+=b;
    b+=c;
    c+=a;
    printf("(1)%d\n",a>b? a:b);
    printf("(2)%d\n",a>c? a--:c++);
    (a>=b>=c)? printf("AA"):printf("CC");
    printf("\na=%d,b=%d,c=%d\n",a,b,c);
    return 0;
}
```

（10）下面程序的输出结果是_____。

```
#include <stdio.h>
int main(void)
{   int a=1, b=1;
    switch(a-b)
    {
        case 0: b++;
        case 1: a++;b++;break;
        case 2: b++;
    }
    printf("a=%d, b=%d\n", a, b);
    return 0;
}
```

3. 编程题

（1）有一个函数如下：

$$y=\begin{cases}\dfrac{x+7}{2x-1} & (x<4)\\ 3x^{2}+5 & (4\leqslant x<70)\\ x-\sqrt{4x-1} & (x\geqslant70)\end{cases}$$

编写程序，输入 x 的值，计算相应的 y 值输出（保留 2 位小数）。

（2）编写一个程序，根据输入的三角形的三条边判断是否能组成三角形，如果可以则输出它的面积和三角形类型（等边、等腰、直角、等腰直角、一般三角形等）。

（3）设奖金税率 r 有如下的要求（n 代表奖金）：

$$r=\begin{cases}0 & n<1000\\ 3\% & 1000\leqslant n<3000\\ 5\% & 3000\leqslant n<5000\\ 7\% & 5000\leqslant n<10000\\ 10\% & 10000\leqslant n\end{cases}$$

由键盘输入奖金值，计算并输出相应的税率和实际应得奖金值。分别用 if-else 的嵌套语句和 switch 多分支选择语句编写程序。

（4）从键盘输入一个正整数，判断其是否能同时被 5 和 7 整除，若是则输出 YES，否则输出 NO。

（5）给出一个不超过 4 位数的正整数，判断它是几位数，并按逆向输出各位数字。例 1234，输出为 4321。

3.6 上机实验：选择结构程序设计

1. 实验目的

（1）掌握关系运算符和关系表达式的使用方法。

（2）掌握逻辑运算符和逻辑表达式的使用方法。

（3）掌握 if 语句、switch 语句、条件运算符(?：)的使用方法。

（4）掌握选择结构程序的设计方法。

2. 实验内容

1）改错题

（1）下列程序的功能为：输入 1 个字母，如果它是小写字母，则先将其转换成大写字母，再输出该字母的前序字母、该字母、该字母的后序字母，例如：输入 g，则输出 FGH；输入 a，则输出 ZAB；输入 M，则输出 LMN；输入 Z，则输出 YZA。纠正程序中存在的错误，以实现其功能。程序以文件名 sy3_1.c 保存。

```
#include <stdio.h>
int main(void)
{   char ch,c1,c2;
    printf("Enter a character:");
    ch=getchar;
    if((ch>='a')||(ch<='z'))
       ch-=32;
    c1=ch-1;
    c2=ch+1;
    if(ch='A') c1=ch+25;
    else if(ch='Z') c2=ch-25;
    putchar(c1);
    putchar(ch);
    putchar(c2);
    putchar('\n');
    return 0;
}
```

（2）下列程序的功能为：输入 3 个整数后，比较数值大小，按照由大到小的顺序输出。纠正程序中存在的错误，以实现其功能。程序以文件名 sy3_2.c 保存。

```
#include <stdio.h>
int main(void)
{
    int a,b,c,max;
    printf ("请输入 3 个整数：\n");
    scanf ("%d%d%d",&a,&b,&c);
    if (a<b) ;
```

```
  {   t=a; a=b; b=t; }
  if (a<c)
  {   t=a; c=a; c=t; }
  if(b>c)
  { t=b; b=c; c=t; }
  printf("由大到小顺序为: %d %d %d\n",a,b,c);
  return 0;
}
```

（3）下面程序要实现的功能是：输入一个成绩等级，输出相应的分数范围。A 等输出 90—100；B 等输出 80—89；C 等输出 70—79；D 等输出 60—69；E 等输出＜60；其他等级输出 error 信息。纠正程序中存在的错误，以实现其功能。程序以文件名 sy3_3.c 保存。

```
#include<stdio.h>
int main(void)
{   float grade;
    printf("请输入成绩等级: ");
    scanf("%c",&grade);
    if('a'<grade<'z')
    grade=grade-32;
    switch(grade)
    {   case A: printf("90-100\n");
        case B: printf("80-89\n");
        case C:printf("70-79\n");break;
        case D:printf("60-69\n");break;
        case E:printf("<60\n");break;
        default:printf("error\n");
    }
    return 0;
}
```

2）填空题

(1) 下列程序的功能为：判断从键盘上输入的一个字符，并按下列要求输出。

若该字符是数字，输出字符串"0—9"

若该字符是大写字母，输出字符串"A—Z"

若该字符是小写字母，输出字符串"a—z"

若该字符是其他字符，输出字符串"!,@,…"

补充完善程序，以实现其功能。程序以文件名 sy3_4.c 保存。

```
#include <stdio.h>
int main(void)
{   char c;
    scanf(_____);
    if(c>='0' &&c<='9')

    _____
    else if(_____)
        printf("A-Z\n");
```

```
            _____(c)>='a' &&c<='z')
                printf("a-z\n");
            _____
                printf("!,@,…\n");
    return 0;
}
```

（2）下列程序的功能为：实现加、减、乘、除四则运算。补充完善程序，以实现其功能。程序以文件名 sy3_5.c 保存。

```
#include <stdio.h>
int main(void)
{
    int a,b,d;
    char ch;
    printf("Please input a expression:");
    scanf("%d%c%d",_____);        /*输入数学表达式*/
    switch(ch)
    {
        case '+': d=a+b; printf("%d+%d=%d\n",a,b,d); break;
        case '-': d=a-b; printf("%d-%d=%d\n",a,b,d); break;
        case '*': d=a*b; printf("%d*%d=%d\n",a,b,d); break;
        case '/': if(_____)        /*如果除数为 0,则显示出错提示信息*/
                        printf("Divisor is zero\n");
                    else
                        printf("%d/%d=%f\n",a,b,(_____)a/b);  /*强制类型转换*/
                    break;
        default: printf("Input Operator error!\n");
    }
    return 0;
}
```

（3）下面程序的功能是：判断输入的年份是否为闰年,输出相应的信息,补充完善程序,以实现其功能。程序以文件名 sy3_6.c 保存。
请填空。

```
#include<stdio.h>
int main(void)
{
    int year, flag ;
    printf("请输入年份: ");
    scanf("%d", &year);
    if( year%400==0 )
      flag=1;
    else if(_____)
        flag=1;
    else _____;
    if (_____)
        printf("%d is leap year\n", year);
```

```
else
    printf("%d is not leap year\n", year);
return 0;
}
```

3）编程题

（1）从键盘输入 3 个整数，输出这 3 个整数的平均值（保留 2 位小数）、积、最小值以及最大值。程序以文件名 sy3_7.c 保存。

（2）有一分段函数如下，要求用从键盘输入 x 的值，求出 y 值后在屏幕上输出。程序以文件名 sy3_8.c 保存。

$$y = \begin{cases} \sqrt{2x+1} & (x < 3) \\ 3x - 1 & (3 \leqslant x < 10) \\ 4x^2 + 5 & (x \geqslant 10) \end{cases}$$

（3）从键盘输入一个 0～6 的数字，输出相应星期几的英文单词，其中数字 0 对应 Sunday，数字 1～6 对应 Monday～Saturday，如果输入的不是 0～6 的数字，则显示错误信息。程序以文件名 sy3_9.c 保存。

第4章

循环结构程序设计

在实际问题中有许多具有规律性的重复操作,例如统计全班学生的成绩,按照某个增长率对人口的增长进行统计等,因此在程序中就需要重复执行某些语句。循环结构的功能是在循环条件满足的情况下,反复执行某一特定的程序段。使用循环结构可以减少源程序重复书写的工作量,它也是程序设计中最能发挥计算机特长的程序结构。

C 语言提供了 while 语句、do...while 语句和 for 语句这些控制语句来实现循环结构。下面分别作介绍。

4.1 循环结构控制语句

4.1.1 while 循环语句

while 意为当……的时候,也就是当满足条件时就循环执行指定的代码。

1. while 循环语句的一般形式

```
while (表达式)
  语句
```

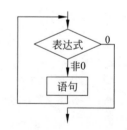

图 4-1 while 语句的执行流程

其中的"语句"就是循环体。计算机首先判断表达式中的值,若值非 0(代表逻辑值真),则执行循环体语句,一旦语句执行完毕,表达式中的值将会被重新计算,如果还是为非 0,循环体语句将会再次执行,这样一直重复下去,直至表达式中的值为 0 为止。其具体执行流程如图 4-1 所示。

2. 说明

(1) while 循环的特点是:先判断表达式,后执行语句。

(2) 表达式同 if 语句后的表达式一样,可以是任何类型的表达式。

(3) while 循环常用于循环次数不固定,根据是否满足某个条件决定循环与否的情况。

(4) 循环体可以是一个简单的语句,也可以是复合语句(用花括号包起来的若干语句)。

【例 4-1】 用 while 循环语句求 100 以内所有奇数的累加和。

分析: 此题可以用"1+3+…+99"来求解,但显然很烦琐。现在换个思路来考虑。

首先设置一个累计器 sum,其初值为 0,反复利用 sum＝sum＋ i 来计算(i 依次取 1、3…99),
编程只要采取以下 3 个步骤即可。

(1) 给循环变量 i 和累计器 sum 赋初值,i 置为 1,sum 置为 0。注意:必须给 i 和
sum 赋初值,否则它们的值不可预测,结果显然不正确。

(2) 每执行 1 次 sum ＝sum＋i 后,i 增 2。

(3) 当 i 增到大于 99 时,停止计算。此时 sum 的值就是 100 以内所有奇数的累
计和。

源程序:

```
#include<stdio.h>
int main(void)
{
    int i,sum=0;
    i=1;
    while(i<=99)
    {
        sum=sum+i;
        i=i+2;
    }
    printf("%d\n",sum);
    return 0;
}
```

运行结果为:

```
2500
```

4.1.2 do...while 循环语句

do...while 语句常称为"直到型"循环语句,其特点是:先执行一次循环体的操作,然
后再判断条件是否满足。

1. do...while 循环语句的一般形式

```
do
{
    循环体语句;
} while (表达式);
```

计算机首先执行循环体语句,然后判断表达式的值,若值
为非 0,则再次执行循环体语句,如此反复,直至表达式的值为
0 为止。其具体执行流程如图 4-2 所示。

2. 说明

(1) while 循环结构是先判断后执行;do...while 循环结构
是先执行后判断。当初始情况不满足循环条件时,while 循环
体语句将一次都不执行,而 do...while 循环体语句不管任何情

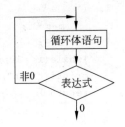

图 4-2 do...while 语句的
执行流程

况都至少执行一次。因而,当第一次条件为真时,while 语句、do...while 语句等价;第一次条件为假时,二者不同。请读者自己验证下面左半部分和右半部分代码,当输入 i 的值小于或等于 10 时,二者得到的结果相同;而当输入的 i 的值大于 10 时,二者得到的结果就不同了。

```
#include<stdio.h>
int main(void)
{
    int sum=0,i;
    scanf("%d",&i);
    while(i<=10)
    {
        sum=sum+i;
        i++;
    }
    printf("sum=%d\n",sum);
    return 0;
}
```

```
#include<stdio.h>
int main(void)
{
    int sum=0,i;
    scanf("%d",&i);
    do
    {
        sum=sum+i;
        i++;
    }while(i<=10);
    printf("sum=%d\n",sum);
    return 0;
}
```

(2) do...while 循环结构表达式后面有分号,while 循环结构表达式后面没有分号,编程时一定要注意。

【例 4-2】 用 do...while 循环语句编程求 $1 \times 2 \times 3 \times \cdots \times 10$ 的累乘积。

分析:先设置一个累乘器 m,其初值为 1,反复利用 $m = m \times i$ 来计算(i 依次取 1、2… 10),编程只要采取以下 3 个步骤即可。

(1) 将 i 和 m 的初值都置为 1。

(2) 每执行 1 次 $m = m \times i$ 后,i 增 1。

(3) 当 i 增到大于 10 时,停止计算。此时 m 的值就是 $1 \times 2 \times 3 \times \cdots \times 10$ 的累乘积。

源程序:

```
#include<stdio.h>
int main(void)
{
    int i=1;
    int m=1;
    do
    {
        m=m * i;
        i++;
    }while(i<=10);
    printf("%d\n",m);
    return 0;
}
```

运行结果为:

3628800

4.1.3　for 循环语句

for 循环语句使用最为灵活,通常应用在循环次数已知的场景。

1. for 循环语句的一般形式

```
for (表达式 1;表达式 2;表达式 3)
    循环体语句;
```

具体来说,for 语句的执行过程如下:

(1) 先求解表达式 1;

(2) 求解表达式 2,若为 0(假),则结束循环,并转到(5);

(3) 若表达式 2 为非 0(真),则执行循环体,然后求解循环表达式 3;

(4) 转回(2);

(5) 执行 for 语句下面的一个语句。

其具体执行流程如图 4-3 所示。

2. 说明

(1) for 循环语句最简单的应用形式也是最容易理解的形式如下:

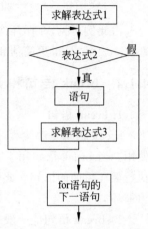

图 4-3　for 语句的执行流程

```
for(循环变量赋初值;循环条件;循环变量修正)
    循环体语句;
```

(2) for 后面的三个表达式都允许省略,但要注意省略表达式后,分号间隔符不能省略。例如:for(; ;)表示不设初值,不判断条件(始终认为表达式 2 为真),循环变量不变化,无终止执行循环体的语句。

(3) while、do...while 和 for 语句可以用来处理同一问题,一般情况下它们可以互相替代。用 while 和 do...while 循环时,循环变量初始化的操作在 while、do...while 语句之前完成,而 for 语句可以在表达式 1 中实现循环变量的初始化。

【例 4-3】　用 for 语句求 $1-3+5-7+\cdots-99$。

分析:该题就是计算 $1+(-3)+5+(-7)+\cdots+(-99)$ 的累计和,还是一个连加问题。加数符号的交叉变化,可在程序中增加一个符号控制变量 j,j 的初值设置为 1,并在每次循环中对 j 都乘以负 1,用 j 改变相加项的正、负。

源程序:

```c
#include<stdio.h>
int main(void)
{
    int i,j,sum=0;
    j=1;
    for(i=1;i<=99;i+=2)
    {
        sum=sum+i*j;
```

```
            j=j*(-1);
        }
        printf("1-3+5-7+...-99=%d\n",sum);
        return 0;
}
```

运行结果为：

```
1-3+5-7+...-99=-50
```

由此例可见,在循环次数已知的场合下,for 语句将循环体所用的控制都放在循环顶部统一表示,显得更简洁和直观。

4.1.4　break 语句和 continue 语句

1. break 语句

break 语句是改变程序控制流的语句,通常用在循环语句和 switch 语句中,不能单独使用。当 break 语句用于 do...while、for、while 循环语句中时,可使程序提前终止循环而执行循环后面的语句。此时通常 break 语句总是与 if 语句一起使用,即满足条件时便跳出循环。

1) break 语句的一般形式

```
break;
```

例如：

```
while(表达式 1)
{
    语句 A
    if(表达式 2)
        break;
    语句 B
}
```

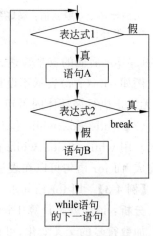

其执行过程如图 4-4 所示。

2) 说明

break 语句不能用于循环语句和 switch 语句之外的任何其他语句中。在多重循环中,一个 break 语句只向外跳一层。

图 4-4　break 语句的执行流程

【例 4-4】　求 100 以内能被 7 整除的最大的数。

分析：先设置变量 x,设置其初值为 100,利用循环,从 100 开始对依此递减 1 的每一个数进行测试,一旦该数能被 7 整除($x\%7==0$)就强制结束循环,此时的 x 就是所要求的数。

源程序：

```
#include <stdio.h>
int main(void)
```

```
{
    int x;
    for(x=100;x>=1;x--)
        if(x%7==0) break;
    printf("x=%d\n",x);
    return 0;
}
```

运行结果为：

```
x=98
```

2. continue 语句

continue 语句也是改变程序控制流的语句,其作用是：结束当前正在执行的这一次循环(for、while、do...while),接着执行下一次循环。即跳过循环体中尚未执行的语句,接着进行下一次是否执行循环的判定。

1) continue 语句的一般形式

```
continue;
```

例如：

```
while(表达式 1)
{
    语句 A
    if(表达式 2)
        continue;
    语句 B
}
```

其执行过程如图 4-5 所示：

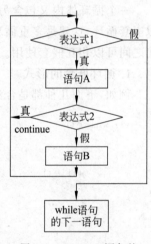

图 4-5　continue 语句的
执行流程

2) 说明

continue 语句只用在 for、while、do...while 等循环语句中,常与 if 条件语句一起使用。continue 语句和 break 语句的区别是：continue 语句只结束本次的循环,并不跳出循环,转而去判断是否执行下一次循环;而 break 语句则是终止整个循环的执行。

【**例 4-5**】　使用 continue 语句,输出 100 以内能被 7 整除的所有整数。

分析：首先设置变量 x,其初值为 1,利用循环对 1~100 的每一个数进行测试,如该数不能被 7 整除($x\%7!=0$),则由 continue 语句转去下一次循环。只有当该数能被 7 整除($x\%7==0$),才能执行后面的 printf 语句,输出能被 7 整除的数。

源程序：

```
#include <stdio.h>
int main(void)
{
    int x;
```

```
for(x=1;x<=100;x++)
{
    if(x%7!=0) continue;
    printf("%d  ",x);
}
return 0;
}
```

运行结果为：

7 14 21 28 35 42 49 56 63 70 77 84 91 98

当然，例 4-5 中循环体中也可以不用 continue 语句，而改用一个 if 语句处理：

```
if(x%7==0); printf("%d",x);
```

其效果也是一样的。本例中用 continue 语句无非为了说明 continue 语句的作用。

4.2 循环的嵌套

一个循环体内又包含另一个完整的循环结构，称为循环的嵌套。内嵌的循环中还可以嵌套循环，这就是多重循环。上述三种循环(while 循环、do...while 循环和 for 循环)语句之间可以相互嵌套使用。

1. 循环嵌套的形式

例如，下面几种都是合法的嵌套形式：

```
(1) while()                    (2) while()
    {                              {
        ...                            ...
        while()                        do
        {                              {
            ...                            ...
        }                              }
    }                              while();
                                   }
(3) do                         (4) for()
    {                              {
        ...                            for()
        while()                        {
        {                                  ...
            ...                        }
        }                              }
    }
    while();
```

2. 说明

(1) 在循环嵌套时，外循环必须完全包含内循环，即不允许循环的交叉嵌套。

(2) 多重循环程序执行时，外层循环每执行一次，内层循环必须全部执行完毕。

例如：

```
for(i=1;i<=10;i++)
{   for (j=0;j<=5;j++)
        …
}
```

外循环每执行 1 次，内循环就执行 6 次；此处外循环共需执行 10 次，因此循环正常结束时，内循环共执行了 10×6=60 次。

【例 4-6】 百钱买百鸡。公鸡 5 元 1 只，母鸡 3 元 1 只，小鸡 1 元 3 只；100 元钱买 100 只鸡，且公鸡、母鸡、小鸡都要有，编程求解所有购鸡方案。

分析：设公鸡、母鸡、小鸡各为 i、j、k，列出方程为：

$$i+j+k=100$$
$$5i+3j+1/3*k=100$$

三个未知数，两个方程，此题有若干组解。计算机求解此类问题，采用试凑法（也称穷举法）来实现，即将可能出现的各种情况一一罗列测试，判断是否是问题真正的解。此题可以采用两重循环，列举出该问题所有可能的解进行筛选。

源程序：

```
#include <stdio.h>
int main(void)
{
    int i,j,k,n=0;
    for(i=1;i<20;i++)              //公鸡的个数不会超过 20 个
    for(j=1;j<=33;j++)            //母鸡的个数不会超过 33 个
    {   k=100-i-j;
        if(5*i*3+3*j*3+k==100*3)
        {   n++;
            printf("i=%d,j=%d,k=%d\n",i,j,k);
        }
    }
    printf("共有%d种购鸡方案",n);
    return 0;
}
```

运行结果为：

```
i=4,j=18,k=78
i=8,j=11,k=81
i=12,j=4,k=84
共有 3 种购鸡方案
```

4.3　应用举例

【例 4-7】 编程计算级数 $S=\dfrac{2}{1!}+\dfrac{4}{2!}+\dfrac{6}{3!}+\dfrac{8}{4!}+\cdots+\dfrac{2n}{n!}$ 的和，当最后一项小于 10^{-5} 时结束。

分析：本例涉及程序设计中两个重要运算——累加和连乘，其程序设计方法已在前面作过介绍。此题可以先使用连乘的方法求 $i!$，再将 $2i/i!$ 进行累加，循环次数未知，可用 while 循环来实现。

源程序：

```c
#include <stdio.h>
int main(void)
{
    int i=1;
    long n=1;
    float s=0, t=1;
    while(t>=1e-5)               /*当(i+i)/i!小于10-5时退出循环*/
    {
        n=n*i;                   /*求 i! */
        t=2.0*i/n;
        s=s+t;                   /*将(i+i)/i!进行累加*/
        i++;
    }
    printf("s=%f\n",s);
    return 0;
}
```

运行结果为：

```
s=5.436563
```

【例 4-8】 编程输出下面的数字金字塔(1~9)。

$$1$$
$$121$$
$$12321$$
$$\cdots$$
$$12345678987654321$$

分析：可采用双重循环，用外循环控制行数，逐行输出。每一行输出步骤需要 3 步完成。

(1) 光标定位，即确定输出空格数。

(2) 输出数字；本题共 9 行，若行号用 i 表示，则每行前半部分输出数字 1 到 i，后半部分输出数字 $(i-1)$ 到 1。

(3) 每输完一行光标换行(\n)。

源程序：

```c
#include<stdio.h>
int main(void)
{
    int i,j,k;
    for(i=1;i<=9;i++)            /*外循环控制行数*/
```

```
{
    for(j=0;j<=9-i;j++)          /* 内循环用空格光标定位 */
        printf(" ");
    for(k=1;k<=i;k++)            /* 内循环输出每行前半部分数字 1 到 i */
        printf("%d",k);
    for(k=i-1;k>=1;k--)          /* 内循环输出每行后半部分数字 (i-1) 到 1 */
        printf("%d",k);
    printf("\n");                /* 每输完一行光标换行 */
}
    return 0;
}
```

【例 4-9】 输出 10~100 的全部素数。所谓素数 n 是指,除 1 和 n 之外,不能被 2~ $(n-1)$ 之间的任何整数整除。

分析:显然,只要设计出判断某数 n 是否是素数的算法,外面再套一个 for 循环即可。判断某数 n 是否是素数可用 2~ $(n-1)$ 之间的每一个数去整除 n,如果都不能被整除,则表示该数是一个素数。而判断一个数是否能被另一个数整除,可通过判断它们整除的余数是否为 0 来实现。

源程序:

```
#include <stdio.h>
int main(void)
{
    int i, j, counter=0;
    for(i=11; i<=100; i+=2)      /* 外循环:为内循环提供一个整数 i */
    {
        for(j=2; j<=i-1; j++)    /* 内循环:判断整数 i 是否是素数 */
            if(i%j==0)           /* i 不是素数 */
                break;           /* 强行结束内循环,执行下面的 if 语句 */
        if( j >=i )              /* 整数 i 是素数:输出,计数器加 1 */
        {   printf("%d  ",i);
            counter++;
            if(counter%10==0)    /* 每输出 10 个数换一行 */
                printf("\n");
        }
    }
    return 0;
}
```

运行结果为:

```
11 13 17 19 23 29 31 37 41 43
47 53 59 61 67 71 73 79 83 89
97
```

外循环控制变量 i 的初值从 11 开始、增量为 2 的好处是为了减少计算次数,提高执行效率,因为所有的偶数肯定不是素数。基于减少计算次数的同样考虑,还可将内循环的控制条件改为 $j \leqslant \text{sqrt}(i)$。

92

【例 4-10】 求 Fibonacci 数列的前 20 个数。该数列的生成方法为：$f_1 = 1$，$f_2 = 1$，$f_n = f_{n-1} + f_{n-2}$($n \geqslant 3$)，即从第 3 个数开始，每个数等于前两个数之和。

分析：此题可用递推法来解决。所谓递推法就是从初值出发，归纳出新值与旧值间的关系，直到求出所需值为止。假设 $f1$ 为第一个数，$f2$ 为第二个数，$f3$ 为第三个数，根据该数列定义："$f1 = 1$；$f2 = 1$；$f3 = f1 + f2$；"，以后只要在循环中改变 $f1$、$f2$ 的值："$f1 += f2$；$f2 += f1$；"，即可不断求出下两个数。

源程序：

```
# include <stdio.h>
int main(void)
{   int f1=1,f2=1;                    /* 定义并初始化数列的头两个数 */
    int i;                           /* 定义循环控制变量 i */
    for(i=1; i<=10; i++)             /* 1 组两个,10 组 20 个数 */
    {   printf("%8d%8d ", f1, f2);   /* 输出当前的两个数 */
        if(i%2==0) printf("\n ");    /* 输出两次(4 个数),换行 */
        f1+=f2;                      /* 计算下一个数,并存放在 f1 中 */
        f2 +=f1;                     /* 计算下一个数,并存放在 f2 中 */
    }
    return 0;
}
```

运行结果为：

```
   1      1      2      3
   5      8     13     21
  34     55     89    144
 233    377    610    987
1597   2584   4181   6765
```

4.4 本章常见错误小结

本章常见错误实例与错误原因分析见表 4-1。

表 4-1　本章常见错误实例与错误原因分析

常见错误实例	错误原因分析
for (i=1; i<=10; i++) ; sum=sum+i ;	错误在 for 语句圆括号后面加了分号,使得 for 的循环体是空语句,什么也不做,for 循环执行 10 次后才执行一次 sum=sum+i ;
for (i=1, i<=10, i++) sum=sum+i ;	for 语句括号中的 3 个表达式以逗号分隔,产生错误,应该以分号分隔

do{ sum=sum+i;
i++;
} while (i<10);
	有时循环变量 i 没有初始化,sum 没有赋初值,都会使结果不正确

续表

常见错误实例	错误原因分析

while(i<=10)
　　sum=sum+i;
　　i++;
	函数体包含多条语句,但没有加花括号,修改循环变量的语句 i++执行不到

while 和 do-while 的区别	当条件不成立时,do-while 至少执行一次
循环体中 break 和 continue 的作用有区别	break 用于强行退出循环,不执行循环体中剩余的语句;continue 用于跳过本次循环,不执行 continue 后的语句,继续下一次循环

4.5　习题

1. 选择题

(1) 下述循环体语句的循环次数为(　　)。

```
int x=-1;
do
{x=x * x;}while(!x);
```

A. 1 次　　　　　　　B. 2 次　　　　　　　C. 无限次　　　　　　D. 有语法错误

(2) 在下列选项中,没有构成死循环的程序段是(　　)。

A. int i=100;　　　　　　　　　　　B. for(;;);

　　while(1)

　　{ i=i%100+1;

　　　if(i>100)break;

　　}

C. int k=1000;　　　　　　　　　　D. int s=36;

　　do {++k;} while(k>=10000);　　　　while(s);--s;

(3) 下面程序输出结果是(　　)。

```
#include<stdio.h>
int main(void)
{   int k=0; char c='A';
    do
    {   switch( c++)
        {   case 'A': k++; break;
            case 'B': k--;
            case 'C': k+=2; break;
            case 'D': k=k%2; continue;
            case 'E': k=k * 10; break;
            default: k=k/3;
        }
        k++;
```

```
    }while( c<'G' );
    printf( "k=%d\n",k );
    return 0;
}
```

A. k=3　　　　　　　B. k=4　　　　　　　C. k=2　　　　　　　D. k=0

(4) 程序段"int num=0; while(num<=2) printf("%d,",num++);"的运行结果是( )。

A. 0,1,　　　　　B. 1,2,　　　　　C. 0,1,2,　　　　　D. 1,2,3,

(5) 下面程序段的运行结果为 ( )。

```
int a=1,b=2,c=2,t;
while(a<b<c) {t=a;a=b;b=t;c--;}
printf("%d,%d,%d",a,b,c);
```

A. 1,2,0　　　　　B. 2,1,0　　　　　C. 1,2,1　　　　　D. 2,1,1

(6) 设有以下语句:

```
int x=3;
do
{
    printf("%d\n",x-=2);
} while(!(--x));
```

该程序段的执行结果为( )。

A. 显示 1　　　　B. 显示 1 和−2　　　　C. 显示 0　　　　D. 是死循环

(7) 下面有关 for 循环的正确描述是 ( )。

A. for 循环只能用于循环次数已经确定的情况

B. for 是先执行循环体语句,后判断表达式

C. 在 for 循环中,不能用 break 语句跳出循环体

D. for 循环的循环体语句中,可以包含多条语句,但必须用花括号括起来

(8) 执行下面的程序后,a 的值为( )。

```
#include<stdio.h>
int main(void)
{   int a,b;
    for(a=1,b=1;a<=100;a++)
    {   if(b>=20) break;
        if(b%3==1)
          { b+=3; continue; }
        b-=5;
    }
    return 0;
}
```

A. 7　　　　　　　B. 8　　　　　　　C. 9　　　　　　　D. 10

(9) 以下叙述正确的是( )。

A. 不能使用 do…while 语句构成的循环

B. do…while 语句构成的循环必须用 break 语句才能退出

C. do…while 语句构成的循环，当 while 语句中的表达式值为非零时结束循环

D. do…while 语句构成的循环，当 while 语句中的表达式值为零时结束循环

（10）以下叙述正确的是（　　　）。

A. continue 语句的作用是结束整个循环的执行

B. 只能在循环体内和 switch 语句体内使用 break 语句

C. 在循环体内使用 break 语句或 continue 语句的作用相同

D. 从多层循环嵌套中退出，只能使用 goto 语句

2. 填空题

（1）break 语句只能用于_____语句和_____语句中。

（2）下列 for 循环语句执行的次数是_____。

```
for(x=0,y=0;(y=123)&&(x<4);x++);
```

（3）当运行以下程序时，从键盘键入 right?，则下面程序的运行结果是_____。

```
#include<stdio.h>
int main(void)
{   char c;
    while((c=getchar())!='? ') putchar(++c);
    return 0;
}
```

（4）下列程序的运行结果是_____。

```
#include<stdio.h>
int main(void)
{   int i,x,y;
    i=x=y=0;
    do { ++i;
        if(i%2!=0)
        {
            x=x+i;
            i++;
        }
        y=y+i++;
    } while(i<=7);
    printf("x=%d,y=%d\n",x,y);
    return 0;
}
```

（5）执行下列程序段后的输出是_____。

```
x=0;
while(x<3)
for(;x<4;x++)
{
```

```
    printf("%d",x++);
    if( x<3) continue;
    else break;
    printf("%d",x);
}
```

(6) 设定义"int k=1,n=163;",执行下面程序段后,*k* 的值是_____。

```
do
{
    k * =n%10;
    n/=10;
} while(n);
```

(7) 以下程序的运行结果是_____。

```
#include <stdio.h>
int main(void)
{   int y=10;
    do { y--;} while (--y);
    printf("%d\n",++y);
}
```

(8) 以下程序的运行结果是_____。

```
#include <stdio.h>
int main(void)
{   int s=0,k;
    for (k=7;k>=0;k--)
    {   switch(k)
        {   case 1: case 4: case 7: s++; break;
            case 2: case 3: case 6: break;
            case 0: case 5: s+=2; break;
        }
    }
    printf("s=%d \n",s );
    return 0;
}
```

(9) 下列程序的功能为：将从键盘输入的一组字符统计出大写字母的个数 *m* 和小写字母的个数 *n*,并输出 *m*、*n* 中的较大数。

```
#include<stdio.h>
int main(void)
{   int m=0,n=0;
    char c;
    while((_____)!='\n')
    {   if(c>='A'&&c<='Z') m++;
        if(c>='a'&&c<='z') n++;
    }
    printf("%d\n",m<n?_____);
```

```
    return 0;
}
```

(10) 下列程序的功能为：求 1~100 以内所有能被 13 整除的数的累加和，当累加和超出 100 时停止累加。请填空。

```
#include <stdio.h>
int main(void)
{   int i, sum =0;
    for ( i=1; i<100; i++)
    {   if ( _____ )   sum +=i;
        if ( sum >100 ) _____;
    }
    printf("i=%d, sum=%d\n", i, sum);
    return 0;
}
```

3. 编程题

(1) 从键盘上输入若干字符，按 Enter 键结束，统计其中字符'A'或'a'的个数。

(2) 利用 $\dfrac{\pi}{2}=\dfrac{2}{1}\times\dfrac{2}{3}\times\dfrac{4}{3}\times\dfrac{4}{5}\times\dfrac{6}{5}\times\dfrac{6}{7}\times\cdots$ 的前 100 项之积计算 π 的值。

(3) 用 1.5 元人民币兑换 5 分、2 分和 1 分的硬币（每一种都要有）共 100 枚，问共有几种兑换方案？每种方案各换多少枚？

(4) 鸡兔同笼，共有 98 个头，386 只脚，编程求鸡、兔各多少只。

(5) 将一个正整数分解质因数。例如：输入 90，打印出 90＝2 * 3 * 3 * 5。

(6) 一个数如果恰好等于它的因子之和，这个数就称为完数。例如，6＝1＋2＋3。编程找出 1000 以内的所有完数。

(7) 打印出所有"水仙花数"。"水仙花数"是指一个三位数，其各位数字立方和等于该数本身。例如：153 是一个水仙花数，因为 $153＝1^3＋5^3＋3^3$。

(8) 利用泰勒级数 $\sin(x)\approx x-\dfrac{x^3}{3!}+\dfrac{x^5}{5!}-\dfrac{x^7}{7!}+\dfrac{x^9}{9!}-\cdots$，计算 $\sin(x)$ 的值。要求最后一项的绝对值小于 10^{-5}，并统计出此时累加了多少项（x 由键盘输入）。

(9) 编写一个猜数游戏：任意设置一个整数，请用户从键盘上输入数字猜想设置的数是什么，告诉用户是猜大了还是小了。10 次以内猜对，用户获胜；否则，告诉用户设置的数字是什么。

(10) 编程输出以下图案。

```
      *
    * * *
  * * * * *
* * * * * * *
  * * * * *
    * * *
      *
```

4.6　上机实验：循环结构程序设计

1. 实验目的

(1) 掌握循环结构的 3 种控制语句——while 语句、do…while 语句、for 语句的使用方法。

(2) 掌握用循环结构设计实现常用的算法。

2. 实验内容

1) 改错题

(1) 下列程序的功能为：计算 1～100 的奇数之和、偶数之和。纠正程序中存在的错误，以实现其功能。程序以文件名 sy4_1.c 保存。

```c
#include <stdio.h>
int main(void)
{  int b,i;
   int a=c=0;
   for( i=0,i<=100,i+=2 )
   { a+=i;
     b=i+1;
     c+=b;
   }
   printf("total of even numbers: %d\n",a);
   printf("total of odd numbers: %d\n",c);
   return 0;
}
```

(2) 下列程序的功能为：读取 7 个数(1～50)的整数值，每读取一个值，程序打印出该值个数的 ＊ 。纠正程序中存在的错误，以实现其功能。程序以文件名 sy4_2.c 保存。

```c
#include <stdio.h>
int main(void)
{  int i,a,n=1;
   while(n<7)
   {
      do
      {  scanf("%d",&a);
      } while(a<1&&a>50);
      for(i=0;i<=a;i++)
          printf(" * ");
      printf("\n");
      n++;
   }
   return 0;
}
```

(3) 下列程序的功能为：输入一个大写字母，组合出一个菱形。该菱形中间一行由此字母组成，其相邻的上下两行由它前面的一个字母组成，按此规律，直到字母 A 出现在

第一行和最末行为止。纠正程序中存在的错误，以实现其功能。程序以文件名 sy4_3.c
保存。例如，输入字母 D，打印出如下图形：

A

BBB

CCCCC

DDDDDDD

CCCCC

BBB

A

```c
#include <stdio.h>
int main(void)
{
    int i,j,k;
    char ch;
    scanf("%c",&ch);
    k=ch-'A'+1;
    for (i=1;i<k;i++)
    {
        for (j=30;j>=i;j--)
            printf("%c",' ');
        for (j=1;j<=i-1;j++)
            printf("%c",'A'+i-1);
        printf("\n");
    }
    k=ch-'A';
    for (i=k;i>=1;i--)
    {
        for (j=20;j>=i;j--)
            printf("%c",' ');
        for (j=1;j<2*i-1;j++)
            printf("%c",'A'+i-1);
        printf("\n");
    }
    return 0;
}
```

2）填空题

（1）用辗转相除法求两个正整数的最大公约数和最小公倍数。补充完善程序，以实
现其功能，程序以文件名 sy4_4.c 保存。"辗转相除法"求两个正整数的最大公约数的算
法如下：

- 将两数中大的那个数放在 m 中，小的放在 n 中；
- 求出 n 除以 m 后的余数 r；
- 若余数为 0 则执行步骤⑦，否则执行步骤④；
- 把除数作为新的被除数，把余数作为新的除数；

- 求出新的余数 r;
- 重复步骤③~⑤;
- 输出 n,n 即为最大公约数。

```c
#include <stdio.h>
int main(void)
{
    int r, m, n, k, _____;
    scanf ("%d%d", &m, &n);
    if (m<n)
    _____                     /*交换两数*/
    k=m * n;
    r =m%n;
    while (r)
    {   m=n;
        n=r;
        r=_____;
    }
    printf ("%d %d\n", _____, _____);    /*输出最大公约数和最小公倍数*/
    return 0;
}
```

(2) 猴子吃桃问题。猴子第一天摘下若干个桃子,当即吃了一半,不过瘾,还多吃了一个。以后每天如此,至第十天,只剩下一个桃子,求第一天猴子摘得桃子个数。补充完善程序,以实现其功能。程序以文件名 sy4_5.c 保存。

```c
#include<stdio.h>
int main(void)
{
    int day,n1,n2;
    day = 9;
    n2 =1;
    while(_____)
    {
        n1=_____;      /*第一天的桃子数是第二天桃子数加 1 后的 2 倍*/
        n2=n1 ;
        day--;
    }
    printf("第一天摘的桃子数为%d\n",n1) ;
    return 0;
}
```

(3) 下面程序的功能是从 3 个红球、5 个白球、6 个黑球中任意取出 8 个球,且其中必须有白球,输出所有可能的方案,补充完善程序,以实现其功能。程序以文件名 sy4_6.c 保存。

```c
#include<stdio.h>
int main(void)
{
```

```
    int i,j,k;
    printf("\n hong bai hei \n");
    for(i=0;i<=3;i++)
        for(_____;j<=5;j++)
        {
            k=8-i-j;
            if(_____) printf(" %3d %3d %3d \n",i,j,k);
        }
    return 0;
}
```

3）编程题

（1）求 1000～9999 的回文数。回文数是指正读与反读都一样的数，如 1221。程序以文件名 sy4_7.c 保存。

（2）利用下列近似公式计算 e 值，误差应小于 10^{-5}。程序以文件名 sy4_8.c 保存。

$$e=1+\frac{1}{1!}+\frac{1}{2!}+\frac{1}{3!}+\cdots+\frac{1}{n!}$$

（3）从键盘输入 N 个学生的学号和每人 M 门课程的成绩，计算每个学生的总分及平均分。输出内容包括每个学生的学号、总分和平均分。程序以文件名 sy4_9.c 保存。

第5章

数　组

前面几章介绍的数据类型有整型、实型和字符型,它们都属于基本数据类型。从本章开始,将介绍 C 语言提供的构造类型,它们由基本数据类型数据按一定的规则组成。构造类型主要有数组类型、结构体类型和共用体类型等。

数组是具有相同类型数据项的有序集合,这些数据项称为数组元素。根据元素下标的个数将数组分为一维数组、二维数组……数组元素也称下标变量。

数组主要应用于处理大批量同类型的数据。例如,学生成绩的分析与统计。

5.1　一维数组

5.1.1　一维数组的定义和引用

1. 定义

仅带有一个下标的数组称为一维数组。一维数组定义的一般形式为:

类型说明符　　数组名[元素个数];

其中,类型说明符是指该数组中每一个数组元素的数据类型;数组名是一个标识符,它是所有数组元素共同的名字;元素个数说明该一维数组的大小,它只能是整型常量和符号常量。

例如:

```
int a[10];              //定义一个可以存放 10 个整型数据元素的一维数组,数组名为 a
float b[15];            //定义一个可以存放 15 个单精度浮点型数据元素的一维数组 b
#define M 20            //定义 M 为符号常量
char c[M];              //定义一个可以存放 20 个字符型数据元素的一维数组 c
```

注意:在 Visual C 编译器中不允许对数组的大小作动态定义,即数组的大小不能用变量来设定。例如,有下面的一维数组定义:

```
int n=10;
int d[n];
```

这是错误的。因为一维数组一旦定义,程序编译时就在内存中根据数组的大小占用连续的存储空间,其占用的空间大小是确定的,不会随着程序运行过程中变量的改变而改变。

一维数组在内存中连续占用的字节数＝数组元素个数×sizeof(数据类型)。如"float e[5];"的字节数为 5 个元素×4B＝20B。假设机器字长为 16 位,数组 e 的首地址为 2500H,则数组 e 在内存中的连续空间地址为 2500H～2510H,如图 5-1 所示。

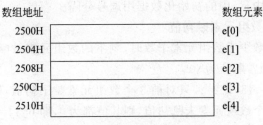

图 5-1　一维数组的内存空间分配

2. 引用

数组必须先定义,后使用。C 语言规定,只能引用单个的数组元素,而不能一次引用整个数组。

一维数组元素的引用形式为:

数组名［下标］

例如,有一维数组定义"int a[5];",则对于数组 a 的 5 个数据元素的引用可以表示为 a[0]、a[1]、a[2]、a[3]和 a[4]。

注意:对数组元素进行引用时,下标不能越界。数组元素的下标从 0 开始,下标的上限为数组元素个数减 1。

采用下标表示的数组元素,其使用方法与普通变量完全相同。例如,有定义:

int a,k,b[5];

则对于一维数组 b 的元素 b[0]、b[1]、b[2]、b[3]和 b[4]的使用方法与普通变量 a、k 的使用方法相同。如以下语句:

```
a=5;
b[0]=5;
b[1]=b[0]+a;
scanf("%d,%d ",&k,&b[2]);
```

都是合法的 C 语句。

5.1.2　一维数组的初始化

数组定义以后,系统根据数组元素的类型为数组分配相应的存储空间,但各个数组元素存储单元中的值是不确定的,为了能够正确引用数组元素,必须给数组元素赋确定的值,即对数组元素进行初始化。其方法有以下几种。

1. 在数组定义时给所有的数组元素赋初值

例如:"int a[6]＝{1,2,3,4,5,6};",则数组的各元素 a[0]＝1,a[1]＝2,a[2]＝3, a[3]＝4,a[4]＝5,a[5]＝6。

例如：" char str[7]={ 'p','r','o','g','r','a','m'};",定义一个有 7 个元素的字符数组 str,并用花括号中的字符常量对数组进行初始化。则数组的各元素 str[0]= 'p',str[1]= 'r',str[2]= 'o',str[3]= 'g',str[4]= 'r',str[5]= 'a',str[6]= 'm'.

在初始化的格式中,{}中的初始化数据用逗号分隔。

2. 可以只给部分数组元素赋初值

当初始化数据个数少于数组元素个数时,剩下的数组元素被赋予 0 值。在字符数组中,对于默认的字符通常赋值为'\0'.

例如：" int b[6]={5,1,2};"只对前 3 个数组元素赋了初值,即 b[0]=5,b[1]=1,b[2]=2,对于后面 3 个数组元素未赋初值,则其值都为 0,即 b[3]=0,b[4]=0,b[5]=0.

例如：" char st[6]={'s','u','n'};"只对前 3 个数组元素赋了初值,即 st[0]='s',st[1]='u',st[2]='n',对于后面 3 个数组元素未赋初值,则其值都为'\0',即 st[3]= '\0',st[4]= '\0',st[5]= '\0'.

3. 若对数组中的所有元素赋初值, 则可以不指明数组长度

例如：

" int c[]={1,5,5,7,4,3};"等价于" int c[6]={1,5,5,7,4,3};"

" char ch[]={ "Welcome!"};"等价于" char ch[9]={ "Welcome!"};"

4. 可以使用赋值语句或输入函数对数组元素赋值

例如：

```
int i, a[5];
char b[5];
a[0]=1; a[1]=2; a[2]=3; a[3]=4; a[4]=5;
for(i=0;i<5;i++) scanf("%c ",&b[i]);
```

5.1.3　一维数组的应用举例

【例 5-1】　定义一维数组 a,有 10 个整型数组元素,为数组 a 的各元素赋值 0、2、4、6、8、10、12、14、16、18,并输出,然后按逆序输出各数组元素。

分析：对于数组元素赋值,可以在数组定义的同时赋初值,如：int a[10]={0,2,4,6,8,10,12,14,16,18},也可以根据数据的规律用循环语句为数组元素赋值。

源程序：

```
#include<stdio.h>
int main(void)
{
    int i ,a[10];
    for( i=0;i<10; i++)
        a[i]=2 * i;                     //用循环语句为数组元素赋值
    for(i=0;i<10;i++)
        printf("%d ", a[i]);            //输出各数组元素
    printf("\n");
    for(i=9;i>=0;i--)
        printf("%d ", a[i]);            //逆序输出各数组元素
```

```
        printf("\n");
    return 0;
}
```

运行结果为：

```
0   2   4   6   8   10   12   14   16   18
18   16   14   12   10   8   6   4   2   0
```

【例 5-2】　利用数组计算并输出斐波那契数列的前 10 个数，每行输出 5 个数。

分析：根据斐波那契数列的特征，利用数组可计算数列的前 10 个数为

$$\mathrm{fib}[0]=\mathrm{fib}[1]=1,\quad \mathrm{fib}[2]=\mathrm{fib}[1]+\mathrm{fib}[0],\cdots$$

从第 3 个数开始可以用下式计算：

$$\mathrm{fib}[n]=\mathrm{fib}[n-1]+\mathrm{fib}[n-2]\quad(2{\leqslant}n{\leqslant}9)$$

源程序：

```
#include <stdio.h>
int main(void)
{
    int i;
    int fib[10]={1,1};          //数组初始化斐波那契数列的前两个数为1,后续数初始置为0
    for(i=2;i<10;i++)
        fib[i]=fib[i-1]+fib[i-2];          //计算斐波那契数列的后续8个数
    for(i=0;i<10;i++)
    {
        if(i%5==0) printf("\n");          //每输出5个数换行
        printf("%6d",fib[i]);             //输出斐波那契数列
    }
    printf("\n");
    return 0;
}
```

运行结果为：

```
1    1    2    3    5
8   13   21   34   55
```

【例 5-3】　随机产生 20 个 100 以内的整数，存放在数组中，找出其中的最大数并指出其所在的位置。

分析：在 C 语言中产生随机数所需要的函数是 rand() 函数和 srand() 函数，它们被声明在头文件 stdlib.h 中。这两个函数的使用方法如下。

如果调用 rand() 函数之前没有先调用 srand() 函数，则每次产生的随机数序列都是相同的；srand() 函数使用自变量 n 作为种子，用来初始化随机数产生器。如果把相同的种子传入 srand()，然后调用 rand() 函数，则每次产生的随机数序列也是相同的；如果要使每次运行程序所产生的随机数序列均不同，可以把时间作为 srand() 函数的种子值，其格式为："srand((unsigned)time(NULL));"。因为每次运行程序的时间不同，所以产生的随机数序列也就不同。注意，使用 time() 函数前必须包含头文件 time.h。

本例程序要求产生的随机值在[0,100)之间,需将 rand()函数的返回值与 100 求模,即:

```
randnumber=rand() %100;
```

如果需要产生的随机数不是从 0 开始,而是在一个区间范围[x,y)之间,则可以使用公式(rand()%(y-x))+x 来求得。

源程序:

```
#include<stdio.h>
#include<stdlib.h>
#include<time.h>
int main(void)
{
    int max,i,j,a[20];
    srand((unsigned)time(NULL));          //以时间作为随机数种子
    printf("随机产生的 20 个数为: ");
    for(i=0;i<20;i++)                      //产生 20 个随机数
    {   a[i]=rand() %100;
        if(i%10==0) printf("\n");          //每输出 10 个数换行
        printf("%5d",a[i]);
    }
    printf("\n");
    max=a[0];
    j=0;
    for(i=1;i<20;i++)                      //求最大数及其位置
        if(max<a[i])
        { max=a[i];
          j=i;
        }
    printf("最大数为: %d,位置: %d",max,j);
    printf("\n");
    return 0;
}
```

一次运行结果为:

```
随机产生的 20 个数为:
    56  90  86   0  40  11  75   2  46  99
    26  23  68   0  90  96  16  72  80  55
最大数为:99,位置: 9
```

【例 5-4】 输入一个字符串,取出该字符串中的十六进制字符(不分大小写)组成一个新的表示十六进制数的字符串,输出该字符串并将其转换成十进制数后输出。

分析:十六进制数由数字 0~9、字母 A~F(或 a~f)组成。

源程序:

```
#include<stdio.h>
#include<string.h>
```

```
int main(void)
{
    char s[20],hex[20];
    int i,j,num;
    scanf("%s",s);
    /* 取出字符串中的十六进制字符 */
    for(i=0,j=0;s[i]!='\0';i++)              //'\0'为字符串结束标记
    {
        if(s[i]>='0'&&s[i]<='9'||s[i]>='A'&&s[i]<='F'||s[i]>='a'&&s[i]<='f')
        {
            hex[j]=s[i];
            j++;
        }
    }
    hex[j]='\0';
    printf("Hexadecimal String: ");
    printf("%s",hex);
    /* 十六进制转十进制 */
    num=0;
    for(i=0;hex[i]!='\0';i++)
    {
        if(hex[i]>='0'&&hex[i]<='9')
            num=num*16+hex[i]-'0';
        else if(hex[i]>='A'&&hex[i]<='F')
            num=num*16+hex[i]-'A'+10;
        else if(hex[i]>='a'&&hex[i]<='f')
            num=num*16+hex[i]-'a'+10;
    }
    printf("Decimal number=%d\n",num);
    return 0;
}
```

运行结果为：

```
a1jkgjkh2↙
Hexadecimal String: a12
Decimal number=2578
```

5.2 二维数组

5.2.1 二维数组的定义和引用

1. 定义

在 C 语言中，如果数组的下标有多个，则称其为多维数组；当数组下标有两个时，则称其为二维数组。二维数组主要用于表示和处理具有线性关系的数据，如二维表和矩阵等。

二维数组定义的一般形式为：

　　类型说明符　数组名［行数］［列数］；

　　例如：

int a[2][3];

　　定义了一个 2 行 3 列的二维数组 a，共有 6 个元素，每个元素都是整型。

2. 引用

二维数组元素的引用形式为：

数组名［行下标］［列下标］

例如，有二维数组定义"int b[2][3]；"，则对于数组 b 的 6 个数据元素的引用可以表示为 b[0][0]、b[0][1]、b[0][2]、b[1][0]、b[1][1] 和 b[1][2]。

　　注意：引用数组元素时，下标不能越界。即行下标范围为［0，行数—1］，列下标范围为［0，列数—1］。

　　二维数组元素用矩阵表示如图 5-2 所示，各数组元素在内存中是按行优先方式在连续的存储空间进行存放的。例如，"int a[2][3]；"，该定义语句为二维数组 a 在内存中开辟了 6 个连续的存储单元，这些存储单元的名字分别为 a[0][0]、a[0][1]、a[0][2]、a[1][0]、a[1][1] 和 a[1][2]，如图 5-3 所示。

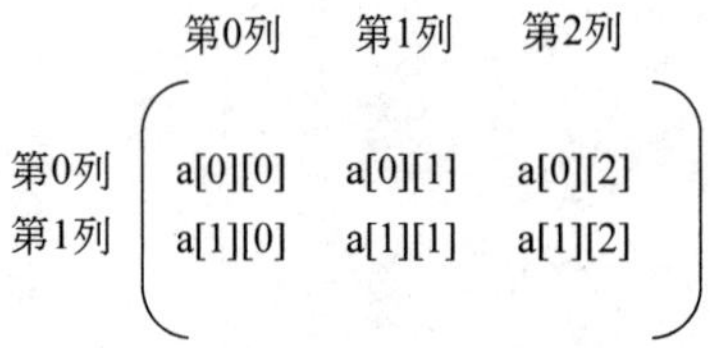

图 5-2　用矩阵表示二维数组元素 　　　图 5-3　二维数组元素在内存中的存放形式

5.2.2　二维数组的初始化

　　二维数组定义后，它所占用的存储单元中的值是不确定的，因此，引用二维数组元素之前，需对各数组元素初始化或赋值，常用的赋值方法如下。

　　1. 按行赋初值

　　例如：

int a[2][3]={{1,2,3},{4,5,6}};

该方法将对应于数组每一行的数据用{}括起来。其中第 1 组数据{1,2,3}对应于第 0 行的 3 个元素 a[0][0]、a[0][1]、a[0][2]。第 2 组数据{4,5,6}对应于第 1 行的 3 个元素 a[1][0]、a[1][1]、a[1][2]。

　　采用此方式赋初值，对于赋 0 值的元素，在其对应的初值数据位置上可缺省不写。例如：

```
int b[2][3]={{1},{, , 6}};
```

等价于

```
int b[2][3]={{1,0,0},{0,0,6}};
```

再如：

```
int c[2][3]={{1,2},{}};
```

等价于

```
int c[2][3]={{1,2,0},{0,0,0}};
```

2. 按数组在内存中的排列顺序赋初值

例如：

```
int a[2][3]={1,2,3,4,5,6};
```

等价于

```
int a[2][3]={{1,2,3},{4,5,6}};
```

在定义二维数组并进行初始化时，允许省略对第一维的长度（即行数）的说明，这时第一维的长度由所赋初值的行数确定。例如：

```
int a[ ][3]={{1,2,3},{4,5,6},{7,8,9}};
```

等价于

```
int a[3][3]={{1,2,3},{4,5,6},{7,8,9}};
```

3. 通过循环语句从键盘输入数据赋值

从键盘输入数据为二维数组元素赋值一般需要两重循环，外循环控制行，内循环控制列。例如：

```
int a[3][4],i,j;
for(i=0;i<3;i++)
  for(j=0;j<4;j++)
    scanf(" %d ",&a[i][j]);
```

5.2.3 二维数组的应用举例

【例 5-5】 编写程序，找出 4 行 3 列的整型矩阵中所有元素的最小值，并指出其所在的行号与列号，以矩阵形式输出该数组（假设所有的数组元素均不相同）。

分析： 首先从键盘输入数据赋值给 4 行 3 列数组元素，假设第 0 行第 0 列的元素是当前的最小值；然后，依次用矩阵中元素的值与当前的最小值比较，若比当前的最小值更小，令其成为当前的最小值，并记下其所在的行号与列号。

源程序：

```
#include<stdio.h>
```

```
#define M 4
#define N 3
int main(void)
{
    int a[M][N],row=0,column=0,min, i,j;
    for(i=0;i<M;i++)                    //外循环控制行
        for(j=0;j<N;j++)                //内循环控制列
            scanf("%d",&a[i][j]);       //从键盘输入数据赋值给数组元素
    min=a[0][0];                        //假设第0行第0列的数就是最小数
    for(i=0;i<M;i++)
        for(j=0;j<N; j++)
            if(min>a[i][j])
            {
                min=a[i][j];            //min 中放最小值
                row=i;                  //row 记录最小值所在行号
                column=j;               //column 记录最小值所在列号
            }
    printf("MIN=%d, ROW=%d, COLUMN=%d\n",min,row,column);
    for(i=0;i<M;i++)                    //按矩阵形式输出该数组
    {   for(j=0;j<N;j++)
            printf("%-5d",a[i][j]);
        printf("\n");                   //输出一行后换行
    }
    return 0;
}
```

运行结果为:

```
56 67 89
87 65 4
3 1 0
99 76 5
MIN=0, ROW=2, COLUMN=2
56   67   89
87   65   4
3    1    0
99   76   5
```

思考:若本例存在相同的数组元素,即可能有多个最小值,如何修改程序?

【**例 5-6**】 从键盘输入整型的 2 行 3 列矩阵,将其转置后输出。

例如,矩阵 $\begin{bmatrix} 1 & 2 & 3 \\ 4 & 5 & 6 \end{bmatrix}$ 转置后成为 $\begin{bmatrix} 1 & 4 \\ 2 & 5 \\ 3 & 6 \end{bmatrix}$

分析:矩阵转置就是将矩阵的行与列互换。即:将第 0 行元素与第 0 列元素交换,第 1 行元素与第 1 列元素交换……,即使得第 i 行、第 j 列的元素成为第 j 行、第 i 列的元素。

源程序:

```
#include <stdio.h>
```

```
int main(void)
{
    int a[2][3],b[3][2],i,j;
    printf("输入原数组: \n");
    for(i=0;i<2;i++)
      for(j=0;j<3;j++)
        scanf("%d",&a[i][j]);
    printf("转置后的数组: \n");
    for(j=0;j<3;j++)
      for(i=0;i<2;i++)
        b[j][i]=a[i][j];
    for(j=0;j<3;j++)
    {
      for(i=0;i<2;i++)
        printf (" %4d ",b[j][i]);
      printf (" \n");
    }
    return 0;
}
```

运行结果为:

输入原数组:
　1　2　3
　4　5　6
转置后的数组:
　1　4
　2　5
　3　6

【例 5-7】　设有 3 个学生的 4 门课程成绩如表 5-1 所示,求每个学生 4 门课程的总评成绩、3 个学生每门课程的平均成绩。

表 5-1　学生成绩表

学生	计算机基础	高等数学	大学英语	大学物理
张	80	61	78	70
李	85	80	90	80
王	78	67	80	70

　　分析:可以设一个二维数组 a[3][4]存放 3 个学生的 4 门课程成绩,设一个一维数组 ave1[3]存放 3 个学生 4 门课程的总评成绩,设一个一维数组 ave2[4]存放 3 个学生每门课程的平均成绩。
　　源程序:

```
#include <stdio.h>
int main(void)
{
    int i,j,a[3][4]={{80,61,78,70},{85,80,90,80},{78,67,80,70}};
```

```
float ave,ave1[3],ave2[4];
for(i=0;i<3;i++)
{   ave=0.0;
    for(j=0;j<4;j++)
      ave+=a[i][j];
      ave1[i]=ave/4;                     //求 3 个学生 4 门课程的总评成绩
}
for(i=0;i<4;i++)
{   ave=0.0;
    for(j=0;j<3;j++)
      ave+=a[j][i];
      ave2[i]=ave/3;                     //求 3 个学生每门课程的平均成绩
}
printf("每个学生 4 门课程的总评成绩：\n");
for(i=0;i<3;i++)
  printf("ave1[%d]=%.1f\n",i,ave1[i]);
printf("3 个学生每门课程的平均成绩：\n");
for(i=0;i<4;i++)
  printf("ave2[%d]=%.1f\n",i,ave2[i]);
return 0;
}
```

运行结果为：

```
每个学生 4 门课程的总评成绩：
ave1[0]=72.3
ave1[1]=83.8
ave1[2]=73.8
3 个学生每门课程的平均成绩：
ave2[0]=81.0
ave2[1]=69.3
ave2[2]=82.7
ave2[3]=73.3
```

5.3　字符串

5.3.1　字符串与字符数组

字符串是用双引号括起来的字符序列。在 C 语言中没有专门的字符串类型，字符串的存储和处理只能通过字符数组来进行。字符数组的一个元素对应于字符串中的一个字符，最后用转义字符'\0'(ASCII 码值为 0) 作为字符串的结束标志。因此，对于字符个数为 n 的字符串，须占用 $n+1$ 个字节的内存空间。

可以用字符串对字符数组初始化，其格式为：

char 字符数组名[元素个数]="字符串";

或

```
char 字符数组名[]="字符串";          //省略数组长度
```

例如,语句"char str1 [] = " program";"表示定义字符数组 str1,并用字符串 "program"对其初始化。该初始化语句等价于:

```
char str1[]={'p','r','o','g','r','a','m','\0'};
```

可见,用字符串给字符数组赋值比用字符逐个赋值多占一个字节,用于存放字符串结束标志'\0'。上面字符数组 str1 在内存中的实际存放情况为:

p	r	o	g	r	a	m	\0

【例 5-8】 编程实现整个字符串的输入/输出。

分析:可以在 scanf()函数和 printf()函数中使用格式控制符%s 输入/输出字符串,注意使用的是数组名,不是数组元素名。由于数组名代表数组的首地址,所以在 scanf()函数中数组名前不能加取地址符 &。另外,用 scanf()函数整体输入字符串时字符之间不能有空格。

源程序:

```c
#include <stdio.h>
int main(void)
{
    char str1[]="This is a C Program!";          //用字符串对字符数组直接赋值
    char str2[20];
    printf("用字符串直接赋值的一串字符为: %s\n",str1);   //整体输出字符串
    scanf("%s",str2);                              //从键盘整体输入字符串
    printf("从键盘输入的一串字符为: %s\n",str2);        //整体输出字符串
    return 0;
}
```

运行结果为:

```
用字符串直接赋值的一串字符为: This is a C Program!
Hello!↙
从键盘输入的一串字符为: Hello!
```

【例 5-9】 从键盘输入一串字符,将其存放在字符数组 a 中,然后将 a 数组字符串中的小写字母变换成大写字母后存放到字符数组 b 中。

分析:程序中需定义两个字符数组,由于不是在定义数组的同时赋初值,所以需设定字符数组长度,即限定输入的字符串的长度为字符数组长度减 1,系统会为字符串自动添加一个字符串结束标志'\0',占 1 个字节。

由于在程序中不能直接将一个字符串赋值给另一个字符数组,所以采用逐个字符赋值的办法实现从字符数组 a 将字符串转换后复制到字符数组 b 中。注意理解程序中循环条件以字符串结束标志'\0'作为判断条件。

源程序:

```c
#include <stdio.h>
```

```
int main(void)
{
    char a[20],b[20];                              //定义两个字符数组 a 和 b
    int i=0;
    printf("Please input a string: ");
    scanf("%s",a);                                 //从键盘整体输入字符串
    do
    {
        b[i]=(a[i]>='a'&& a[i]<='z')? a[i]-32:a[i];     //小写字母转换为大写字母
    }while(a[i++]!='\0');                          //用\0 判字符串是否结束
    printf("字符数组 a 的内容为: %s\n",a);
    printf("字符数组 b 的内容为: %s\n",b);
    return 0;
}
```

运行结果为:

```
Please input a string: abcdefg↙
字符数组 a 的内容为: abcdefg
字符数组 b 的内容为: ABCDEFG
```

5.3.2 字符串处理函数

为了方便对字符串的处理,C 语言提供了若干字符串处理库函数。下面介绍几种 C 程序中常用的字符串处理函数。

注意: 在使用这些函数时必须在程序的开头添加编译预处理命令#include <string.h>。

1. 字符串输入函数 gets()

gets()函数的作用是从终端输入一个字符串到字符数组中,其调用格式为:

```
gets(字符数组名)
```

如果函数调用成功,将返回字符数组的首地址;否则,返回空值 NULL。

例如,有语句"char str[10];gets(str);",如果从键盘输入"Program"后按 Enter 键,则字符数组 *str* 中存入字符串"Program"。

2. 字符串输出函数 puts()

puts()函数的作用是将一个字符串输出到终端,字符串的结束标志"\0"不输出,其调用格式为:

```
puts(字符数组名)
```

例如,有定义"char str[]="Program ";",执行语句"puts(str);"在屏幕上输出: Program。

注意: gets()函数和 puts()函数每次只能处理一个字符串。

3. 求字符串长度函数 strlen()

strlen()函数的作用是统计字符串所包含的实际字符个数(不包括"\0"),其调用格

式为：

```
strlen(字符数组名)
```

如果函数调用成功,将返回字符的实际个数。

例如,有定义"char str[]="Program";",执行语句"printf("%d\n",strlen(str));"的输出结果为：7

4. 字符串连接函数 strcat()

strcat()函数的作用是用于连接两个字符数组中的字符串,将字符串 2 连接在字符串 1 的后面成为一个新的字符串,并保存到字符数组 1 中。注意,字符数组 1 的长度定义时要足够大以便容纳连接后的新字符串。

strcat()函数的调用格式为：

```
strcat(字符数组 1,字符数组 2)
```

如果函数调用成功,将返回字符数组 1 的字符串。

例如,有语句：

```
char str1[30]="Welcome to ";      //定义字符数组 str1 并赋初值
char str2[]="China!";             //定义字符数组 str2 并赋初值
puts(strcat(str1,str2));          //先执行 strcat()函数,再执行 puts()函数
```

执行 strcat()函数后,在字符数组 $str1$ 中存放的是连接后的新字符串,新字符串仅在结尾处有一个结束符'\0',原来在字符串"Welcome to "后的结束符'\0'在连接时被取消。

以上语句执行后的输出结果为：

```
Welcome to China!
```

5. 字符串复制函数 strcpy()

strcpy()函数的作用是用于将字符串 2 复制到字符数组 1 中。字符数组 1 中原有的字符串将被覆盖。

strcpy()函数的调用格式为：

```
strcpy(字符数组 1,字符串 2)
```

例如,有定义"char str1[30],str2[]="Program";",执行语句"puts(strcpy(str1,str2));"的输出结果为 Program。

6. 字符串比较函数 strcmp()

strcmp()函数的作用是用于比较两个字符串的大小。

所谓比较两个字符串的大小,就是依次比较两个字符串中字符的 ASCII 码值,若两个字符串中各对应位置上的字符都相同,则认为这两个字符串相等。若第一个字符串中某个位置上字符的 ASCII 码值大于第二个字符串中对应位置上字符的 ASCII 码值,而在此之前两个字符串中对应位置上的字符都相同,则认为第一个字符串大于第二个字符串；反之,则认为第二个字符串大于第一个字符串。

strcmp()函数的调用格式为：

strcmp(字符串 1,字符串 2)

如果函数调用成功,返回值有 3 种情况:

(1) 函数返回值为 0,表示字符串 1 等于字符串 2;

(2) 函数返回值大于 0,表示字符串 1 大于字符串 2;

(3) 函数返回值小于 0,表示字符串 1 小于字符串 2。

注意:在 C 语言中不能直接用关系运算符对两个字符串比大小,而必须使用字符串比较函数 strcmp()。

7. 将字符串中大写字母转换成小写字母函数 strlwr()

strlwr()函数的作用是将字符串中所有的大写字母转换成小写字母,其调用格式为:

strlwr(字符串)

8. 将字符串中小写字母转换成大写字母函数 strupr()

strupr()函数的作用是将字符串中所有的小写字母转换成大写字母,其调用格式为:

strupr(字符串)

【**例 5-10**】 从键盘输入两个字符串为:"How do you do!""How do you do!",使用 puts()函数和 printf()函数输出字符串,并输出两个字符串的长度。

分析:gets()函数能够输入带空格的字符串,而使用格式控制符%s 进行字符串输入的 scanf()函数不能输入带空格的字符串,空格作为一个字符串输入的结束控制。

源程序:

```c
# include <stdio.h>
# include <string.h>                    //使用字符串处理函数必须使用的预处理命令
int main(void)
{
    char str1[20],str2[20];
    printf("Please input two string:\n");
    gets(str1);                         //输入第一个字符串存入字符数组 str1 中
    scanf("%s",str2);        //输入字符串遇到空格结束,则 str2 中存放的字符串为"How"
    printf("Output two string:\n");
    puts(str1);                         //输出第一个字符串
    printf("%s",str2);                  //输出第二个字符串
    printf("\nTwo string length: ");
    printf("%d and %d\n",strlen(str1), strlen(str2));        //输出两个字符串的长度
    return 0;
}
```

运行结果为:

```
Please input two string:
How do you do!✓
How do you do!✓
Output two string:
How do you do!
How
```

Two string length: 14 and 3

【例 5-11】　预先设定字符串"123456"为密码,再从键盘输入一个字符串,若和密码相符,显示:"密码输入正确!";否则允许用户重新输入密码,共 3 次机会,若 3 次密码输入均错,显示:"对不起,不能再输入了!"

分析:该程序使用到两个字符串处理函数:gets()字符串输入函数、strcmp()字符串比较函数,判断输入的字符串与设定的密码是否相符用 strcmp()函数,通过循环控制用户只能输入 3 次密码,若 3 次密码均错,则禁止用户再输入。

源程序:

```c
#include<stdio.h>
#include<string.h>            //使用字符串处理函数必须使用的预处理命令
int main(void)
{
    char pw[]="123456",c[10];
    int i=1;
    printf("请输入 6 位密码(3 次机会)\n");
    do                        //循环控制输入密码次数
    {
        printf("请第%d 次输入密码:",i);
        gets(c);
        if(strcmp(pw,c)==0) //strcmp()函数返回值为 0 表示输入字符串与密码相符
        {  printf("密码正确!\n"); break; }
        else
            i++;
    }while(i<=3);
    if(i>3)
    {  printf("你已输入 3 次密码,均错!\n");
        printf("对不起,不能再输入了!\n");
    }
    return 0;
}
```

运行结果为:

```
请输入 6 位密码(共 3 次机会)
请第 1 次输入密码: 234543↙
请第 2 次输入密码: 123453↙
请第 3 次输入密码: 654321↙
你已输入 3 次密码,均错!
对不起,不能再输入了!
```

5.4　应用举例

【例 5-12】　编程实现对学生成绩按从小到大顺序排序。

分析:学生成绩由键盘输入,当输入一个负数时,表示成绩输入完毕。排序方法有多

种,这里介绍两种方法:冒泡法排序和选择法排序。

方法一:冒泡法排序

冒泡法排序的基本思想是:将相邻两个数进行比较,若前面数大,则交换两数位置,这样,最大数就会逐渐沉到最下面,即在最后一个元素的位置。例如有 4 个数放在数组 a 中,经过第一轮 3 次两两比较、交换,最大数就会沉到最后,存放在 a[3]中。第二轮再将前面的 3 个数经过 2 次这样的两两比较、交换后,其中的最大数就会被存放在 a[2]中,第三轮将剩下的 2 个数比较 1 次,大的数被换到 a[1],小的数存放在 a[0]中。这样,经过三轮比较就完成了 4 个数的排序。其排序过程如图 5-4 所示。

		i=0	i=1	i=2	i=3
		a[0]	a[1]	a[2]	a[3]
	初始值	56	23	43	12
第一轮	56>23;56,23互换	56 ⟷ 23		43	12
	56>43;56,43互换	23	56 ⟷ 43		12
	56>12;56,12互换	23	43	56 ⟷ 12	
	最大数56到达位置	23	43	12	56
第二轮	23>43;顺序不变	23	43	12	56
	43>12;43,12互换	23	43 ⟷ 12		56
	次大数43到达位置	23	12	43	56
第三轮	23>12;23,12互换	23 ⟷ 12		43	56
	大数23到达位置	12	23	43	56

图 5-4 冒泡排序法示例

一般地,对 n 个数进行排序,共需进行 $n-1$ 轮比较,在第 i 轮中要对 $n-i+1$ 个数进行 $n-i$ 次相邻元素的两两比较、交换。假设有 n 个数存放在一维数组 a 中,则 n 个数的冒泡排序算法可用 for 循环表示为:

```
for(i=0;i<=n-2;i++)
  for(j=0;j<=n-2-i;j++)
    if(a[j]>a[j+1])
      将 a[j]的值与 a[j+1]的值互换;
```

冒泡法排序源程序:

```
#include <stdio.h>
int main(void)
{
    int i,j,n,a[100];int temp;
    printf("Input the number of data: ");
    scanf("%d",&n);          //从键盘输入排序数据的个数
    printf("Input %d data: ",n);
    for(i=0;i<n;i++)
        scanf("%d",&a[i]);    //数组元素 a[i]前面的"&"符号不可缺少
    printf("\nOutput the original array:");
    for(i=0;i<n;i++)
```

```
    printf("%3d",a[i]);      //输出原始的一维数组序列
for(i=0;i<=n-2;i++)       //两重 for 循环对数组 a 中的元素进行由小到大的排序
  for(j=0;j<=n-2-i;j++)
    if(a[j]>a[j+1])          //若要实现从大到小排序,该条件改为 if(a[j]<a[j+1])
    {
        temp=a[j];
        a[j]=a[j+1];
        a[j+1]=temp;
    }
printf("Output the sorted array:");
for(i=0;i<n;i++)
    printf("%3d",a[i]);    //输出排序后的一维数组序列
printf("\n");
return 0;
}
```

运行结果为：

```
Input the number of data: 4↙
Input 4 data: 23 56 43 12↙
Output the original array: 23 56 43 12
Output the sorted array: 12 23 43 56
```

方法二：选择排序法

选择排序法的基本思想是：对存放在数组中待排序的数首先找出其中的最小值,与第一个元素进行交换,然后找出从第二个元素开始至最后一个元素中的最小值与第二个元素交换,以此类推,直到整个数组中的数有序。

假设有存放在数组中待排序的 6 个数 a[0]、a[1]、a[2]、a[3]、a[4]和 a[5],先找出其中的最小数与 a[0]交换;然后在 a[1]、a[2]、a[3]、a[4]和 a[5]中找出最小数与 a[1]进行交换;在 a[2]、a[3]、a[4]和 a[5]中找出最小数与 a[2]进行交换;在 a[3]、a[4]和 a[5]中找出最小数与 a[3]进行交换;在 a[4]和 a[5]中找出最小数与 a[4]进行交换,完成排序。其排序过程如图 5-5 所示。

	i=0	i=1	i=2	i=3	i=4	i=5
	a[0]	a[1]	a[2]	a[3]	a[4]	a[5]
初始值	12	6	4	9	2	3
找出a[0]~a[5]中最小值 a[4],a[4]与a[0]交换	2	6	4	9	12	3
找出a[1]~a[5]中最小值 a[5],a[5]与a[1]交换	2	3	4	9	12	6
找出a[2]~a[5]中最小值 a[2],a[2]与a[2]不必交换	2	3	4	9	12	6
找出a[3]~a[5]中最小值 a[5],a[5]与a[3]交换	2	3	4	6	12	9
找出a[4]~a[5]中最小值 a[5],a[5]与a[4]交换	2	3	4	6	9	12

图 5-5　选择排序过程示例

选择法排序源程序：

```c
#include<stdio.h>
#define N 10                        //设定待排序数据的个数
int main(void)
{
    int a[N];
    int i,j,k,t;
    printf("Input %d numbers: ",N);
    for(i=0;i<=N-1;i++)
        scanf("%d",&a[i]);        //输入原始的一维数组序列
    for(i=0;i<=N-2;i++)
    {  k=i;                        //变量 k 用于记录最小值的下标,假定第 i 次中最小数的位置是 i
        for(j=i+1;j<=N-1;j++)
            if(a[j]<a[k])          //a[k]是每次比较后当前的最小数
                k=j;
            if(i!=k)               //若最小数不是默认的 a[i], 则将 a[i]与 a[k]的值交换
            {   t=a[i];
                a[i]=a[k];
                a[k]=t;
            }
    }
    printf(" The sorted numbers: ");
    for(i=0;i<=N-1;i++)
        printf("%d ",a[i]);        //输出排序后的一维数组序列
    printf("\n");
    return 0;
}
```

运行结果为：

```
Input 10 numbers: 6 5 8 3 9 10 2 4 7 1↙
The sorted numbers: 1 2 3 4 5 6 7 8 9 10
```

【例 5-13】 将一个 4×4 的矩阵按顺时针方向旋转 $90°$。

分析：定义一个二维数组 a 存放原数组数据,定义一个二维数组 b 存放旋转后的数据,假设原数组数据和顺时针方向旋转 $90°$后的数组数据如下,观察可知 $b[i][j]=a[M-j-1][i]$,其中 M 代表二维数组的行、列数。如果要求按逆时针方向旋转 $90°$,则旋转规律为 $b[i][j]=a[j][M-i-1]$。

原数组：

```
 1   2   3   4
 5   6   7   8
 9  10  11  12
13  14  15  16
```

顺时针旋转后的数组：

```
13   9  5  1
14  10  6  2
15  11  7  3
16  12  8  4
```

源程序：

```
#include<stdio.h>
#define M 4
int main(void)
{
    int a[M][M]={1,2,3,4,5,6,7,8,9,10,11,12,13,14,15,16},b[M][M],i,j;
    printf("原数组: \n");
    for(i=0;i<M;i++)
    {
        for(j=0;j<M;j++)
            printf("%3d",a[i][j]);
        printf("\n");
    }
    for(i=0;i<M;i++)
        for(j=0;j<M;j++)
            b[i][j]=a[M-j-1][i];
    printf("顺时针旋转后的数组: \n");
    for(i=0;i<M;i++)
    {
        for(j=0;j<M;j++)
            printf("%3d",b[i][j]);
        printf("\n");
    }
    return 0;
}
```

【例 5-14】 假设数组 a 为 4 行 4 列 100 以内的随机整数，计算每行的平均值，保留两位小数，然后输出平均值和每行的最大值。

源程序：

```
#include <stdio.h>
#include<stdlib.h>
#include<time.h>
int main(void)
{
    int a[4][4];
    int i,j,s,max;
    float ave;
    srand((unsigned)time(NULL));        //以时间作为随机数种子
    for(i=0;i<4;i++)                     //产生 16 个随机整数
        for(j=0;j<4;j++)
            a[i][j]=rand()%100;
    printf("output array a:\n");
    for(i=0;i<4;i++)
    {
        for(j=0;j<4;j++)
            printf("%5d",a[i][j]);
        printf("\n");
    }
    for(i=0;i<4;i++)
    {
```

```
            s=0;
            for(j=0;j<4;j++)
                s=s+a[i][j];
            ave=s*1.0/4;
            printf("aver of line %d is %.2f\n",i+1,ave);}
        for(i=0;i<4;i++)
        {
            max=a[i][0];
            for(j=1;j<4;j++)
                if(a[i][j]>max) max=a[i][j];
            printf("max of line %d is %d\n",i+1,max);
        }
        return 0;
    }
```

运行结果为：

```
output array a:
    18   21   96   63
    73   33   16   72
    58   57   64   92
    28   24   15   76
aver of line 1 is 49.50
aver of line 2 is 48.50
aver of line 3 is 67.75
aver of line 4 is 35.75
max of line 1 is 96
max of line 2 is 73
max of line 3 is 92
max of line 4 is 76
```

【例 5-15】 从键盘输入 N 个有序整数,然后在其中查找数据 k,若找到,显示查找成功的信息,并将该数据删除;若没有找到,则将数据 k 插入这些数中,插入操作后数据仍然有序。

分析：在 N 个数中查找数据 k,可以采用顺序查找法、二分查找法等方法。

顺序查找法的基本思想是：将要查找的数据 k 与存放在数组中的各元素逐个进行比较,直到查找成功或失败。

二分查找法又称折半查找法,这种方法要求待查找的数据是有序的。假设有序数据存放在一维数组 a 中,其查找数据 k 的基本思想是：将 a 数组中间位置的元素与待查找数 k 比较,如果两者相等,则查找成功;否则利用中间位置数据将数组分成前后两块,当中间位置的数据大于待查找数据 k 时,则下一步从前面一块查找 k;当中间位置的数据小于待查找数据 k 时,下一步从后面一块查找 k;重复以上过程,直至查找成功或失败。图 5-6 给出了用二分查找法查找数据 22、45 的具体过程,其中 $mid=(low+high)/2$,$a[mid]$ 表示中间位置的数据,当 $a[mid]>k$ 时,修正 $high=mid-1$;当 $a[mid]<k$ 时,修正 $low=mid+1$;当 $a[mid]=k$ 时,表示查找成功;当 $high<low$ 时,表示查找失败。初始状态：$low=0$,$high=N-1$。

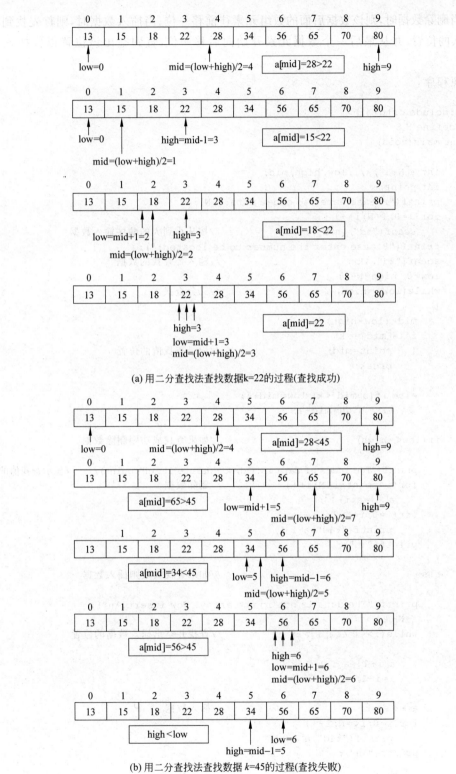

(a) 用二分查找法查找数据k=22的过程(查找成功)

(b) 用二分查找法查找数据 *k*=45的过程(查找失败)

图 5-6 二分查找过程示例

当删除数据时,则该数据后面的数组元素往前移一位;当插入数据时,则首先找到该数据插入的位置,并从最后一个数据元素开始向后移一位,直到空出该位置以作插入数据之用。

源程序:

```c
#include <stdio.h>
#define N 8
int main(void)
{
    int a[N+1],k,i,low,high,mid;
    int point;
    printf("Please enter %d order data:",N);
    for(i=0;i<N;i++)
        scanf("%d",&a[i]);                  //按从小到大的顺序输入数据
    printf("Please enter the number to be located:");
    scanf("%d",&k);                         //输入要查找的数据
    low=0; high=N-1;
    while(low<=high)                        //二分查找
    {
        mid=(low+high)/2;
        if(a[mid]==k)
        {   point=mid;                      //记录查找值的位置
            break;
        }
        else if(a[mid]<k) low=mid+1;
            else high=mid-1;
    }
    if(low<=high)                           //如果查找成功则删除数据
    {
        printf("The index of data is: %d,Now delete it.\n",point);   //显示查找值的下标
        for(i=point;i<N;i++)                //删除数据
            a[i]=a[i+1];
        for(i=0;i<N-1;i++)
            printf("%4d",a[i]);
        printf("\n");
    }
    else                                    //如果查找失败则插入数据
    {
        printf("The data is not in the array! Now insert.\n");
        i=N-1;
        while(i>=0 &&a[i]>k)                //查找并空出插入数据的位置
        {
            a[i+1]=a[i];
            i=i-1;
        }
        a[++i]=k;                           //插入数据
        for(i=0;i<=N;i++)
            printf("%4d",a[i]);
        printf("\n");
    }
    return 0;
}
```

运行结果为：（查找成功，删除数据）

```
Please enter 8 order data: 23 45 67 89 96 98 123 125↙
Please enter the number to be located: 89↙
The index of data is: 3 , Now delete it.
    23  45  67  96  98  123  125
```

运行结果为：（查找失败，插入数据）

```
Please enter 8 order data: 23 45 67 89 96 98 123 125↙
Please enter the number to be located: 70↙
The data is not in the array! Now insert.
    23  45  67  70  89  96  98  123  125
```

【例 5-16】 编一个程序，输入 3 个字符串（长度均不超过 30）存入一个二维字符数组中，要求首先将它们按从小到大顺序排序，然后再按顺序将它们连接起来，组成新的字符串存入一维字符数组中，并输出该新的字符串（要求不使用字符串连接函数）。

分析：字符串比大小要使用函数 strcmp()，不能直接使用关系运算符比大小。不使用字符串连接函数，多个字符串的连接算法如下：将第一个字符串复制到某个字符数组中（不包括字符串结束标记），再将第二个字符串添加到字符数组中（不包括字符串结束标记），直到将最后一个字符串添加到字符数组中（包括字符串结束标记）。本题要求连接 3 个字符串，可以用 for 循环次数为 3 来实现。注意输入的字母大小写严格区分。

二维数组可以被看作一种特殊的一维数组，它的元素又是一个一维数组。假设有定义"char a[3][31];"可以把 a 数组看作一个一维数组，它有 3 个元素：a[0]、a[1]、a[2]，每个元素又是一个包含 31 个元素的一维数组。可以把 a[0]、a[1]、a[2] 看作 3 个一维数组的名字，即 a[0] 可以看作二维数组第 0 行一维数组的数组名，a[1] 可以看作第 1 行一维数组的数组名，a[2] 可以看作第 2 行一维数组的数组名，这 3 个一维数组可以分别放 3 个字符串。

源程序：

```c
#include<stdio.h>
#include<string.h>
int main(void)
{   char s[100],a[3][31];
    int i,j,k;
    char t[31];
    printf("Please enter 3 strings: ");
    scanf("%s%s%s",a[0],a[1],a[2]);        //输入 3 个字符串放到二维数组 a 中
    if(strcmp(a[0],a[1])>0)                //3 个字符串排序
    {
        strcpy(t,a[0]);
        strcpy(a[0],a[1]);
        strcpy(a[1],t);
    }
    if(strcmp(a[0],a[2])>0)
    {
        strcpy(t,a[0]);
```

```
        strcpy(a[0],a[2]);
        strcpy(a[2],t);
    }
    if(strcmp(a[1],a[2])>0)
    {
        strcpy(t,a[1]);
        strcpy(a[1],a[2]);
        strcpy(a[2],t);
    }
    printf("The order strings: \n");
    printf("%s\n%s\n%s\n",a[0],a[1],a[2]);  //输出排好序的 3 个字符串
    k=0;
    for(i=0;i<3;i++)                        //连接 3 个字符串并放到一维数组 s 中
        for(j=0;j<31;j++)
            if(a[i][j]=='\0')
                break;
            else
            {
                s[k]=a[i][j];
                k++;
            }
    s[k]='\0';
    printf("The new string: %s\n",s);
    return 0;
}
```

运行结果为：

```
Please enter 3 strings: Welcome To Shanghai↙
The order strings:
Shanghai
To
Welcome
The new string: ShanghaiToWelcome
```

5.5 本章常见错误小结

本章常见错误实例与错误原因分析见表 5-2。

表 5-2　本章常见错误实例与错误原因分析

常见错误实例	错误原因分析
int a[5]={1,2,3,4,5,6};	在定义数组的同时进行初始化时,提供的初值个数多于定义的数组长度
intn=5; int a[n];	误用变量来定义数组的元素个数。定义数组时,数组名后面方括号内应该是整型常量
int a[5]; a={1,2,3,4,5};	试图用数组名接收对数组元素的整体赋值

续表

常见错误实例	错误原因分析
int a[5]={1,2,3,4}; a[5]=5;	误将 a[5]看作可使用的数组元素。C 语言规定：数组下标从 0 开始，下标的上限是元素个数减 1。这里 a[5]不存在
int a[5]; a[5]=6;	没有意识到数组元素下标的上限是数组元素个数减 1，此处 a 数组没有数组元素 a[5]
int a[5]; a(1)=1;	使用圆括号引用数组元素
char str[20]; scanf("%s", &str);	多加了取地址符 &。数组名 str 代表数组的首地址，scanf()函数的输入项是字符数组名，不必再加取地址符 &，应该写成：scanf("%s", str);
char ch[]= "abcd"; strcat(ch, "efgh");	在定义数组的同时进行初始化，可以缺省数组长度，由系统自动分配。此处 ch 缺省的数组长度为 5，但是 strcat()函数把两个字符串连接后仍然放回 ch 数组，则系统分配的空间不够，从而引发越界访问内存错误
int a[4][5]; a[2, 3]=5;	引用二维数组元素时把行下标和列下标写在一个方括号内，应该写成：a[2][3]=5;
int a[2][]={1,2,3,4,5,6};	二维数组定义的同时赋初值，不可省略第 2 维的列数
int a[2][3]; a[2][3]=5;	下标越界，没有 a[2][3]这个数组元素，并且编译器不会检查二维数组的下标是否越界
char str[6]= "This is a map."	数组长度定义为 6，而赋的初值超过 6 个字符

5.6 习题

1. 选择题

(1) 已定义"int i; char x[10];"，为了给 x 数组赋值，以下正确的语句是(   )。

　　A. x[10]="Hello!";

　　B. x="Hello!";

　　C. x[]="Hello!";

　　D. for(i=0; i<6; i++)   x[i]=getchar();

(2) 若有以下的数组定义："char a[]="abcd"; char b[]={'a','b','c','d','e'};"，则以下描述正确的是(   )。

　　A. a 数组和 b 数组长度相同　　　　B. a 数组长度大于 b 数组长度

　　C. a 数组长度小于 b 数组长度　　　　D. 两个数组中存放相同的内容

(3) 若有定义"int i; int x[3][3]={2,3,4,5,6,7,8,9,10};"，则执行语句"for(i=0; i<3;i++)   printf("%4d",x[i][2-i]);"的输出结果是(   )。

　　A. 2　5　8　　　　　　B. 2　6　10　　　　C. 4　7　10　　　　　D. 4　6　8

(4) 下列对二维数组 a 进行正确初始化的是(   )。

　　A. int a[2][3]={{1,2},{3,4},{5,6}};　　B. int a[][3]={1,2,3,4,5,6};

　　C. int a[2][]={1,2,3,4,5,6};　　　　　D. int a[2][]={{1,2},{3,4}};

(5) 下列说法正确的是(　　　)。

A. 数组的下标可以是 float 类型

B. 数组的元素的类型可以不同

C. 初始化列表中初始值的个数多于数组元素的个数也是可以的

D. 区分数组的各个元素的方法是通过下标

(6) 若有定义"char str1[30], str2[30];",则输出较大字符串的正确语句是(　　　)。

A. if(strcmp(str1,str2))　printf("%s",str1);

B. if(str1>str2)　printf("%s",str1);

C. if(strcmp(str1,str2)>0)　printf("%s",str1);else printf("%s",str2);

D. if(strcmp(str1)>strcmp(str2)) printf("%s",str1);

(7) 下列程序段的输出结果是(　　　)。

```
int aa[4][4]={{1,2,3,4},{5,6,7,8},{3,9,10,2},{4,2,9,6}};
int i,s=0;
for(i=0;i<4;i++)
    s+=aa[i][1];
printf("%d\n",s);
```

A. 11　　　　　　　　B. 19　　　　　　　　C. 13　　　　　　　　D. 20

(8) 下列程序段的输出结果是(　　　)。

```
char str[15]="hello!";
printf("%d\n",strlen(str));
```

A. 15　　　　　　　　B. 14　　　　　　　　C. 7　　　　　　　　D. 6

(9) 有以下程序段,当输入为 happy! 时,程序运行后输出结果是(　　　)。

```
char str[14]={"I am "};
strcat(str, "sad!");
scanf("%s",str);
printf("%s",str);
```

A. I am sad!　　　　B. happy!　　　　　C. I am happy!　　　D. happy!sad!

(10) 下列关于数组的描述中错误的是(　　　)。

A. 一个数组只允许存储同种类型的数据

B. 数组名是数组在内存中的首地址

C. 数组必须先定义,后使用

D. 如果在对数组进行初始化时,给定的数据元素个数比数组元素少,则多余的
数组元素自动初始化为最后一个给定元素的值

2. 填空题

(1) 有定义语句"int i=3, x[4]={1,2,3};",则数组元素 x[i]的值是＿＿＿＿。

(2) 有定义语句"char a[]={"I am a student"};",该字符串的长度是＿＿＿＿,
a[3]=＿＿＿＿。

(3) 有二维数组定义"int k[3][4]={{1,2,3,4},{5,6,7,8},{9,10,11,12}};",则其

中元素 k[2][1]的值是_____,k[1][2]的值是_____。

（4）若有定义"int a[4][4];",则 a 数组中行下标的下限为_____,列下标的上限为_____。

（5）若有定义"char a[]= "abcdef";",则执行语句"printf("%d,%d\n", sizeof(a), strlen(a));"后的输出结果是_____。

（6）下列程序段的运行结果是_____。

```c
char str[20]="This is my book";
str[4]='\0'; str[9]='\0';
printf (" %d",strlen (str));
```

（7）下列程序段的运行结果是_____。

```c
char name[3][20]={"Tony", "Join", "Mary"};
int m=0 , k;
for (k=1;k<=2;k++)
    if(strcmp (name[k],name[m])>0) m=k;
puts (name[m]);
```

（8）下列程序运行时输入：20 30 5 85 40,运行结果为：_____。

```c
#include <stdio.h>
#define N 5
int main(void)
{
    int a[N],max,min,sum,i;
    for (i=0;i<N;i++)
        scanf("%d",&a[i]);
    sum=max=min=a[0];
    for (i=1;i<N;i++)
    {
        sum+=a[i];
        if (a[i]>max)   max=a[i];
        if (a[i]<min)   min=a[i];
    }
    printf("max=%d\nmin=%d\nsum=%d\naver=%4.2f\n",
            max,min,sum,(float)(sum-max-min)/(N-2));
    return 0;
}
```

（9）下列程序运行时输入：This_is_a_C_Program! 运行结果为：_____。

```c
#include <stdio.h>
#include <string.h>
int main(void)
{
    char str[81], a[81], b[81];
    int n, i, j=0, k=0;
    gets( str );
```

```
    n=strlen( str );
    for ( i=0; i<n; i++)
    {
        if ( i%2==0 )   a[j++] =str[i];
        if ( i%3==0 )   b[k++] =str[i];
    }
    a[j] =b[k] = '\0';
    puts( a );
    puts( b );
    return 0;
}
```

(10) 下列程序的运行结果为：_____。

```
#include <stdio.h>
int main(void)
{
    char s[]="12345678";
    int c[4]={0},k,i;
    for (k=0; s[k]; k++)
    {
        switch (s[k])
        {
            case'1': i=0; break;
            case'2': i=1; break;
            case'3': i=2; break;
            case'4': i=3;
        }
        c[i]++;
    }
    for(k=0;k<4;k++)
        printf("%d ",c[k]);
    return 0;
}
```

3. 编程题

(1) 从键盘输入 15 个整数,存放在数组中,找出其中最小数并指出其所在的位置。

(2) 将输入的十进制正整数化为十六进制数。

(3) 从键盘输入一行字符,统计其中有多少单词,假设单词之间以逗号分隔。

(4) 从键盘输入一字符串,放在字符数组 a 中,将字符数组 a 中下标值为偶数的元素按从小到大排序。例如,原始字符串为 zabkam,则排序后字符串为 aabkzm。

(5) 编写程序输出以下杨辉三角形(要求输出 10 行)。

```
        1
        1   1
        1   2   1
        1   3   3   1
        1   4   6   4   1
        1   5   10  10   5   1
        …   …   …   …   …   …
```

（6）编程将 s 数组中的字符串的正序和反序进行连接，形成一个新串放在 t 数组中。例如，当 s 数组中字符串为"ABCD"时，则 t 数组中的内容应为："ABCDDCBA"。

（7）某公司在传输数据过程中为了安全要对数据进行加密，若传递的是四位的整数，对其进行加密的规则为：每位数字都加上 5，然后用和除以 10 的余数代替该数字，再将第一位和第四位交换，第二位和第三位交换。如：输入数字 7659，则加密后的数字为 4012。

（8）编写程序查找数值 18 在以下二维数组中第一次出现的位置。

$$\begin{pmatrix} 3 & 4 & 5 & 18 \\ 8 & 12 & 16 & 54 \\ 43 & 34 & 18 & 7 \end{pmatrix}$$

（9）设有 4 行 4 列的数组 a，其元素 $a[i][j]=3*i+2*j-6$。编写程序，实现如下功能：

① 求第二行 4 元素的累加和；

② 求第四列 4 元素的平均值；

③ 求主对角线 4 元素中负数的个数。

（10）约瑟夫环问题：编号为 $1,2,3,\cdots,n$ 的 n 个人按顺时针方向围坐一圈，每人持有一个正整数密码。一开始任选一个正整数 m 作为报数上限值，从第一个人开始按顺时针报数，报到 m 时停止，报 m 的人出列，将他的密码作为新的 m 值，从他在顺时针方向的下一个人开始重新从 1 报数，如此下去，直到所有人全部出列为止。设计程序求出出列顺序。

5.7 上机实验：数组程序设计

1. 实验目的

（1）掌握一维数组和二维数组的定义、赋值和输入输出的方法。

（2）掌握字符数组和字符串处理函数的使用。

（3）掌握与数组有关的算法。

2. 实验内容

1）改错题

（1）下列程序的功能为：为指定长度为 10 的数组输入 10 个数据，并求这些数据之和。纠正程序中存在的错误，以实现其功能。程序以文件名 sy5_1.c 保存。

```c
#include<stdio.h>
int main(void)
{
    int n=10,i,sum=0;
    int a[n];
    for(i=0;i<10;i++)
    {
        scanf("%d",a[i]);
        sum=sum+a[i];
    }
```

```
    printf("sum=%d\n",sum);
    return 0;
}
```

(2) 下列程序的功能为：将字符串 *b* 连接到字符串 *a*。纠正程序中存在的错误,以实现其功能。程序以文件名 sy5_2.c 保存。

```
#include<stdio.h>
int main(void)
{
    char a[]="wel",b[]="come";
    int i,n=0;
    while(!a[n]) n++;
    for(i=0;b[i]!='\0';i++)
        a[n+i]=b[i];
    a[n+i]='\0';
    printf("%s\n",a);
    return 0;
}
```

(3) 从键盘输入字符(最多为 80 个),遇到回车键输入结束,将输入的字符串按奇偶位置拆分,奇数位上的字符在前,偶数位上的字符在后,重新组成新的字符串输出。例如,输入：ab12cd3456fg,则经过程序处理后输出：a1c35fb2d46g。程序以文件名 sy5_3.c 保存。

```
#include<stdio.h>
#include<string.h>
int main(void)
{
    char s[80],ch;
    int i,j,len,k;
    get(s);
    len=strlen(s);
    for(i=0,j=0;i<len;i++)
    { ch=s[i];
        for (k=i;k>j;k--)
            s[k]=s[k-1];
      s[j]=ch;
      j++;
    }
    printf("%c\n",s);
    return 0;
}
```

2) 填空题

(1) 以下程序的功能是：采用二分法在给定的有序数组中查找用户输入的值,并显示查找结果。补充完善程序,以实现其功能。程序以文件名 sy5_4.c 保存。

```
#include <stdio.h>
```

```
#define N 10
int main(void)
{
    int a[ ]={0,1,2,3,4,5,6,7,8,9},k;
    int low=0,high=N-1,mid,find=0;
    printf("请输入欲查找的值: \n");
    scanf("%d",&k);
    while (low<=high)
    {
        mid=(low+high)/2;
        if(a[mid]==k)
        {
            printf("找到位置为: %d\n",mid+1);find=1; break;
        }
        if(a[mid]>k)
            _____;
        else
            _____;
    }
    if(!find) printf("%d 未找到\n",k); `
    return 0;
}
```

（2）以下程序的功能是：求 3 个字符串（每串不超过 20 个字符）中的最大者。补充完善程序，以实现其功能。程序以文件名 sy5_5.c 保存。

```
#include<stdio.h>
#include<string.h>
int main(void)
{
    char string[20],str[3][20];
    int i;
    for (i=0;i<3;i++)
        gets(str[i]);
    if ( _____ ) strcpy(string,str[0]);
    else strcpy(string,str[1]);
    if ( _____ ) strcpy(string,str[2]);
    puts(string);
    return 0;
}
```

（3）下列程序的功能为：从键盘输入 20 个整数，统计非负数个数，并计算非负数之和。补充完善程序，以实现其功能。程序以文件名 sy5_6.c 保存。

```
#include <stdio.h>
int main(void)
{   int i,a[20],sum=0,count;
    _____
    for(i=0;i<20;i++)
        scanf("%d",_____);
```

```
for(i=0;i<20;i++)
{
    if(a[i]<0)
    _____
    sum+=a[i];
    count++;
}
printf("s=%d\t count=%d\n",sum,count);
return 0;
}
```

3）编程题

（1）从键盘输入 10 个数，用选择排序法将其按由大到小的顺序排序；然后在排好序的数列中插入一个数，使数列保持从大到小的顺序。程序以文件名 sy5_7.c 保存。

（2）从键盘输入两个矩阵 A、B 的值，求 $C=A+B$。程序以文件名 sy5_8.c 保存。

$$A=\begin{pmatrix} 3 & 5 & 7 \\ 12 & 13 & 6 \end{pmatrix} \quad B=\begin{pmatrix} 4 & 8 & 10 \\ 6 & 13 & 16 \end{pmatrix}$$

（3）从键盘输入 n 个字符串，统计每个字符串中出现次数最多的英文字母，输出该字母及其出现次数，以冒号分隔。说明：字母忽略大小写，出现次数最多的字母可能有多个，若字符串中没有英文字母，则输出 no letters。程序以文件名 sy5_9.c 存盘。

第6章

函　数

6.1　结构化与模块化程序设计思想

前面几章介绍了结构化程序设计的三种基本结构：顺序结构、选择结构和循环结构。结构化程序设计的主要思想如下。

（1）自顶向下：程序设计时，应先考虑总体，后考虑细节；先考虑全局目标，后考虑局部目标。不要一开始就过多追求众多的细节，先从最上层总目标开始设计，逐步使问题具体化。

（2）逐步细化：对复杂问题，应设计一些子目标作为过渡，逐步细化。

（3）模块化：一个复杂问题，肯定是由若干简单的问题构成。模块化是把程序要解决的总目标分解为子目标，再进一步分解为具体的小目标，把每一个小目标称为一个模块。

（4）结构化编码：把已经设计好的算法用计算机语言表示，即根据已经细化的算法正确写出计算机程序。

C语言作为一种面向过程的结构化程序设计语言，通过函数实现了模块化，在其他高级语言中，函数也被称为过程或方法。函数是C语言程序的基本模块，所以也把C语言称为函数式语言。C语言不仅提供了极为丰富的库函数，还允许用户自己定义函数，即用户可以把自己的算法编成一个个相对独立的函数模块，然后通过调用的方法来使用这些函数。在正式介绍函数之前，首先考虑一个问题：既然前面几章的程序可以将全部功能都放在main()函数中，为什么还要实现模块化，即为什么还要使用函数？循环结构一章介绍过求两个正整数最大公约数的程序，例如可以用以下程序求4和6个最大公约数：

```
#include<stdio.h>
int main(void)
{
    int a=4, b=6;
    int m=a, n=b, r=m%n;
    while (r!=0)
    {
        m=n;
        n=r;
        r=m%n;
    }
    printf("The greatest common divisor of %d and %d is %d\n", a,b,n);
```

```
        return 0;
    }
```

如果只是要计算两个数的最大公约数，以上程序没有什么问题；但如果要先计算 4 和 6 的最大公约数，再计算 6 和 8 的最大公约数，清空屏幕，最后计算 8 和 10 的最大公约数，则 main() 函数中的主要代码需要被反复的复制粘贴 3 次。这样做会使得代码中存在大量相同或相似的部分，带来以下问题。

（1）代码的可读性变差。

（2）代码的可维护性变差：一旦需要修正或修改哪怕是一条语句，例如 printf() 语句的输出格式，都需要做多次重复的工作。

（3）代码的可扩展性变差：在求解两个数的最大公约数的代码基础上，可以写出求解多个数的最大公约数、求解最小公倍数、分数通分和约分等一系列代码。但由于现在所有的代码都在 main() 函数中顺序执行，使得这些现有代码没有能够被重复利用的机会，后续功能的扩展开发只能靠大量的代码复制，进一步降低了程序的质量。

按照模块化程序设计的思想，这个问题的解决方案可以是：将计算两个数的最大公约数这一简单的功能"模块化"，即将其包装为一个基本功能模块，这个模块在 C 语言中就称为函数。后续需要使用这个功能时，不再需要复制模块中完整的代码（甚至不知道模块中代码是什么），只需要用一条语句调用此模块即可，一个设计好的模块不仅可以在一个程序中反复使用，甚至可以在不同的程序中使用，增强了代码的复用性。

若忽略清空屏幕这一操作，完整的程序如下，程序将在下一节具体解释。

【例 6-1】 计算两个数的最大公约数。

```
#include<stdio.h>
int gcd(int a, int b);                       //第 2 行
int main(void)
{
    printf("The greatest common divisor of 4 and 6 is %d\n", gcd(4, 6));
    printf("The greatest common divisor of 6 and 8 is %d\n", gcd(6, 8));
    printf("The greatest common divisor of 8 and 10 is %d\n", gcd(8, 10));
    return 0;
}
int gcd(int a, int b)                        //第 10 行
{
    int m=a, n=b, r=m%n;                     //第 12 行
    while (r!=0)
    {
        m=n;
        n=r;
        r=m%n;
    }
    return n;                                //第 19 行
}
```

运行结果为：

The greatest common divisor of 4 and 6 is 2
The greatest common divisor of 6 and 8 is 2
The greatest common divisor of 8 and 10 is 2

6.2 函数的定义与调用

6.2.1 函数的定义

C 语言通过函数实现模块化程序设计,除了 main()函数之外,还有以下两种函数。

1. 库函数

库函数也叫标准函数,是由 C 语言系统提供的、程序员可以直接调用的函数。前面几章程序中反复用到的 printf()、scanf()、getchar()、putchar()等函数均属此类函数。库函数是由 C 语言系统事先定义好的,程序员要使用某个库函数时不用自己定义,只需用 #include 命令把该函数需要的头文件包含到本文件中即可。例 6-1 中的 main()函数,为了在第 5-7 行调用库函数 printf(),程序的第 1 行使用了 #include<stdio.h>命令。

2. 自定义函数

程序员把自己编写的一个过程、功能或算法定义为一个函数,例如,例 6-1 中第 10~20 行,然后通过调用函数的方法来使用函数,例如第 5~7 行。

main()函数是所有程序都必须有的,是程序执行的入口点和出口点,它可以调用其他函数,而不能被其他函数调用。因此,一个程序必须有且仅有一个 main()函数,其他函数可有可无。所有函数都是独立定义的而不能定义在其他函数之中,函数之间通过调用实现功能。

为了帮助理解 C 语言中函数的概念,首先考虑数学中的函数。以计算两个实数的平均值这个简单运算为例,数学上可以这样定义函数: $f(x,y)=(x+y)/2$。其中,f 是函数的名字,x 和 y 是两个自变量,代表两个实数,函数计算规则是将 x 和 y 求和后折半,所以计算的结果是一个实数。使用这个函数时,将两个实数分别代替 x 和 y 即可,结果作为一个实数可以赋给其他变量,如 $z=f(2,4)=3$,也可以参与其他运算,例如 $f(2,4)+2=5$。C 语言中的函数和数学上的函数在定义和使用上都具有相似性。

定义函数的一般形式为:

```
返回值类型 函数名 (类型 1 形参变量 1, 类型 2 形参变量 2, …, 类型 n 形参变量 n)
{
    语句;
    return 返回值;                    //将结果返回给调用的位置
}
```

例如,前面所述的数学函数 $f(x,y)$ 可以定义为如下 C 语言函数:

```
double average(double x, double y)
{
```

```
    double ave;
    ave=(x +y)/2;
    return ave;
}
```

调用该函数求 2 和 4 平均值的表达式是 average(2,4)。

下面对函数定义做具体说明。

(1) 函数名之前的类型说明符称为返回值类型或函数类型,指出函数返回什么类型的结果给函数的调用位置。如果函数不需要返回任何值,则返回值类型应写 void,函数内无须 return 语句;否则 return 后的返回值的类型必须是或能够自动转换为函数名前的返回值类型。函数类型决定返回值的类型。例 6-1 的第 19 行返回 n 的值,n 的类型是 int,所以第 10 行将函数的返回值类型限定为 int 型。如果将第 10 行的 int 改为 double,函数的定义也能通过编译,因为 int 型变量 n 的值可以自动提升为 double 型;但如果把第 10 行的 int 改为 char,则可能有编译错误、警告或产生错误的结果。

(2) 函数名可以是任何合法的自定义标识符,但通常会选择"见名知意"的函数名,以便增强代码的可读性,例 6-1 中第 10 行的函数名为 gcd,是最大公约数的英文(greatest common divisor)单词首字母的组合。

(3) 函数名后括号内定义的变量称为形式参数(简称形参),多个参数之间用逗号间隔,即使几个参数的类型有相同的类型,类型说明符也不能省略。形参用来接收函数所需要的外部数据,只能在函数体(即{})内访问,相当于已经初始化的局部变量。例 6-1 中第 10 行的函数有两个形参,分别是 int 型的参数 a 和 int 型的参数 b;第 12 行用 a 和 b 分别给 m 和 n 赋值;第 5 行使用函数时,a 接收了数值 4,b 接收了数值 6。如果函数不需要任何形参,则括号内为空或者写 void,但括号不能省略。没有形参的函数称为无参函数,有形参的函数称为有参函数。

(4) 以上三部分(返回值类型、函数名和形参列表)共同构成函数的函数头,也称函数首部。例 6-1 的第 10 行便是函数 gcd()的函数头。

(5) 函数头后面{}中的部分称为函数体,函数体完成函数的功能,其中可以包含各种语句。例 6-1 的第 11～20 行是函数 gcd()的函数体。

(6) 如果函数头声明了返回值类型,则函数体中有 return 语句将结果返回给函数的调用位置。return 语句的一般形式:

return 表达式;

在例 6-1 中第 20 行返回计算结果 n。注意:一条 return 语句只能返回一个值,如变量、常量或表达式的值。一个函数可以有多条 return 语句,但函数每次执行只有一条 return 语句会执行,return 语句执行完,函数执行即结束。对于没有返回值的函数(即返回值类型为 void),也可以用一个空的"return;"语句立即结束函数。

6.2.2 函数的声明

一个程序中可能有多个函数,如果一个函数在另外一个函数定义之前需要使用该函数,根据 C 语言先定义后使用的原则,就需要进行函数的声明。例 6-1 中 gcd()函数的定义在第 10 行,而 main()函数在第 5～7 行使用了 gcd 函数,此时就必须在 main()函数前,第 2 行先对函数进行声明。函数声明,也叫函数原型,主要作用是告诉编译器"有这样一个函数,但是定义在使用函数的位置后面"。如果没有函数的声明,第 5～7 行就会有编译错误。

声明函数的一般形式为:

返回值类型 函数名(类型 1 形参变量 1, 类型 2 形参变量 2, …, 类型 n 形参变量 n);

对比函数定义容易看出,函数声明就是将函数头后面加上分号作为一条独立的语句,所以定义的规则与函数头相同。函数声明和函数头唯一的不同是,函数声明中的形参名可省略,即简化为:

返回值类型 函数名(类型 1, 类型 2, …, 类型 n);

通过函数声明中的参数名,有时可以推断函数的作用和参数的意义,所以最好不要省略。除了可以在定义前使用函数外,函数声明的另外一个好处是,不需要看到函数的完整定义就知道该如何调用函数,例如附录 D 中列出许多库函数的原型,只需参考这些函数原型就可以使用库函数。下面详细介绍函数的调用方法。

6.2.3 函数的调用

与数学相同,使用函数时按顺序为每个形参提供确定的值,即实际参数(简称实参)。调用函数的一般形式为:

函数名(实际参数 1, 实际参数 2, …, 实际参数 n);

例 6-1 中第 5 行调用函数 gcd(4,6),其中 4 和 6 是对应于形式参数 a 和 b 的实际参数。下面对函数调用做具体说明:

(1) 如果函数定义中没有形参,则调用函数时()内为空,但()绝不可省略。

(2) 实参必须是确定的值、变量或表达式,且数据类型能够被形参接受。

(3) 除了将函数调用单独作为一条语句,对于有返回值的函数,整个函数调用表达式的结果就是该函数的返回值,所以可以将函数调用作为一个"数值"使用,例如给变量赋值、作为表达式的一部分或者作为参数继续调用其它函数等。例 6-1 中第 5 行就是将函数调用 gcd(4,6)的结果,作为一个实际参数调用 printf()函数。以下几条语句也属于正确的调用方式:

```
int a=gcd(4, 6);              //调用结果赋给变量 a
int b=gcd(4, 6)+5;           //调用结果参与其他运算
int c=gcd(8, gcd(4, 6));     //调用结果作为函数调用的实参
```

(4) 函数可以嵌套调用,即一个被调用的函数中可以调用另外一个函数。例 6-2 程序中,main()函数调用函数 f1(),函数 f1()调用函数 f2()。当 main()函数执行到调用函数 f1()的语句时,即转去执行函数 f1();当函数 f1()执行到调用函数 f2()的语句时,又转去执行函数 f2();函数 f2()执行完毕后返回函数 f1()的断点继续执行;当函数 f1()执行完毕后返回 main()函数的断点继续执行,过程如图 6-1 所示。

【例 6-2】

```
#include <stdio.h>
void f2(void)
{
    printf("f2 called.\n");
}
void f1(void)
{
    f2();
    printf("f1 called.\n");
}
int main(void)
{
    f1();
    return 0;
}
```

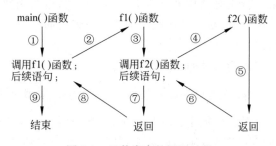

图 6-1　函数嵌套的调用过程

6.2.4　函数的参数和返回值

如前所述,函数的参数是函数体内需要使用的来自函数外部的数据,形式参数是函数体内的变量;实际参数是调用函数时传递给形式参数的值;函数的返回值是函数结束时返给函数调用者的结果。例 6-1 中的函数既有参数也有返回值,事实上,函数是否需要参数、是否需要返回值完全取决于函数的作用和实际需要,参数和返回值都不是必需的。初学函数时最容易对于"什么时候要有参数?"和"什么时候要有返回值"这样的问题产生迷惑,下面通过具体的例子说明。

【例 6-3】　函数只有参数没有返回值。在例 6-1 中,gcd()函数的计算结果返回给调用位置做进一步处理,如第 5 行在控制台输出结果。如果已知计算结果都是在控制台输出,而不会做其他用途,例如赋值或运算,此时完全可以将输出语句放在 gcd()函数内,由该函数在计算出结果后直接完成输出这一功能,而不必返回任何值。修改后的程序如下:

```
#include<stdio.h>
void gcd(int a, int b);
int main(void)
{
    gcd(4, 6);                        //第 5 行
    gcd(6, 8);
    gcd(8, 10);
    return 0;
}
void gcd(int a, int b)
{
    int m=a, n=b, r=m%n;
    while (r!=0)
    {
        m=n;
        n=r;
```

```
        r=m%n;
    }
    printf("The greatest common divisor of %d and %d is %d\n", a, b, n);
}                                    //第 20 行
```

运行结果为：

```
The greatest common divisor of 4 and 6 is 2
The greatest common divisor of 6 and 8 is 2
The greatest common divisor of 8 and 10 is 2
```

在以上程序中，gcd()函数在 19 行直接将函数接收的参数 *a* 和 *b*，以及最后计算出的结果 *n* 在控制台输出，即完成了计算及输出结果的全部功能，所以函数体内没有 return 语句，因而函数的返回值类型为 void，此时 main()函数只需要调用该函数并提供实际参数即可(5～7 行)，不需要做其他工作，其他工作由 gcd()函数都做好了。这样做的优点是程序变得简单，缺点是 gcd()函数"什么都不返回"，计算出的结果自然也就不能在函数外参与其他运算，函数的可用性降低了。

对比例 6-1 和例 6-3 容易看出，一个函数有没有返回值取决于结果的后续使用，如果函数能够完成关于结果的全部工作，如输出等，就不用返回值；否则就需要返回值以便调用位置做进一步处理，例如赋值及参与运算等。一般来说，有返回值的函数可用性更好，即使一个函数确实不需要返回什么数值，也可以让其返回 0 或 −1 来表示函数是否运行正常等。

【例 6-4】　函数没有参数但有返回值。有时函数不需要外部数据即可完成功能，并返回结果。例如以下程序中函数 random()随机生成一个 0 到 100(不含)之间的整数。

```
#include<stdlib.h>
#include<stdio.h>
#include<time.h>
int random(void);
int main(void)
{
    printf("%d\n", random());
    return 0;
}
int random(void)
{
    srand(time(0));
    return rand() %100;
}
```

显然，这样的函数比较简单，因为不接收外部的参数，也正因如此，函数不能适应外部的不同需求，如果要求生成 0～1000 的随机数，则需要修改源代码。

从以上例子可以看出，具有参数和返回值的函数，定义和调用最为灵活。请读者思考以下问题并查找资料：

（1）printf()和 scanf()函数有多少个参数？

（2）main()函数是否可以有参数？

6.2.5 数组名作函数参数

数组可以作为函数的参数使用,进行数据传送。数组用作函数参数有两种形式:一种是把数组元素(下标变量)作为实参使用;另一种是把数组名作为函数的形参和实参使用。

1. 数组元素作函数实参

数组中的每个元素就是带下标的变量,和普通变量并无区别,因此将数组元素用作函数实参与普通变量用作实参也有区别,形参接收的是数组元素的副本,函数体内即使修改形参,也不会改变数组元素。例如,可以用如下语句调用例 6-1 定义的函数 gcd(),求一个数组中两个元素的最大公约数:

```
int a[2]={4, 6};
int b=gcd(a[0], a[1]);
```

2. 数组名作为函数参数

数组名就是数组的首地址,因此在数组名作函数参数时所进行的传送是地址的传送,也就是说把实参数组的首地址赋予形参数组名。形参数组名取得该首地址之后,形参和实参指向同一数组,函数体便可访问或修改数组的所有元素。以数组名的方式传递数组首地址时,编译器不检查数组的大小,形参数组不必指定大小,只要保证和实参数组类型一致即可。为了能在函数体内用循环访问数组,通常还要用一个参数传递数组的大小用于控制循环。

【**例 6-5**】 设计一个函数,计算一维整型数组中去掉最大值和最小值后所有元素的平均值。

分析：本题要求用函数求一个数组中指定元素的平均值,因而函数应有一个参数接收数组首地址;由于数组大小不定,所以函数应有另外一个参数接收待处理的元素个数。函数体内用循环访问数组,计算并返回结果。

源程序：

```
#include <stdio.h>
#define NUM 5
double average(int arr[], int n);      //函数声明
int main(void)
{
    int a[NUM], i;
    double ave;
    printf("Please enter %d integers:\n", NUM);
    for (i=0; i <NUM; i++)
    {
        printf("a[%d]=", i);
        scanf("%d", &a[i]);
    }
```

```
    ave=average(a, NUM);              //函数调用,实参为数组名和数组元素个数
    printf("Average=%.2lf\n", ave);
    return 0;
}
double average(int arr[], int n)      //函数定义,形参为数组和数组元素个数
{
    int i, min=arr[0], max=arr[0];
    double ave=0;
    for (i=0; i<n; i++)
    {
        ave +=arr[i];
        if (arr[i]>max)
            max=arr[i];
        else if (arr[i]<min)
            min=arr[i];
    }
    ave -=max +min;
    ave /=n-2;
    return ave;
}
```

运行结果为:

```
Please enter 5 integers:
a[0]=1↙
a[1]=3↙
a[2]=5↙
a[3]=2↙
a[4]=4↙
Average=3.00
```

6.3 递归函数

"从前有座山,山里有座庙,庙里有个老和尚讲故事,讲的什么呢? 从前有座山,山里有座庙,庙里有个老和尚讲故事,讲的什么呢……"这个经典的故事有一个明显的特点,就是自身包含着自身,没完没了。前面提到过,一个函数可以调用 main()之外的函数,自然也就包括这个函数自身。一个函数调用自身称为递归调用。递归函数可以将一个复杂问题分解为一个相对简单且可直接求解的子问题(递推阶段),然后将这个子问题的结果逐层回代求值,最终求得原来复杂问题的解(回归阶段)。递归有两种方式:直接递归和间接递归。间接递归调用即在一个函数中调用了其他函数,而在其他函数中又调用了本函数;直接递归调用即在一个函数中调用自身。

直接递归的形式如下:

```
void fun()
{
    ...      //语句
```

```
    fun()
    ...        //语句
}
```

间接递归的形式如下：

```
void a()
{   ...        //语句
    b();
    ...        //语句
}
void b()
{   ...        //语句
    a();
    ...        //语句
}
```

【例 6-6】 用递归方法求自然数阶乘 $n!$。

分析：$n!$ 可用下述公式表示。

$$n! = \begin{cases} 1 & n=0,1 \\ n\times(n-1)! & n>1 \end{cases}$$

容易看出，n 的阶乘包含了 $n-1$ 的阶乘，所以阶乘的定义本身就是递归的，可直接将公式"翻译"为一个递归函数 factorial(int n)。如果 n 等于 1 或 0，直接返回结果 1；否则递归调用 factorial($n-1$)计算 $n-1$ 的阶乘，再将其乘以 n，得到 n 的阶乘并返回结果。由于一个数的阶乘可能会非常大，因而函数的返回值类型应声明为 long long 型，对应的输入输出格式控制符是%lld。

源程序：

```c
#include <stdio.h>
long long factorial(int n);
int main(void)
{
    int n;
    long long f;
    printf("n=");
    scanf("%d", &n);
    while (n < 0)
    {
        printf("Not a positive number! Enter again.\nn =");
        scanf("%d", &n);
    }
    f = factorial(n);
    printf("%d!=%lld\n", n, f);
    return 0;
}
long long factorial(int n)
{
    if (n==0||n==1)                    //递归终止条件
```

```
    {
        return 1;
    }
    else
    {
        return factorial(n - 1) * n;//第 26 行
    }
}
```

运行结果为：

```
n=6↙
6!=720
```

在递归调用中，主调函数又是被调函数，递归函数将反复调用其自身，上例中函数 factorial()在第 26 行调用了自身。但和"从前有座山"故事不同的是，程序不能无限执行，递归调用必须在适当的时候结束，函数内必须有终止递归的手段，即递归出口。常用的办法是加条件判断，满足某种条件就继续递归；或者满足某种条件就不再递归。

递归的特点是：函数看似调用自身，但每次调用规模都变小（通常是参数改变），直到规模小到函数能够直接求解不用再递归的程度。例 6-6 中 factorial()函数每次都用它接收到的形参减 1 作为实参调用自身（26 行），至某一刻，实参是 0 或 1 就可以直接返回结果 1 而终止递归。如果函数递归的规模每次都不变，甚至变大，则会出现函数不终止的情况，而这是设计递归函数的主要错误之一。前面介绍过如何用循环求 Fibonacci 数列，下面用递归实现。

【例 6-7】 用递归方法求 Fibonacci 数列中第 n 个数。

源程序：

```
#include<stdio.h>
long long fib(int n);
int main(void)
{
    int n;
    printf("n=");
    scanf("%d", &n);
    printf("fib(%d)=%lld\n", n, fib(n));
    return 0;
}
long long fib(int n)
{
    if (n==1||n==2)
    {
        return 1;
    }
    else {
        return fib(n-2) +fib(n-1);
    }
}
```

运行结果为:

```
n=7↙
fib(7)=13
```

从 fib() 函数的执行过程容易看出,计算 fib(7)=fib(6)+fib(5)时计算了 fib(6)和 fib(5),计算 fib(6)=fib(5)+fib(4)时计算了 fib(5)和 fib(4),此时 fib(5)就已经计算了两次,再往下递归,会有更多重复计算。读者可以尝试推算,为了计算 fib(n),fib(1)和 fib(2)一共被重复计算了多少次? 另外,读者还可以查找资料,写一段程序,测试递归和循环两种实现方式当 n 很大时在运行时间上的差异。

从以上两例容易看出:使用递归的优点是简化算法设计,使其更接近自然语言和数学,代码简洁优美;缺点是递归的效率可能比非递归低,因为在递归过程中可能存在大量的重复计算。所以对于递归,不能不用,也不能乱用。

6.4 变量的作用域和存储类别

6.4.1 变量的作用域

编写程序时经常需要用到变量,变量可以定义在程序的各种位置,如函数体外和函数体内等。每个变量都只能在一个特定范围内使用,称为变量的作用域,例如函数的形参只能在函数体内访问。变量定义的位置决定其作用域,据此可以将变量分为局部变量和全局变量。

1. 局部变量(内部变量)

在一个函数内定义的变量(包括形参)是局部变量,它只在该函数体内这个局部范围可以访问。之前所有程序中定义的变量几乎都是局部变量。

【例 6-8】 以下程序中,第 7、13、14 和 19 行都有编译错误。m 是函数 fun1()内定义的局部变量,在 fun1()的函数体以外访问均为非法。同理,n 是函数 fun2()的形式参数,也是局部变量,在 fun2()的函数体以外访问均为非法。

```
1   #include<stdio.h>
2   void fun2(int n);
3   int fun1(void)
4   {
5       int m=1;
6       printf("%d", m);
7       printf("%d", n);          //第 7 行 n 是 fun2()的局部变量,函数外不可访问
8       return m;
9   }
10  int main(void)
11  {
12      int a=fun1();
13      printf("%d", m);          //第 13 行 m 是 fun1()的局部变量,函数外不可访问
14      printf("%d", n);          //第 14 行 n 是 fun2()的局部变量,函数外不可访问
15      return 0;
```

```
16  }
17  void fun2(int n)
18  {
19      printf("%d", m);              //第 19 行 m 是 fun1()的局部变量,函数外不可访问
20      printf("%d", n);
21  }
```

既然局部变量的作用域是在函数"局部",所以不同函数可以定义同名局部变量,它们代表不同的内存空间,互不干扰。如果一个局部变量定义在函数内某个复合语句内,则其作用域也只在该复合语句内。

2. 全局变量(外部变量)

与局部变量相反,全局变量不定义在任何函数中,也不属于任何一个函数,它的作用域是从定义位置到所在源文件结束。

【例 6-9】　以下程序中,a 和 b 不定义在任何函数中,属于全局变量。但因为 b 定义在函数 f 之后,作用域从第 8 行开始,所以第 6 行访问 b 出错。

```
1   #include<stdio.h>
2   int a=0;                     //全局变量,作用域从此处到最后
3   void f()
4   {
5       printf("%d", a);
6       printf("%d", b);         //b 的定义在函数之后,此处不在 b 的作用域
7   }
8   int b=1;                     //全局变量,作用域从此处到最后
9   int main(void)
10  {
11      printf("%d", a);
12      printf("%d", b);
13      return 0;
14  }
```

说明:

(1)局部变量可以和全局变量同名,在局部变量的作用域内,全局变量将被屏蔽而无法访问。

(2)类似于函数的声明,如果函数要使用一个定义在函数之后的全局变量,需要在函数内声明该变量格式:

extern 类型 全局变量名;

(3)全局变量能被定义位置后的全部函数访问与修改,所以可以作为多个函数共享与传递"消息"的信使。但也正因如此,使用全局变量一方面可能会降低程序的可读性,难以判断某一时刻各全局变量的值;另外一方面可能会降低程序的可靠性,一个函数对全局变量的修改可能会影响其他函数。因此若非必要,应尽量减少使用全局变量。

【例 6-10】　设计一个函数,计算一维整型数组的最大值、最小值以及去掉最大值和最小值后所有元素的平均值。

    分析：例 6-5 中的 average 函数在求平均值时已经得到了数组的最大值和最小值,由于函数只能返回一个值,无法再将最大值和最小值返回。但可以使用两个全局变量来保存求得的最大值和最小值,实现函数内外数据的"共享"。

    源程序：

```c
#include <stdio.h>
#define NUM 5
int max, min;                          //全局变量
double average(int arr[], int n);      //函数声明
int main(void)
{
    int a[NUM], i;
    double ave;
    printf("Please enter %d integers:\n", NUM);
    for (i=0; i<NUM; i++)
    {
        printf("a[%d]=", i);
        scanf("%d", &a[i]);
    }
    ave=average(a, NUM);               //函数调用,实参为数组名和数组元素个数
    printf("Max=%d\n", max);           //访问全局变量
    printf("Min=%d\n", min);           //访问全局变量
    printf("Average=%.2lf\n", ave);
    return 0;
}
double average(int arr[], int n)       //函数定义,形参为数组和数组元素个数
{
    int i;
    min=arr[0], max=arr[0];            //访问全局变量
    double ave=0;
    for (i=0; i <n; i++)
    {
        ave +=arr[i];
        if (arr[i]>max)
        {
            max=arr[i];
        }
        else if (arr[i]<min)
        {
            min=arr[i];
        }
    }
    ave-=max+min;
    ave/=n-2;
    return ave;
}
```

运行结果为：

```
Please enter 5 integers:
a[0]=1↙
a[1]=3↙
a[2]=3↙
a[3]=2↙
a[4]=4↙
Max=4
Min=1
Average=2.67
```

6.4.2 变量的存储类别

从变量值存在时间（即生存期）的角度来分，变量可以分为静态存储方式和动态存储方式。简单地说，静态和动态是指是否一直占据某一片内存空间，程序运行时一直存在的变量是静态变量，只有某个函数被调用时才存在的变量是动态变量。

1. 全局变量的存储方式

全局变量不属于任何一个函数，可以被定义点之后的所有函数"随时"访问，因而都属于静态变量。

2. 局部变量的存储方式

局部变量只能在定义该变量的函数内访问。局部变量的默认存储方式是动态存储，即之前程序中定义的全部局部变量都属于动态变量，即变量的生存期就是函数被调用的期间，每次函数调用结束，变量的空间被回收，变量失效，下次调用重新为变量分配空间。局部变量还可以通过以下定义方式实现静态存储：

```
static 数据类型 变量名；
```

静态局部变量虽然只可在函数内部访问，但即使函数调用结束也不释放其内存空间，变量的值在每次函数结束时得以保留，下次函数被调用时不再重新执行初始化，其值可以继续使用。也就是说，静态变量只执行一次初始化，每次调用函数开始时，变量仍是上次调用结束时的值。

【例 6-11】 统计一个函数共被调用过多少次。

分析：一个函数可以被程序中各个部分不限次数调用，那么如何自动统计它共被调用了多少次呢？这个任务显然要交给函数自身来完成。利用静态变量的持久性特点，可以在函数中定义一个计数器 count，将其初始化为 0，每当函数被调用就让其增加 1，这样变量的当前值就代表函数被调用的次数。

源程序：

```c
#include <stdio.h>
void fun1(void)
{
    static int count =0;
```

```
    count++;
    printf("Count: %d\n", count);
}
int main(void)
{
    fun1();
    for (int i=0; i<5; ++i)
    {
        fun1();
    }
    fun1();
    return 0;
}
```

运行结果为:

```
Count: 1
Count: 2
Count: 3
Count: 4
Count: 5
Count: 6
Count: 7
```

6.5 函数与带参数的宏

有时需要通过定义一些功能比较简单的函数来实现一些固定模式的数值计算,例如以下程序中用 area 函数求以 a 和 b 为长短轴的椭圆面积。

【例 6-12】 求椭圆面积。

```
#include<stdio.h>
#include<math.h>
#define PI (asin(1) * 2)              //无参数宏,π 的近似值
double area(double a, double b);
int main(void)
{
    double a, b, s;
    printf("Please input the major radius and the minor radius: ");
    scanf("%lf %lf", &a, &b);
    s=area(a, b);
    printf("S=%f\n", s);
    return 0;
}
double area(double a, double b)
{
    return PI * a * b;
}
```

运行结果为:

```
Please input the major radius and the minor radius: 1 2
S=6.283185
```

观察 area()函数不难看出,这个函数仅仅是对参数 a 和 b 做了一个乘法运算,返回结果,函数的作用就是定义了一个运算规则。前面章节学习过宏定义,可以将一个标识符替换为确定的字符串(文本),如程序中的 PI 将被替换为一个表达式字符串。就像函数带有参数一样,C 语言也支持宏带有参数,不仅替换文本,也替换文本中的参数。定义带参数宏的格式如下:

#define 宏名(参数列表) (带参数的字符串)

宏定义时,字符串外边的括号不是必需的,但为了防止字符串替换后产生运算符优先级的问题,此处最好加上括号。与函数定义不同的是,宏名没有类型,参数列表中多个参数也没有类型,只需用逗号分隔开。使用宏的格式与函数调用类似:

宏名(实际参数列表)

【例 6-13】 用带参数宏实现求椭圆面积。

```
#include<stdio.h>
#include<math.h>
#define PI (asin(1) * 2)              //无参数宏,π 的近似值
#define area(a,b) (PI * a * b);       //带参数宏
int main(void)
{
    double m, n, s;
    printf("Please input the major radius and the minor radius: ");
    scanf("%lf %lf", &m, &n);
    s=area(m, n);
    printf("S=%f\n", s);
    return 0;
}
```

运行结果为:

```
Please input the major radius and the minor radius: 1 2✓
S=6.283185
```

程序在编译前,area(a,b)被替换((asin(1) * 2) * m * n)。本程序中,由于宏的参数是变量 m 和 n,这自然不会有问题。但如果参数其一是表达式,例如用 area(1+1,1)计算以 2 和 1 为长短半轴的椭圆面积,则宏会被替换为((asin(1) * 2) * 1+1 * 1,由于计算优先级的问题,结果是错误的。为了避免这类问题,最好在定义宏时,将字符串中的参数也加上括号。如:#define area(a,b)(PI * (a) * (b))。

与函数相比,适当地使用带参数的宏代替函数可以精简代码,减少函数调用过程中的参数传递、保护现场、恢复现场等过程,提升程序性能;但带参数宏的定义可能比较复杂,功能也比较简单,容易出现运算符优先级错误,过多使用将会降低程序的可读性和可维

护性。

6.6 应用举例

【**例 6-14**】 编写程序,输入年、月、日,输出该日为该年的第几天。

分析:判断某年某月某日是该年的第几天,只需要用一个循环将该月之前每个月份的总天数累加求和,加上该日即可得到。可以分别定义以下函数来实现计算过程。

(1) int daysByDate(int year, int month, int day):调用以下函数计算并累加某年从 1 月 1 日到某月某日的总天数。

(2) int daysInMonth(int year, int month):计算某年某月的总天数,如果该月是 2 月,还需要调用 int leap(int year)函数判断该年是否为闰年。

源程序:

```c
#include<stdio.h>
int leap(int year);
int daysInMonth(int year, int month);
int daysByDate(int year, int month, int day);
int main(void)
{
    int year, month, day, total;
    printf("Enter year-month-day:\n");
    scanf("%d-%d-%d", &year, &month, &day);
    total =daysByDate(year, month, day);
    printf("%d-%d-%d is the %dth day of the year.\n", year, month, day, total);
    return 0;
}
int leap(int year)                              //判断是否为闰年
{
    return year %4 ==0 && year %100 ! =0 || year %400 ==0;
}
int daysInMonth(int year, int month)            //计算各月份总天数
{
    int d;
    switch (month)
    {
        case 4:   case 6:   case 9:   case 11:d =30;  break;
        case 2:   d =leap(year) ? 29 : 28;   break;  //调用 leap 判断闰年
        default:d =31;
    }
    return d;
}
int daysByDate(int year, int month, int day)    //计算该日期前天数
{
    int i, days =day;
    for (i =1; i <month; i++)
    {
```

```
        days +=daysInMonth(year, i);                    //调用 daysInMonth 计算各月天数
    }
    return days;
}
```

运行结果为:

```
Enter year-month-day:
2021-7-26
2021-7-26 is the 207th day of the year.
```

【例 6-15】 Hanoi 塔问题。一块板上有三根针 A、B、C。A 针上套有 n 个大小不等的圆盘,大的在下,小的在上。要把这 n 个圆盘从 A 针移动到 C 针上,每次只能移动一个圆盘,移动可以借助 B 针进行,但在任何时候,任何针上的圆盘都必须保持大盘在下,小盘在上,求移动的步骤。

分析:设 A 上有 n 个盘子。

当 $n=1$,则将圆盘从 A 直接移动到 C。

当 $n=2$,则:

(1) 将 A 上的 $n-1$(等于 1)个圆盘移到 B 上;

(2) 再将 A 上的 1 个圆盘移到 C 上;

(3) 最后将 B 上的 $n-1$(等于 1)个圆盘移到 C 上。

从上面分析可以看出,当 n 大于或等于 2 时,移动的过程可分解为三个步骤:

(1) 将 $n-1$ 个圆盘从 A 经过 C 移动到 B;

(2) 将第 n 个圆盘移动到 C;

(3) 再将 $n-1$ 个圆盘从 B 经过 A 移动到 C。

据此算法可以编写递归函数 hanoi,它有四个形参 n、a、b、c。n 表示圆盘数,a、b、c 分别表示三根针,意义是“把 n 个圆盘从 a 针借助 b 针移到 c 针”。当 $n==1$ 时,直接把 a 上的圆盘移至 c 上,输出 a—>c。如 $n>1$ 则分为 3 步:递归调用 hanoi()函数,把 $n-1$ 个圆盘从 a 针借助 c 针移到 b 针,把 a 针上的 1 个圆盘直接移到 c 针上,输出 a—>c,递归调用 hanoi()函数,把 $n-1$ 个圆盘从 b 针借助 a 针移到 c 针。容易看出,在递归过程中,实际参数 n 的值每次减少 1,当最后 $n=1$ 时,终止递归,逐层返回。为了简化程序,将参数定义为 char 型,用三个字符'A'、'B'和'C'分别代表三个针。

源程序:

```
#include<stdio.h>
void hanoi(int n, char a, char b, char c)
{
    if (n==1)                          //n=1时, 直接将圆盘从 A 移动到 C
    {
        printf("%c->%c\n", a, c);
    }
    else
    {
```

```
        hanoi(n - 1, a, c, b);          //先将 n-1 个圆盘从 A 经过 C 移动到 B
        printf("%c->%c\n", a, c);       //将第 n 个圆盘从 A 移动到 C
        hanoi(n - 1, b, a, c);          //再将 n-1 个圆盘从 B 经过 A 移动到 C
    }
}
int main(void)
{
    int n;
    printf("Input n: ");
    scanf("%d", &n);
    hanoi(n, 'A', 'B', 'C');            //调用函数 hanoi ,计算 n 个圆盘从 A 经过 B 移动到 C 上
    return 0;
}
```

运行结果为:

```
Input n: 3
A->C
A->B
C->B
A->C
B->A
B->C
A->C
```

【例 6-16】 编写程序,将一个十进制自然数转换成十六进制数。

分析:将一个十进制正整数 m 转换成十六进制数的思路是:将 m 不断除 16 取余数(若余数超过 9,还要进行相应的字符转换,10 变成 A,11 变成 B……),直到商为零,将全部余数反序即得到结果,即最后得到的余数在最高位。可以定义函数 decToHex(char hex[], int dec),参数 hex 是一个 char 型数组(长度应足够),用于存储转换结果;dec 是待处理十进制整数,用循环做除法,每次计算的余数结果转换后保存在数组内。

源程序:

```
#include<stdio.h>
void decToHex(char hex[], int dec);
int main(void)
{
    int dec;
    char hex[33];
    printf("Enter a positive integer: ");
    scanf("%d", &dec);
    decToHex(hex, dec);
    puts(hex);
    return 0;
}
void decToHex(char hex[], int dec)
{
    int r, i, len = 0;
    char temp;
```

```
    while (dec >0)                      //反复除以 16,余数存入数组
    {
        r =dec %16;
        if (r <10)
        {
            hex[len] =r +'0';          //将数值转换为相应字符
        }
        else
        {
            hex[len] =r +'A' -10;
        }
        dec /=16;
        ++len;
    }
    hex[len] ='\0';                     //结束字符串
    for (i =0; i <len / 2; ++i)         //翻转数组,低位变高位
    {
        temp =hex[i];
        hex[i] =hex[len -1 -i];
        hex[len -1 -i] =temp;
    }
}
```

运行结果为:

```
Input a positive integer: 1234567↙
12D687
```

【例 6-17】 编写程序,输入体重(kg)和身高(m),计算 BMI 指数=体重/身高的平方,根据表 6-1 所示标准输出 BMI 值和对应的结果。

表 6-1 BMI 指数标准

BMI 范围	类 型
$0 < BMI < 18.5$	体重过低
$18.5 \leqslant BMI < 24$	体重正常
$24 \leqslant BMI < 28$	超重
$BMI \geqslant 28$	肥胖

分析:本题的核心是计算 BMI 和判断,可以设计两个函数实现。函数 bmi()需要体重和身高两个参数,返回 BMI 值;函数 evaluate()需要 BMI 值做参数,根据表中判断标准输出结果。main()函数让用户从键盘输入身高和体重,分别调用两个函数求出结果。
源程序:

```
#include<stdio.h>
double bmi(double weight, double height);
void evaluate(double bmi);
int main(void)
{
```

```
        double weight, height,BMI;
        printf("请输入体重,以 kg 为单位: ");
        scanf("%lf", &weight);
        printf("请输入身高,以 m 为单位: ");
        scanf("%lf", &height);
        BMI=bmi(weight, height);
        printf("BMI=%f, ", BMI);
        evaluate(BMI);
        return 0;
    }
    double bmi(double weight, double height)
    {
        if (weight <=0 || height <=0)
            return 0;
        else
            return weight / height / height;
    }
    void evaluate(double bmi)
    {
        if (bmi <=0)
            printf("错误!\n");
        else if (bmi <18.5)
            printf("体重过低\n");
        else if (bmi <24)
            printf("体重正常\n");
        else if (bmi <28)
            printf("超重\n");
        else
            printf("肥胖\n");
    }
```

运行结果为:

请输入体重,以 kg 为单位: 85↙
请输入身高,以 m 为单位: 1.75↙
BMI=27.755102, 超重

6.7　本章常见错误小结

本章常见错误实例及错误原因分析见表 6-2。

表 6-2　常见错误实例及错误原因分析

常见错误实例	错误原因分析
void fun(int x, y) {...}	函数定义时,形式参数的类型不可省略,即使与前一参数的类型相同。函数首部应该写成: void fun(int x, int y)
void fun(void); {...}	函数首部圆括号后面加了分号;错误

续表

常见错误实例	错误原因分析
调用：fun( )； 定义：void fun(void){ }	函数未经声明或定义即调用

int fun(void)
{
}
	函数声明了返回值类型，但缺少 return 语句

void fun(void)
{
   return 0；
}
	函数声明了无返回值(void)，但 return 后有数值

声明：void fun(int x)； 调用：fun( )；	函数声明了有形式参数，但调用时实际参数缺失或个数不足
声明：void fun(void)； 调用：fun(0)；	函数声明了无形式参数(void)，但调用时有实际参数
定义：void fun(int x[]){ } 调用：fun(a[])； //a 是整型数组	以数组为实际参数时数组名后加了[]，调用应该写成： fun(a)；
直接调用库函数	使用库函数前必须包含对应的头文件

void fun(void)
{
   fun( )；
}
	递归函数没有出口

void fun(void)
{
   void fun1(void)
   {
   }
}
	函数不能嵌套定义

声明：void fun(void)； 调用：printf("%d", fun())； 调用：int x = fun()；	将调用无返回值函数的表达式作为其他表达式的一部分
int [] fun(int a[]){ }	参数可以是数组类型，但返回值不可以

6.8 习题

1. 选择题

(1) 以下关于函数的说法中正确的是(　　　)。

   A. 调用函数时，只能把实参的值传送给形参，形参的值不能传送给实参

   B. 一个函数可以定义在其他函数中

   C. 函数必须有返回值和参数

   D. 一个函数只能调用定义在其之前的函数

(2) C 语言中函数返回值的类型是由(　　　)决定的。

    A. return 语句中的表达式类型　　　　B. 函数定义时函数名前面指定的类型

    C. 调用该函数时实参的数据类型　　　　D. 形参的数据类型

(3) 对于声明为"void func(char ch, double x);"的函数,以下能调用该函数的语句是(　　　)。

    A. func("abc", 3.0);　　　　　　　　B. func('65', 10.5);

    C. func('A', 10.5);　　　　　　　　　D. int t = func('a', 65);

(4) 已知整型数组 a 和 b 都只有一个元素 0 且函数 f 定义如下,则执行 f(a,b[0])后数组 a 和 b 中的元素分别为(　　　)。

```
void f(int a[], int b)
{
  a[0]=1;
  b=1;
}
```

    A. 1 和 1　　　　　B. 0 和 0　　　　　C. 1 和 0　　　　　D. 0 和 1

(5) 用数组名作为函数调用时的实参,则传递给形参的是(　　　)。

    A. 数组首地址　　　　　　　　　　　B. 数组的第一个元素值

    C. 数组中全部元素的值　　　　　　　D. 数组元素的个数

(6) 以下能够声明函数 void fun(int arr[], int n){}的语句是(　　　)。

    A. fun(int arr[], int n);　　　　　　B. void fun(int [], int);

    C. void fun(int arr[], n);　　　　　D. void fun(int, int);

(7) 关于函数的递归调用,以下说法错误的是(　　　)。

    A. 递归可以分为直接递归和间接递归

    B. 递归函数中一定有递归出口

    C. 通常使用选择结构设置结束递归或继续递归的条件

    D. 递归函数的效率比功能相同的非递归函数更高

(8) 以下说法中不正确的是(　　　)。

    A. 在不同的函数中可以定义相同名字的变量

    B. 形式参数是函数内的局部变量

    C. 在函数内定义的变量只在该函数范围内可访问

    D. 在函数内的复合语句中定义的变量在整个函数范围内都可访问

(9) 已知:#define fun(a,b) a*b,则 fun(1+2,3+4)的值为(　　　)。

    A. 21　　　　　　B. 15　　　　　　C. 13　　　　　　D. 11

(10) 函数 f 定义如下,执行"sum=f(5)+f(3);"后,sum 的值应为(　　　)。

```
int f( int m )
{ static int i=0;
  int s=0;
  for( ; i<=m; i++)
```

```
        s+=i;
    return s;
}
```

  A. 21   B. 16   C. 15   D. 8

2. 填空题

（1）程序执行的入口点、不能被其他函数调用的是_____函数。

（2）若函数没有返回值语句，则函数的返回值类型说明符为_____。

（3）函数由_____和函数体两个部分组成。

（4）若函数类型默认没定义，则隐含的函数返回值类型是_____。

（5）已知函数的定义为 int fun(int a, double b){...}，则声明函数的语句为_____。

（6）声明一个局部变量用静态方式存储的关键字是_____。

（7）以下程序的输出结果是_____。

```
#include<stdio.h>
int func(int a, int b)
{
    static int m=1, i=2;
    i+=m;
    m=i+a+b;
    return m;
}
int main(void)
{
    int k=3, m=1, p;
    p=func(k, m);
    printf("%d,", p);
    p=func(k, m);
    printf("%d\n", p);
    return 0;
}
```

（8）以下程序的输出结果是_____。

```
#include<stdio.h>
#include<string.h>
int count(char str[], char c);
int main(void)
{
    char s[] ="I love C programming! \n\0 I love China!";
    printf("%d %d\n", count(s, 'I'), count(s, 'o'));
    return 0;
}
int count(char str[], char c)
{
    int i, t=0;
    for (i=0; i<strlen(str); i++)
    {
```

```
        if (str[i] ==c)
        {
            t++;
        }
    }
    return t;
}
```

(9) 以下程序的输出结果是_____。

```
#include <stdio.h>
int f(int d[], int m)
{
    int j, s=1;
    for (j=0; j<m; j++)
    {
        s=s * d[j];
    }
    return s;
}
int main(void)
{
    int a, z[]={ 2,4,6,8,10 };
    a=f(z, 3);
    printf("a=%d\n", a);
    return 0;
}
```

(10) 以下程序的输出结果是_____。

```
#include<stdio.h>
void func(int n)
{
    printf("%d", n %10);
    if (n >=10)
    {
        func(n / 10);
    }
    else
    {
        printf("\n");
    }
}
int main(void)
{
    func(123456);
    return 0;
}
```

3. 编程题

(1) 编写函数,将一个仅包含整数(可能为负)的字符串转换为对应的整数。

（2）编写一个能比较字符串大小的函数，将两个字符串中第一个不相同字符的 ASCII 码值之差作为返回值。

（3）编写程序，从键盘输入 10 个整数，用函数实现将其中最大数与最小数的位置对换，输出调整后的数组。

（4）编写函数，对给定的二维数组（3×3）进行转置（即行列互换）。

（5）编写函数，用冒泡法对输入的字符（不超过 10 个）按从小到大顺序排序。

（6）编写程序，输出 3～10000 内的可逆质数。可逆质数是指：一个质数将其各位数字的顺序倒过来构成的反序数也是质数。如 157 和 751 均为质数，它们是可逆质数。要求调用两个函数实现。

（7）编写函数，将一个十进制数转换成八进制数。

（8）从键盘输入一个正整数，逆序输出。要求使用循环和递归两种方法分别实现。

（9）定义带参数的宏，计算三角形的周长和面积。

（10）定义函数，参数分别表示行数、列数和字符，输出由该行该列该字符构成的以下这种空心图形。

```
********
*      *
*      *
********
```

6.9　上机实验：函数程序设计

1. 实验目的

（1）掌握函数的定义和声明。

（2）掌握函数的参数传递。

（3）掌握函数的嵌套调用和递归调用。

（4）了解全局变量、局部变量、动态变量和静态变量的使用方法。

（5）了解带参数的宏的定义和使用。

2. 实验内容

1）改错题

（1）sub 函数的功能为：将字符串 s 的逆序和正序连接形成一个新串放在 t 中。例如，当 s 为"ABCD"时，t 为"DCBAABCD"。纠正程序中存在的错误，程序以文件名 sy6_1.c 保存。

```c
#include <stdio.h>
#include <string.h>
void sub(char s, char t)
{
    int i, d=strlen(s);
    for (i=0; i<d; i++)
```

```
    {
        t[i]=s[d-1-i];
    }
    for (i=0; i<d; i++)
    {
        t[i]=s[i];
    }
    t[2 * d]="\0";
}
int main(void)
{
    char s[100], t[100];
    printf("Enter a string: ");
    scanf("%s", s);
    sub(s[], t[]);
    printf("Result: %s\n ", t);
    return 0;
}
```

(2) 下列程序的功能为：实现摄氏度和华氏度的互相转换 C＝5/9 * (F－32)，如果输入有误，显示不能转换提示信息。纠正程序中存在的错误和警告，程序以文件名 sy6_2. c 保存。

```
#include<stdio.h>
void convert(temp, type);
int main(void)
{
    double temp;
    char type;
    printf("Enter temperature: ");
    scanf("%lf", &temp);
    printf("Press C to convert to Celsius, F to convert to Fahrenheit: ");
    scanf("%d", &type);
    printf("Corresponding temperature: %.1f\n", convert(type, temp));
    return 0;
}
double convert(double temp, char type)
{
    switch (type)
    {
        case 'f': case 'F':
            return 32 +1.8 * temp;
        case 'c': case 'C':
            return 5 / 9 * (temp -32);
        default:
            printf("Error,not converted.\n");
            return temp;
    }
}
```

（3）下列程序的功能为：求 $1+2+\cdots+n$ 的和。纠正程序中存在的错误，程序以文件名 sy6_3.c 保存。

```c
#include<stdio.h>
int fun(int n)
{
    static int p=1;
    p+=n;
    return p;
}
int main(void)
{
    int n,i,f=0;
    printf("n=");
    scanf("%d",&n);
    for (i=0; i<n; i++)
    {
        f +=fun(i);
    }
    printf("Sum=%d\n",f);
    return 0;
}
```

2）填空题

（1）已知 sum() 函数的功能是：计算数组 x 前 n 个元素之和。在 main() 函数中，输入 10 个整数构成的数组和下标 $i1$、$i2$ 的值（设 $1 \leqslant i1 \leqslant i2 \leqslant 9$），调用 sum() 函数计算从 $i1$（含）到 $i2$（含）的元素和，并输出结果。补充画横线的部分，以实现其功能。程序以文件名 sy6_4.c 保存。

```c
#include <stdio.h>
#difine N 10
int sum(_____)
{
    int i,s=0;
    for (i=0;i<n;++i)
    {
        s+=x[i];
    }
    return s;
}
int main(void)
{
    int i, i1, i2, result;
    int x[N];
    for (i=0; i<N; i++)
    {
        printf("x[%d]=",i);
        scanf("%d",&x[i]);
```

```
        }
        printf("Enter i1 and i2 between 1 and %d: ", _____);
        scanf("%d%d", &i1, &i2);
        result=sum(_____)-sum(x,i1);
        printf("Sum=%d\n", result);
        return 0;
    }
```

(2) 下列程序的功能为：输入一个整数(可能为负)，将其转换为一个字符串。补充画横线的部分，以实现其功能。程序以文件名 sy6_5.c 存储。

```
#include<stdio.h>
void intToStr(_____)
{
    int length =0, i, sign =1;
    char temp;
    if (number <0)
    {
        sign =-1;
        number =_____;
    }
    while (number ! =0)
    {
        str[length] =_____;
        number /=10;
        ++length;
    }
    if (sign ==-1)
    {
        str[length] ='-';
        length++;
    }
    str[length] ='\0';
    for (i =0; i <length / 2; i++)
    {
        temp =str[i];
        str[i] =str[length -1 -i];
        str[length -1 -i] =temp;
    }
}
int main(void)
{
    int n;
    char s[10];
    printf("Enter an integer: ");
    scanf("%d", &n);
    intToStr(n, s);
    printf("String: %s\n", s);
```

```
        return 0;
    }
```

（3）下列程序的功能为：输出如下图形，补充画横线的部分，以实现其功能。程序以
文件名 sy6_6.c 保存。

```
                  1
                 222
                33333
               4444444
              555555555
             66666666666
            7777777777777
             66666666666
              555555555
               4444444
                33333
                 222
                  1
```

```c
#include<stdio.h>
void draw(int m, int n, char c);
int main(void)
{
    int i;
    for (i=1; i <=7; ++i)
    {
        draw(7 - i, 2 * i - 1, _____);
    }
    for (i=6; i >=1; --i)
    {
        draw(7 - i, 2 * i - 1, _____);
    }
    return 0;
}
void draw(_____)
{
    int j;
    for (j=0; j <m; ++j)
    {
        printf(" ");
    }
    for (j=0; j <n; ++j)
    {
        printf(_____);
    }
    printf("\n");
}
```

3) 编程题

(1) 编写函数,判断整数是否为回文数。所谓"回文"是指顺读和倒读都一样的数,如 "121"和"12321"是回文。程序以文件名 sy6_7.c 保存。

(2) 编写函数,将一个十进制数转换成二进制数。程序以文件名 sy6_8.c 保存。

(3) 编写函数,判断一个 ISBN-13 编码是否有效,程序以文件名 sy6_9.c 保存。

每本书都有一个 13 位的 ISBN-13 编码,其最后 1 位为校验码,可由前 12 位计算得到。判断一个 ISBN-13 编码是否有效的方法:将前 12 位中的奇数位数字和加上偶数位乘以 3 的和,除以 10 取余数,再用 10 减该余数即为校验码的正确值(如果是 10,则变为 0,所以校验码范围是 0~9),再和第 13 位比较是否相等。

例如某 ISBN-13 为 987-7-309-04547-3,先计算加权和 $S = 9 + 8 \times 3 + 7 + 7 \times 3 + 3 + 0 \times 3 + 9 + 0 \times 3 + 4 + 5 \times 3 + 4 + 7 \times 3 = 117$,然后用 S 除以 10 得到余数 7,再用 10 减去 7 得 3,与最后 1 位相同,所以该码是有效的。

第7章

指　针

指针是 C 语言的灵魂与精华，也是 C 语言的一种创新和特色。从某种程度上说，正是因为指针的引入，才使得 C 语言如虎添翼，得以在全世界范围广泛流行。正确而灵活地运用指针进行编程，可以有效地表示出各种复杂的数据结构；能很方便地使用数组和字符串；并能在多个函数之间有效地共享内存空间，双向传递数据，从而编出精练而高效的程序。指针极大地丰富了 C 语言的功能，虽然它的不当使用偶尔也会带来危险和破坏，虽然它也经常被病毒和木马所利用，但是这些都无不体现着指针的强大功能。掌握指针是 C 语言学习中最重要的一环，可以毫不夸张地说：能正确理解和灵活使用指针是掌握 C 语言的一个重要标志。

同时，指针也是 C 语言中最为困难的一部分，在学习中除了要正确理解基本概念，还必须多编程，多上机调试，多讨论，多思考，只有在实践中才能真正灵活地掌握和理解指针的本质。

7.1　指针概述

在计算机运行过程中，所有的数据都是存放在内存中的。一般把内存中的一个或相邻的多个字节称为一个内存单元，内存单元的大小取决于它所存储的数据类型，不同类型的数据所占用的内存字节数不等，如 float 型数据占 4 个字节、字符型数据占 1 个字节等。

为了便于访问内存中存储的数据，计算机一般都是按字节对内存进行编址的，即每8 位数据拥有一个内存地址。所谓内存地址就是每个字节在内存中的编号，从二进制的00…000，00…001，00…010，…，依次往后，直到 11…111，如图 7-1(a)所示。当某个数据（如字符型数据）的内存单元占用一个内存字节时，很显然，该数据内存单元的地址就是它所占用字节的内存地址。当某数据（如整型、浮点型等）的内存单元占用多个相邻字节时，一般取这多个字节地址中最小的字节地址作为整个内存单元的地址。

如图 7-1(b)所示，字符型变量 ch 占用 1 个字节的内存空间，因此变量 ch 内存单元的地址即为它所占字节的地址 1008H；而 float 型变量 f 占用 4 个字节的内存空间，因此 f 对应内存单元的地址为它所占用 4 个字节中的最低端字节地址，即为 2000H。

7.1.1　指针的概念

通常把内存单元的地址称为指针。内存单元的指针和内存单元的地址是同义词，但是它们和内存单元的内容却是两个截然不同的概念。

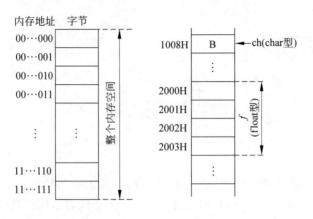

(a) 按字节编址   (b) 内存单元占一个或多个字节

图 7-1　内存单元示意图

可以用一个通俗的例子来说明它们之间的关系。比如,当我们从传达室找到编号为 0803 的信箱,并从信箱中取出该班同学的信件时,这里的信箱编号 0803 就相当于内存单元的指针,而其中的信件就相当于内存单元的内容。对于一个内存单元来说,单元的地址即为指针,其中存放的数据才是该单元的内容。在 C 语言中,允许用一个变量来存放指针,这种变量称为指针变量。因此,一个指针变量的值就是某个内存单元的地址或称为某内存单元的指针。

在图 7-2(a)中,设有字符型变量 ch,其内容为 'B'(字母'B'的 ASCII 码为十进制数 66,实际上内存单元中存储的是 66 的二进制形式),ch 占用地址为 104BH 的单元(地址值后一般加 H 表示该值为十六进制数)。设有字符型指针变量 p,其内容为 104BH,这种情况称 p 指向变量 ch,或称 p 是指向变量 ch 的指针。图 7-2(a)的完整表示可简化为图 7-2(b)的简略表示形式。

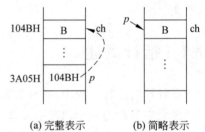

(a) 完整表示   (b) 简略表示

图 7-2　指针变量 p 的两种表示

变量的指针就是变量的地址,存放指针的变量称为指针变量。

为了表示指针变量和它所指向的变量之间的关系,在程序中用"*"符号表示"指向"。例如,假设 pointer 是一个指针变量,则 * pointer 表示 pointer 所指向的变量。

因此,假设有:

```
int i;
int * pointer;
pointer=&i;                    /* 让指针变量 pointer 指向变量 i * /
```

则下面两个语句的作用相同:

```
i=3;
* pointer=3;
```

第二个语句的含义是将数值 3 赋给指针变量 pointer 所指向的变量,也就是赋给变量 i。

严格地说,一个指针是一个地址,是一个常量。而一个指针变量却可以被赋予不同的指针值,是变量。但常把指针变量简称为指针。为了避免混淆,约定:"指针"是指地址,是常量,"指针变量"是指取值为地址的变量。定义指针变量的目的是通过指针变量去访问它所指向的内存单元。

7.1.2　指针变量的定义

指针变量定义的一般形式为:

基类型 ＊指针变量名;

其中,"＊"表示定义的是一个指针变量;"基类型"表示本指针变量所指变量的数据类型;指针变量名需符合自定义标识符的命名规则。

例如:

int ＊p1;

表示 $p1$ 是一个指针变量,它的值是某个整型变量的地址,或者说 $p1$ 指向一个整型变量,至于 $p1$ 究竟指向哪一个整型变量,应由给 $p1$ 的赋值来决定。

再如:

```
int ＊p2;            /＊p2 是指向整型数据的指针变量＊/
float ＊p3;          /＊p3 是指向浮点型数据的指针变量＊/
char ＊p4;           /＊p4 是指向字符型数据的指针变量＊/
```

注意:一个指针变量只能指向与其基类型相同类型的数据,如 $p3$ 只能指向浮点型数据,不能指向字符型或整型之类的其他数据。

7.1.3　指针变量的引用

指针变量同普通变量一样,使用之前不仅要先定义,而且必须赋予具体的值。指针变量的赋值只能赋予地址,决不能赋予任何其他数据,否则将引起错误。在 C 语言中,变量的地址是由编译系统分配的,对用户完全透明,用户不知道往往也不关心变量的具体地址,那么该如何给指针变量赋予其他变量的地址值呢?

先介绍两个和指针有关的运算符。

(1) ＆:取地址运算符。

(2) ＊:指针运算符(或称"间接访问"运算符)。

C 语言中提供取地址运算符"＆",用来获取变量的地址。

其一般形式为:

＆变量名

如 ＆a 表示变量 a 的地址,＆b 表示变量 b 的地址。其中变量本身必须预先定义。

另外,运算符"＆"和"＊"可看作一对互逆的运算符。即,当这两个运算符出现在一起时,无论哪个在前哪个在后,它们都可以相互抵消。

例如,假定有:

```
int a;
int * p=&a;
```

则

```
* &a⇔a
& * p⇔p 或者 &a
```

其中,符号"⇔"表示等价于。

对于指向整型变量的指针变量 p,若要把整型变量 a 的地址赋予 p,有如下两种方式。

(1)定义指针变量时对其初始化

```
int a;
int * p=&a;
```

(2)先定义指针变量,后对其赋值

```
int a;
int * p;
p=&a;
```

但是不允许把一个非零的常数赋予指针变量,因此下面的赋值是错误的:

```
int * p;
p=1000;
```

并且被赋值的指针变量前不能再加" * "说明符,如将 p=&a 写为 * p=&a,也是错误的。

假设有:

```
int i=123,x;
int * ip;
```

其中定义了两个整型变量 i 和 x,定义了一个指向整型数据的指针变量 ip。i 和 x 中均可存放整数,而 ip 中只能存放整型变量的地址。因此,可以把 i 的地址赋给 ip:

```
ip=&i;
```

此时变量 i 就成为指针变量 ip 所指向的对象。假设变量 i 的地址为 1800H,则以上赋值可形象地表示为图 7-3 所示的关系。

以后便可以通过指针变量 ip 间接访问变量 i,例如:

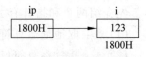

图 7-3 指针变量 ip 和其指向
对象 i 之间的关系

```
x= * ip;
```

其中" * ip"表示访问以变量 ip 的值为地址的内存区域,而 ip 中存放的是变量 i 的地址,因此," * ip"访问的是地址为 1800H 的内存区域(因为 i 是整型变量,所以实际上访问的是从 1800H 开始的 4 个字节)。所以上面的赋值语句等价于:

```
x=i;
```

另外,指针变量和普通变量一样,存放在其中的值是可以改变的,即可以改变它们的指向,假设:

```
int i,j, * p1, * p2;
i='a';   j='b';
p1=&i;   p2=&j;
```

则将建立如图 7-4 所示的指向关系。

此时如果执行如下赋值语句:

```
p2=p1;
```

就使 $p2$ 和 $p1$ 指向同一对象 i,此时 * p2 也等价于变量 i,而不是变量 j,如图 7-5 所示。

如果在图 7-4 所示的指向关系时,执行如下语句:

```
* p2= * p1;
```

则表示把 $p1$ 所指对象的内容赋值给 $p2$ 所指的对象,此时就变成如图 7-6 所示的情形。

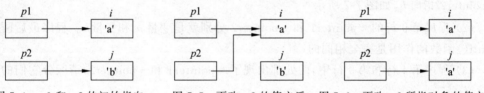

图 7-4　$p1$ 和 $p2$ 的初始指向　　图 7-5　更改 $p2$ 的值之后　　图 7-6　更改 $p2$ 所指对象的值之后

通过指针访问它所指向的变量是以间接的方式进行的,这比通过变量名直接访问要更费时间而且也不直观,因为通过指针要访问哪一个变量,取决于该指针的值(即指向)。例如“ * p2= * p1;”实际上就是“j=i;”,前者不仅速度慢而且目的不明,但是由于可以通过给指针变量 $p1$ 或 $p2$ 重新赋值来改变它们的指向,因此可以通过同一指针变量来先后访问不同的被指对象,这给程序员带来了灵活性,往往可以使程序代码变得更为精炼和有效。

指针变量也可以出现在表达式中,假设有:

```
int x=1,y, * px=&x;
```

表示指针变量 px 指向整型变量 x,则 * px 可出现在 x 能出现的任何地方。例如:

```
y= * px+5;        /* 把 x 的内容加 5 赋给 y,但 x 的内容不变 */
y=++ * px;        /* 先把 x 的内容加 1,然后将 x 赋给 y,++ * px;相当于++( * px); */
y= * px++;        /* 相当于 y= * px; px++; */
```

【例 7-1】　定义两个指向整型变量的指针变量,并通过变量名和指针变量两种方式输出两个整型变量的值。

```
#include <stdio.h>
```

```
int main(void)
{   int a, b;
    int * pointer1, * pointer2;                    /* 第 4 行 */
    a=100; b=10;
    pointer1=&a;                                   /* 第 6 行 */
    pointer2=&b;                                   /* 第 7 行 */
    printf("%d,%d\n",a,b);
    printf("%d,%d\n", * pointer1, * pointer2);     /* 第 9 行 */
    return 0;
}
```

运行结果为：

```
100,10
100,10
```

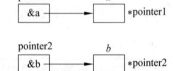

图 7-7   pointer1 和 pointer2 的指向

说明：

（1）在程序第 4 行定义了两个指向整型数据的指针变量 pointer1 和 pointer2，它们未指向任何一个整型变量。程序第 6、7 行的作用就是使 pointer1 指向 a，pointer2 指向 b，如图 7-7 所示。

（2）程序第 9 行的 * pointer1 和 * pointer2 分别就是变量 a 和变量 b。程序最后两个 printf() 函数的作用是完全相同的。

（3）程序第 4 行和第 9 行中，两处都出现了 * pointer1 和 * pointer2，请区分它们的不同含义。

（4）程序第 6 和第 7 行的 pointer1＝&a 和 pointer2＝&b 不能写成 * pointer1＝&a 和 * pointer2＝&b。

【例 7-2】 输入 a 和 b 两个整数，按先大后小的顺序输出这两个整数的值。

```
#include <stdio.h>
int main(void)
{
    int * p1, * p2, * p, a, b;
    scanf("%d,%d", &a, &b);
    p1=&a; p2=&b;
    if(a<b)
    {   p=p1;   p1=p2;   p2=p;   }
    printf("a=%d,b=%d\n",a,b);
    printf("max=%d,min=%d\n", * p1, * p2);
    return 0;
}
```

运行结果为：

```
13,28✓
a=13,b=28
max=28,min=13
```

注意：不能直接使用没有被赋初值的指针变量。例如：

```
int * p;
* p=3;              / * 该语句非法 * /
```

以上代码在没有给 p 赋初值的情况下，就直接访问 p 所指的内存单元。没有给指针变量 p 赋值时，p 的值为随机值，也就是说此时的 p 可能指向内存中的任何位置，这时通过 p 去改变它所指位置的内存数据将是十分危险的。对于这种没有被赋值的指针，一般认为它是指向"垃圾"内存，这种指针通常被称为"野指针"。

用 C 语言进行编程时，野指针是要避免的，对于暂时不用或不知道该指向哪里的指针变量，一般先赋予它一个空值 NULL（NULL 是系统定义的符号常量，其值为整数 0），这样野指针就变成了一个空指针。空指针在程序中往往很容易被识别出来，不会产生野指针那样的破坏。

7.2 指针与数组

每个变量都有一个地址，一个数组是由一块连续的内存单元组成的，数组名代表数组的首地址。所谓数组指针就是整个数组的起始地址；数组元素的指针就是各个数组元素所占内存单元的地址。

定义一个指向数组元素的指针变量的方法，与前面介绍的定义指向普通数据的指针变量相同。例如：

```
int a[10];         / * 定义 a 为包含 10 个整型数据的数组 * /
int * p;           / * 定义 p 为指向整型数据的指针 * /
```

注意：因为数组为 int 型，所以指针变量也应定义为指向 int 型的指针变量。

对指针变量赋值可以如下：

```
p=&a[0];
```

则把数组元素 a[0] 的地址赋给了指针变量 p，或者说 p 指向了 a 数组的第 0 号单元，如图 7-8 所示。

由于数组名代表数组的首地址，也就是第 0 号单元的地址。因此，下面两个语句等价：

```
p=&a[0];
p=a;
```

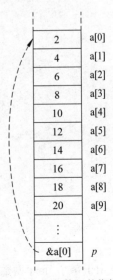

图 7-8 指向数组的指针

注意：下标运算符"[]"的运算方式如下：

```
a[i]      等价于 * (a+i);
a[i][j]   等价于 * (a[i]+j)等价于 * ( * (a+i)+j)
```

另外，由于指针运算符" * "和取地址运算符"&"是一对互逆的运算符，因此经过推导可知，如下表达式之间有一系列的

等价关系存在:

(1) $\&a[i] \Leftrightarrow \&*(a+i) \Leftrightarrow a+i$

(2) $*(a+i)+j \Leftrightarrow \&*(*(a+i)+j) \Leftrightarrow \&a[i][j]$

(3) $a \Leftrightarrow \&*(a+0) \Leftrightarrow \&a[0]$

(4) $*a \Leftrightarrow *(a+0) \Leftrightarrow a[0] \Leftrightarrow \&*a[0] \Leftrightarrow \&*(a[0]+0) \Leftrightarrow \&a[0][0]$

根据上面的第(3)个式子,显然可以得出表达式"p=&a[0]"等价于"p=a"的结论。

由于在定义指针变量时可以赋初值,因此:

```
int * p=&a[0];
```

等效于:

```
int * p;   p=&a[0];
```

当然也可以写成:

```
int * p=a;
```

综上所述,p、a、&a[0]均指向同一单元,它们是数组 a 第 0 号单元 a[0] 的地址。其中 p 是变量,而 a、&a[0]都是常量,在编程时应予以注意。

7.2.1 通过指针引用数组元素

有如下代码,假定系统分配给数组 f 的内存起始地址为 2004H。

```
float f[10];
float * p;
p=f+5;
```

则数组 f 和指针变量 p 所对应的存储结构如图 7-9 所示。

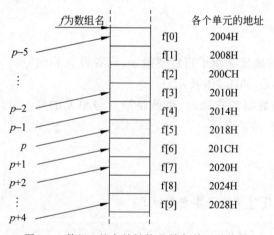

图 7-9　数组 f 的存储结构及其各单元的指针

由于每个 float 型数据需占 4 字节,所以数组 f 中任何两个相邻单元的地址值之差为 4。由于 f+5 为数组中 f[5]单元的地址,因此 p 的值为 2018H,那么 $p+1$、$p+2$、$p-1$、

$p-2$……这些表达式的值又分别是多少呢？

C 语言规定：当指针变量 p 指向数组中的某个元素时，表达式 $p+1$ 的值为同一数组中下一个元素的地址，而表达式 $p-1$ 的值为同一数组中上一个元素的地址。

因此，由图 7-9 可知，表达式 $p+1$ 的值并不是 p 的值（即 f[5] 的地址）2018H 简单地加 1，而是 p 的值加上它所指对象所占的字节数 4，因此 $p+1$ 的值应为 201CH（即 f[6] 的地址），这样才使得 $p+1$ 指向数组中的下一元素 f[6]。因此，$p+1$ 所代表的地址实际上是 $p+1\times d$，d 是 p 的基类型数据所占的字节数。类似地可计算出 $p-1$ 的值为 2018H—$1\times4=2014$H，同理可推出其他表达式 $p\pm n$ 的值为 $p\pm n\times d$，其中 n 为整型量。

引入指针变量后，可以用两种方法来访问数组元素。

如果 p 的初值为 &a[0]，如图 7-10 所示，则有以下结论。

(1) $p+i$ 和 $a+i$ 就是 a[i] 的地址，或者说它们指向 a 数组的第 i 个元素。

(2) $*(p+i)$ 或 $*(a+i)$ 就是 $p+i$ 或 $a+i$ 所指向的数组元素，即 a[i]。

例如，$*(p+5)$ 或 $*(a+5)$ 就是 a[5]。

(3) 由于方括号"[ ]"本身就是下标运算符，而指向数组的指针变量也可以带下标，因此 $p[i]$ 与 $*(p+i)$ 等价。

综上所述，引用一个数组元素可以用以下方法。

(1) 下标法，即用 a[i] 的形式访问数组元素。在前面介绍数组时都是采用这种方法。

(2) 指针法，即采用 $*(a+i)$ 或 $*(p+i)$ 或 $p[i]$ 的形式，用间接访问的方法来访问数组元素，其中 a 是数组名，p 是指向数组中某个元素的指针变量。

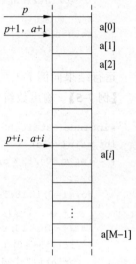

图 7-10　含有指针变量的表达式 $p+i$

【例 7-3】 输出数组中的全部元素（下标法）。

```
#include <stdio.h>
int main(void)
{   int a[10],i;
    for(i=0;i<10;i++)
        a[i]=i;
    for(i=0;i<10;i++)
    {   if(i%5==0) printf("\n");
        printf("a[%d]=%d   ", i, a[i]);
    }
    return 0;
}
```

运行结果为：

```
a[0]=0   a[1]=1   a[2]=2   a[3]=3   a[4]=4
a[5]=5   a[6]=6   a[7]=7   a[8]=8   a[9]=9
```

【例 7-4】 输出数组中的全部元素(通过数组名计算元素的地址,找到元素的存储位置)。

```c
#include <stdio.h>
int main(void)
{   int a[10],i;
    for(i=0;i<10;i++)
        * (a+i)=i;
    for(i=0;i<10;i++)
    {   if(i%5==0) printf("\n");
        printf("a[%d]=%d ", i, * (a+i));
    }
    return 0;
}
```

运行结果同例 7-3。

【例 7-5】 输出数组中的全部元素(用指针变量构造指向元素的表达式)。

```c
#include <stdio.h>
int main(void)
{   int a[10],i, * p;
    p=a;
    for(i=0;i<10;i++)
        * (p+i)=i;
    for(i=0;i<10;i++)
    {   if(i%5==0) printf("\n");
        printf("a[%d]=%d ", i, * (p+i));
    }
    return 0;
}
```

运行结果同例 7-3。

【例 7-6】 输出数组中的全部元素(用指针变量不断移动指向元素)。

```c
#include <stdio.h>
int main(void)
{   int a[10],i, * p=a;
    for(i=0;i<10;)
    {   * p=i;
        if(i%5==0) printf("\n");
        printf("a[%d]=%d ", i++, * p++);
    }
    return 0;
}
```

运行结果同例 7-3。

注意:指针变量可以实现本身值的改变。如 $p++$ 是合法的;而 a++是错误的。因为 a 是数组名,它代表数组的首地址,而数组的地址是由系统分配的,所以 a 是固定不可变的。

【例 7-7】 通过指针变量 p 给整型数组 a 中的各个单元赋值,然后依次输出数组各个单元的值。试找出该程序中的错误。

分析:要注意指针变量的当前值。

```c
#include <stdio.h>
int main(void)
{   int *p,i,a[10];
    p=a;
    for(i=0;i<10;i++)
        *p++=i;
    for(i=0;i<10;i++)
    {   if(i%5==0) printf("\n");
        printf("a[%d]=%d ", i, *p++);
    }
    return 0;
}
```

程序中的错误在于:在第一个 for 循环的执行过程中,p 从 a[0]开始不断向后移动,当第一个 for 循环结束时,p 已经指到 a[9]后面的位置去了,因此第二个 for 循环不能通过 $*p$ 直接输出数组 a 中的各个元素值。第二个 for 循环开始执行前,应使 p 再次指向 a[0]。

程序改正如下:

```c
#include <stdio.h>
int main(void)
{   int *p,i,a[10];
    p=a;
    for(i=0;i<10;i++)
        *p++=i;
    p=a;                    /*加上了这一行*/
    for(i=0;i<10;i++)
    {   if(i%5==0) printf("\n");
        printf("a[%d]=%d ", i, *p++);
    }
    return 0;
}
```

改正后程序的运行结果同例 7-3。

说明:

(1) 从例 7-7 可以看出,虽然定义数组时指定它包含 10 个元素,但指针变量可以指到数组以后的内存单元,系统并不认为非法。

(2) $*p++$,由于++和 $*$ 同优先级,结合方向自右而左,等价于 $*(p++)$。

(3) $*(p++)$ 与 $*(++p)$ 作用不同。若 p 的初值为 a,则表达式 $*(p++)$ 的值相当于 a[0],表达式 $*(++p)$ 的值相当于 a[1],表达式 $(*p)++$ 表示 p 所指向的元素值加 1。

(4) 如果 p 当前指向数组 a 中的第 i 个元素,则

$*(p--)$ 相当于 $a[i--]$;

$*(++p)$ 相当于 $a[++i]$;

$*(--p)$相当于 $a[--i]$。

7.2.2 指针与数组名

指针和数组名都可以用作函数的实参和形参。

由于函数的实参可以为数组名或者指针变量,对应的形参也可以是数组名或者指针变量,因此两两组合之后,有如下四种情况。例 7-8 至例 7-11 这四个程序都是求 10 个同学的成绩的平均分并输出,它们实现的是同样的功能,只是在参数的写法上有些不同而已。

【例 7-8】 实参和形参都用数组名。

```
#include <stdio.h>
float aver(float pa[], int n)
{   int i;
    float av, s=0;
    for(i=0;i<10;i++)
        s=s+ * pa++;           /* 或者 s=s+pa[i] * /
    av=s/10;
    return av;
}
int main(void)
{   float sco[10], av;
    int i;
    printf("\ninput ten scores:\n");
    for(i=0;i<10;i++)
        scanf("%f", &sco[i]);
    av=aver(sco, 10);
    printf("average score is %5.2f",av);
    return 0;
}
```

【例 7-9】 实参用数组名,形参用指针变量。

```
#include <stdio.h>
float aver(float * pa, int n)
{   int i;
    float av,s=0;
    for(i=0;i<10;i++)
        s=s+ * pa++;           /* 或者 s=s+pa[i] * /
    av=s/10;
    return av;
}
int main(void)
{   float sco[10], av;
    int i;
    printf("\ninput ten scores:\n");
    for(i=0;i<10;i++)
```

```
        scanf("%f", &sco[i]);
    av=aver(sco, 10);
    printf("average score is %5.2f",av);
    return 0;
}
```

【例 7-10】　实参用指针变量，形参用数组名。

```
#include <stdio.h>
float aver(float pa[], int n)
{   int i;
    float av, s=0;
    for(i=0;i<10;i++)
        s=s+ * pa++;
    av=s/10;
    return av;
}
int main(void)
{   float sco[10], * sp=sco, av;
    int i;
    printf("\ninput ten scores:\n");
    for(i=0;i<10;i++)
        scanf("%f", &sco[i]);
    av=aver(sp, 10);
    printf("average score is %5.2f",av);
    return 0;
}
```

【例 7-11】　实参和形参都用指针变量。

```
#include <stdio.h>
float aver(float * pa, int n)
{   int i;
    float av, s=0;
    for(i=0;i<10;i++)
        s=s+ * pa++;
    av=s/10;
    return av;
}
int main(void)
{   float sco[10], av, * sp;
    int i;
    sp=sco;
    printf("\ninput ten scores:\n");
    for(i=0;i<10;i++)
        scanf("%f", &sco[i]);
    av=aver(sp, 10);
    printf("average score is %5.2f",av);
    return 0;
}
```

只要输入相同，以上四个程序的运行结果完全相同。

7.3 指针与字符串

在 C 语言中,可以用两种方法访问一个字符串。

(1) 用字符数组存放一个字符串,然后输出该字符串。

【例 7-12】 输出字符数组存储的字符串。

```c
#include <stdio.h>
int main(void)
{   char str[]="I love China!";
    printf("%s\n", str);
    return 0;
}
```

运行结果为:

I love China!

说明:

str 是数组名,代表字符数组的首地址。字符数组 str 的存储结构如图 7-11(a)所示,其中最后一个存储单元的字符'\0'由系统自动加入,作为字符串的结束标志。

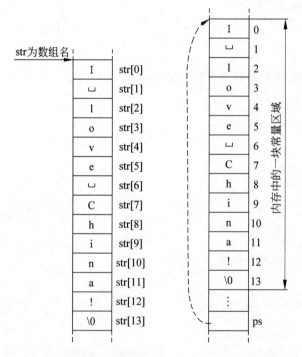

(a) 字符数组str存储字符串   (b) 字符指针ps指向字符串

图 7-11 字符数组和字符指针存储字符串的比较

(2) 用字符指针指向一个字符串。

【例 7-13】 输出字符指针指向的字符串。

```
#include <stdio.h>
int main(void)
{   char * ps="I love China!";      /* 或者 char * ps={"I love China!"}; */
    printf("%s\n", ps);
    return 0;
}
```

运行结果为:

I love China!

说明:

指向字符串的指针变量 ps 的定义与前面介绍的指向字符型数据的指针变量定义是相同的,它们两者只是赋值形式不同。

例如:

```
char c, * p=&c;
```

表示 p 是一个指向字符变量 c 的指针变量。而

```
char * ps="I love China!";
```

则表示 ps 是一个指向字符串的指针变量,实际上是把字符串的首地址赋予 ps,千万不能理解为将整个字符串赋值给指针变量 ps。字符串"I love China!"存储在内存的常量存储区中,如图 7-11(b)所示。

对于指向字符串的指针变量,可以先定义,然后把字符串的首地址赋予指针变量。例如:

```
char * ps="C Language";
```

等效于:

```
char * ps;
ps="C Language";                //实际上是把字符串的首地址赋予 ps
```

但是对于字符数组而言,这样做是不被允许的。例如:

```
char str[]="C Language";      //定义字符数组的同时给其赋初值,C 语言允许
```

不能写成:

```
char str[11];
str="C Language";                //str 是数组名,是常量,C 语言不允许对其赋值
```

【例 7-14】 输出字符串中 n 个字符后的所有字符。

```
#include <stdio.h>
int main(void)
{   char * ps="this is a book";
```

```
    int n=10;
    ps=ps+n;
    printf("%s\n",ps);
    return 0;
}
```

运行结果为：

```
book
```

在程序中对 ps 初始化时，即把字符串首地址赋予 ps，当执行 ps＝ps＋10 之后，ps 移动到指向字符 b，因此输出为 book。

【例 7-15】 在输入的字符串中查找有无 k 字符。

```
#include <stdio.h>
#define TRUE 1
#define FALSE 0
int main(void)
{   char st[20], * ps =st;
    int flag =FALSE;
    scanf("%s", ps);
    while (* ps)
    {   if (* ps =='k')
        {   flag =TRUE;  break;  }
        ps++;
    }
    if (flag) printf("There is a 'k' in the string\n");
    else printf("There is no 'k' in the string\n");
    return 0;
}
```

7.4 指针与函数

在函数中使用指针主要有三种情况：一是指针作为函数参数，二是返回值为指针值的函数，三是指向函数的指针变量。

7.4.1 指针作为函数参数

函数的参数不仅可以是整型、实型、字符型等数据，还可以是指针类型。指针作函数参数的作用是将一个变量的地址传送到另一个函数中。由于数组名代表着数组第 0 号单元的起始地址，因此数组名作函数参数实际上传递的就是指针值。

【例 7-16】 字符指针作为函数参数。要求把一个字符串的内容复制到另一个字符串中，并且不能使用 strcpy( )函数。自定义函数 cpystr( )的形参为两个字符指针变量。pss 指向源字符串，pds 指向目标字符串。注意表达式(* pds＝ * pss)!＝'\0'的用法。

```
#include <stdio.h>
void cpystr(char * pss, char * pds)
```

```
{    while((*pds=*pss)!='\0')          //前面是赋值表达式,不是关系表达式*pds==*pss
     {    pds++;
          pss++;
     }
}
int main(void)
{    char *pa="CHINA", b[10], *pb;
     pb=b;
     cpystr(pa, pb);
     printf("string a=%s\nstring b=%s\n", pa, pb);
     return 0;
}
```

运行结果为:

```
string a=CHINA
string b=CHINA
```

该程序完成了两项工作:一是把 pss 指向的源字符串复制到 pds 所指向的目标字符串中。二是判断所复制的字符是否为'\0',若是则表明源字符串结束,不再循环;否则,pds和 pss 都加 1,指向串中的下一字符。

在主函数中,以指针变量 pa、pb 为实参,分别取得确定值后调用 cpystr( )函数。由于采用的指针变量 pa 和 pss、pb 和 pds 均指向同一字符串,因此在主函数和 cpystr( )函数中均可使用这些字符串。也可以把 cpystr( )函数简化为以下形式:

```
void cpystr(char *pss, char *pds)
{    while((*pds++=*pss++)!='\0');   }
```

即把指针的移动和赋值合并在一个语句中。进一步分析还可发现,'\0'的 ASCII 码值为 0,对于 while 语句只看表达式的值为非 0 就循环,为 0 则结束循环,因此也可省去"! = '\0'"这一判断部分,而写为以下形式:

```
void cpystr(char *pss, char *pds)
{    while(*pds++=*pss++);   }
```

小括号中表达式的意义可解释为,源字符串向目标字符串对应赋值,然后移动指针,若所赋值为非 0 则继续循环,否则结束循环。这样使程序更加简洁,不过应注意的是,这两种简写形式中 while 循环的循环体均为空语句。

【例 7-17】 输入两个整数,按从大到小顺序输出这两个数。要求用函数处理,而且用指针类型的数据作函数参数。

```
#include <stdio.h>
void swap(int *p1, int *p2)
{    int temp;
     temp=*p1;
     *p1=*p2;
     *p2=temp;
}
```

```
int main(void)
{   int a, b;
    int * pointer1, * pointer2;
    pointer1=&a;pointer2=&b;
    scanf("%d,%d", &a, &b);         //也可写作 scanf("%d,%d",pointer1,pointer2);
    if(a<b)
        swap(pointer1, pointer2);  //也可写作 swap(&a, &b);
    printf("%d,%d\n",a,b);
    return 0;
}
```

运行结果为:

3,7↙
7,3

说明:

swap()是用户定义的函数,它的作用是交换两个变量(a 和 b)的值。swap()函数的形参 p1、p2 是指针变量。程序运行时,先执行 main()函数,输入 a 和 b 的值。然后将 a 和 b 的地址分别赋给指针变量 pointer1 和 pointer2,使 pointer1 指向 a,pointer2 指向 b,如图 7-12 所示。

接着执行 if 语句,由于 $a<b$,因此调用 swap()函数。由于实参 pointer1 和 pointer2 是指针变量,在函数调用时,首先将实参变量的值传递给形参变量,采取的依然是"值传递"方式,只不过这些变量的值都是"地址值"。因此虚实结合后形参 p1 的值为 &a,p2 的值为 &b。这时 p1 和 pointer1 同时指向变量 a,p2 和 pointer2 同时指向变量 b,如图 7-13 所示。

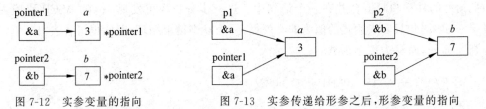

图 7-12 实参变量的指向   图 7-13 实参传递给形参之后,形参变量的指向

接着执行 swap()函数,使 * p1 和 * p2 的值互换,即使 a 和 b 的值互换,如图 7-14 所示。

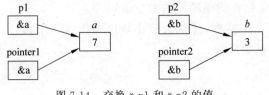

图 7-14 交换 * p1 和 * p2 的值

swap()函数调用结束后,函数中的局部变量 p1 和 p2 不复存在,它们的内存空间被释放,如图 7-15 所示。

最后在 main()函数中输出 a 和 b 的值则是已经交换过的值。

注意：不能误以为 swap( )函数是将 p1 和 p2 的值互换,错误的理解如图 7-16 所示。

图 7-15 swap( )函数调用结束   图 7-16 错误①中交换的是 p1 和 p2 的值

在图 7-16 中只是交换了一下 p1 和 p2 的指向关系,随着 swap( )函数执行结束,p1 和 p2 的空间被回收,主函数中 a 和 b 的值并没有实现互换,这种错误理解对应的 swap( ) 函数实现代码如错误①所示。

错误①：交换了 p1 和 p2,但是没交换 a 和 b。

```
void swap(int * p1, int * p2)    /* 此函数交换的是 p1 和 p2,而不是 * p1 和 * p2。* /
{
    int * temp;                  /* 由于 p1 和 p2 是指针变量,为保证后面的三条语句不出
                                    语法错误,temp 也必须定义为指针类型 * /

    temp=p1;
    p1=p2;
    p2=temp;
}
```

请仔细体会图 7-14 中交换 * p1 和 * p2 的值是如何实现的,除错误①之外,swap( )函 数还有以下两种常见的错误形式。

错误②：野指针问题。

```
void swap(int * p1, int * p2)
{   int * temp;                  /* temp 指针没有确定指向 * /
    * temp= * p1;                /* 此语句有问题 * /
    * p1= * p2;
    * p2= * temp;
}
```

错误③：交换形参,不管实参。

```
void swap(int x, int y)
{   int temp;
    temp=x;
    x=y;
    y=temp;
}
```

如果在 main( )函数中用"swap(a,b);"调用以上 swap( )函数,会有什么结果呢？实 参和形参值的具体变化过程如图 7-17 中的(a)、(b)、(c)所示,最终 a 和 b 的值并没有交

换。因此,不能企图通过改变形参的值而使实参的值发生改变。

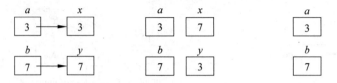

图 7-17　错误③中参数值的变化过程

【例 7-18】　输入三个整数,按由大到小的顺序输出这三个数。

```c
#include <stdio.h>
void swap(int * p1, int * p2)
{ int temp;
    temp= * p1;
    * p1= * p2;
    * p2=temp;
}
void exchange(int * q1, int * q2, int * q3)
{   if( * q1< * q2)
        swap(q1,q2);
    if( * q1< * q3)
        swap(q1,q3);
    if( * q2< * q3)
        swap(q2,q3);
}
int main(void)
{   int a, b, c;
    scanf("%d,%d,%d", &a, &b, &c);
    exchange(&a, &b, &c);
    printf("%d,%d,%d\n", a, b, c);
    return 0;
}
```

运行结果为:

9,13,11↙
13,11,9

7.4.2　返回指针值的函数

所谓函数类型就是指函数返回值的类型,在 C 语言中允许一个函数的返回值是一个指针,这种函数一般称为指针函数。

指针函数的一般定义形式为:

类型说明符 * 函数名 (形参列表)
{
    …　　　　　　　　　　　/ * 函数体 * /

```
}
```

其中,函数名之前加了"＊"号,表明这个函数的返回值是一个指针类型,即返回值是一个指针值。类型说明符表示返回的指针所指向的数据类型。

例如:

```
int * rpf(int x, int y)
{
    ...                    //函数体
}
```

表明函数 rpf() 返回的是一个指针型的值,它返回的指针指向一个整型数据。

【例 7-19】 输入一个字符串,包含 n 个字符。编写一个函数 submax(),从输入字符串中 ASCII 码值最大的那个字符开始,将其之后的字符全部输出。

```
#include<stdio.h>
char * submax(char * s)
{   char * p;
    p=s+1;
    while(* p)
    {    if(* p> * s)
            s=p;
        p++;
    }
    return(s);
}
int main(void)
{   char str[20];
    printf("输入字符串: ");
    gets(str);
    printf("输出字符串: %s\n", submax(str));
    return 0;
}
```

运行结果如下。

```
输入字符串: abcdzndjxm↙
输出字符串: zndjxm
```

【例 7-20】 假设整型数组 a 在 main() 函数中定义,试编写 test() 函数,在其中定义整型数组 c,比较整型数组 a 和 c 的对应元素值。如果对应元素值相等,则将该元素值赋值给静态数组 d 的相应单元,最后 test() 函数的返回值带回静态数组 d 的起始地址,在 main() 函数中将数组 d 中的所有数据以两种方式全部输出。

```
#include <stdio.h>
int * test(int b[])
{   int c[5]={1,2,3,4,5}, i;
    static int d[5];                    //这里的 static 不能漏掉
    for(i=0;i<5;i++)
```

```
        if(* (b+i)==c[i])
            d[i]=c[i];
    return d;                        //返回整型静态数组 d 的起始地址
}
int main(void)
{   int a[5]={1,7,3,9,5};
    int * p;
    p=test(a);
    printf("%d,%d,%d,%d,%d\n", * p, * (p+1), * (p+2), * (p+3), * (p+4));
    printf("%d,%d,%d,%d,%d\n", p[0], p[1], p[2], p[3], p[4]);
    return 0;
}
```

运行结果为：

```
1,0,3,0,5
1,0,3,0,5
```

说明：

例 7-20 主函数中两个 printf() 的输出结果是一样的，它们都是输出数组 d 中的所有元素值。请思考，如果将 static 所在的第 4 行语句修改为 int d[5]={0};那么主函数中两个 printf() 语句的输出结果还一样吗？如果再交换一下这两个 printf() 语句的先后顺序呢？请上机验证后，结合上网查询的系统栈内存区管理的相关知识，分析其中的原因。

7.4.3　指向函数的指针

在 C 语言中，一个函数总是占用一段连续的内存区，而函数名就是该函数所占内存区的首地址。可以把函数的这个首地址（也称入口地址）赋给一个指针变量，使该指针变量指向该函数，然后通过指针变量就可以找到并调用这个函数。把这种指向函数的指针变量称为"函数指针变量"。

函数指针变量定义的一般形式为：

```
类型说明符 (* 指针变量名)(形参类型列表);
```

其中，"类型说明符"表示被指函数返回值的类型；"(* 指针变量名)"表示" * "后面的变量是定义的指针变量；最后的括号表示该指针变量所指的是一个函数，括号中应依次给出被指函数中各个形参的类型。

例如：

```
int (* fp)();
```

表示 fp 是一个指向函数入口的指针变量，指针变量 fp 所指函数的返回值是整型，并且该函数没有形式参数。

```
float (* fq)(float, int, char);
```

表示 fq 是一个指向函数入口的指针变量，指针变量 fq 所指函数的返回值是 float 型，并且该函数有三个形式参数，这三个形参的类型依次为 float、int 和 char。

【**例 7-21**】 用指针形式实现对函数调用的方法。程序功能为：求两个整数中大的数并输出该整数。

```
#include <stdio.h>
int max(int a, int b)
{   if(a>b)
        return a;
    else
        return b;
}
int main(void)
{   int ( * pmax)(int,int);              //第 9 行
    int x, y, z;
    pmax=max;                            //第 11 行
    printf("input two numbers:\n");
    scanf("%d%d", &x, &y);
    z=( * pmax)(x,y);                    //第 14 行
    printf("maxnum=%d", z);
    return 0;
}
```

运行结果为：

```
input two numbers:
11 23↙
maxnum=23
```

从上述程序可以看出，用函数指针变量形式调用函数的步骤如下。

(1) 先定义函数指针变量，如程序中第 9 行通过语句"int (* pmax)();"定义 pmax 为函数指针变量。

(2) 把被调函数的入口地址(即函数名)赋给该函数指针变量，如程序中第 11 行"pmax＝max;"。

(3) 用函数指针变量形式调用函数，如程序第 14 行"z＝(* pmax)(x,y);"。

(4) 用函数指针变量调用函数的一般形式为：

```
( * 指针变量名)(实参列表);
```

使用函数指针变量还应注意以下两点。

(1) 函数指针变量不能进行算术运算，这与数组指针变量是不同的。数组指针变量加或减一个整数，可使指针移动到指向后面或前面的数组元素，而函数指针的移动是毫无意义的。

(2) 函数调用中"(* 指针变量名)"两边的括号必不可少，其中的 * 不应该理解为求值运算，在此处它只是一种表示符号。

指向函数的指针还可以用作函数参数。

【**例 7-22**】 假设一个函数 process()，在调用它的时候，每次实现不同的功能。输入 a 和 b 两个数，第一次调用时找出 a 和 b 中大者，第二次调用时找出 a 和 b 中小者，第三次调用时求 a 与 b 之和。

190

分析：将求大值、求小值、求和值分别设计为函数 max()、min()、add()，函数 process() 使用指针调用这些函数。

```c
#include <stdio.h>
int max(int x, int y)                        //求大值
{   int z;
    if (x>y)
        z=x;
    else
        z=y;
    return z;
}
int min(int x, int y)                        //求小值
{   int z;
    if (x<y)
        z=x;
    else
        z=y;
    return z;
}
int add(int x, int y)                        //求和
{   return x+y; }
void process(int x, int y, int(*fun)(int,int))      //第三个参数为函数指针
{   int result;
    result=(*fun)(x, y);
    printf("%d\n", result);
}
int main(void)
{   int a, b;
    printf("enter a and b:");
    scanf("%d%d", &a, &b);
    printf("max=");
    process(a, b, max);
    printf("min=");
    process(a, b, min);
    printf("sum=");
    process(a, b, add);
    return 0;
}
```

运行结果为：

```
enter a and b:2 5↙
max=5
min=2
sum=7
```

7.5 多级指针

指针的表现形式是地址，核心是指向关系。指针运算符 * 的作用是按照指向关系访问所指对象。如果存在 A 指向 B 的指向关系，则 A 的值是 B 的地址，$*A$ 表示通过这个

指向关系间接访问 B。如果 B 的值也是一个指针，它指向 C，则 B 的值是 C 的地址，$*B$ 表示间接访问 C。如果 C 是一般数据类型（如字符型、整型、浮点型等）的变量或者是存放这些类型数据的数组元素，则 B（即 C 的地址）是普通的指针，称为一级指针，用于存放一级指针的变量称为一级指针变量。而 A（即 B 的地址）是指向指针的指针，称为二级指针，用于存放二级指针的变量称为二级指针变量。根据 B 的不同情况，二级指针又分为指向指针的指针、指向指针数组的指针、指向多维数组的指针（行指针）三种。

根据上述叙述可知，前面各节介绍过的指针都属于一级指针，本节介绍三种类型的二级指针。至于三级或更高级别的指针，一般都可以通过二级指针进行类推，本节不作详细介绍。

7.5.1 指向指针的指针

如果一个指针变量存放的是另一个指针数据的地址，则称这个指针变量为指向指针的指针变量。

通过指针访问所指数据的方式称为间接访问。如果指针直接指向非指针型的数据，则称这种指针为"一级指针"；如果通过指向一级指针的指针来访问数据，则构成"二级指针"。图 7-18(a)、(b)、(c)所示分别为一级指针、二级指针及更多级指针的指向关系示意图，在 C 语言中，三级及更高级别的指针一般很少使用。

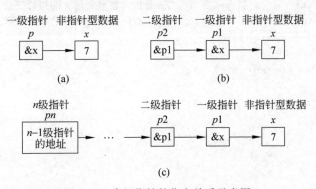

图 7-18 多级指针的指向关系示意图

怎样定义指向指针型数据的指针变量呢？一般来说，定义指针变量时，变量名前面有几个 $*$，这个指针变量就是几级指针。例如：

```
int d;
int *p, **q, ***r;
p=&d;
q=&p;
r=&q;
```

以上代码中变量 p 前面有一个 $*$ 号，显然 p 是一级指针变量；q 前面有两个 $*$ 号，它是二级指针变量；r 前面有三个 $*$ 号，它是三级指针变量。C 语言对指针的级别有比较严格的规定，任何指针只能指向相应的比它低一级的指针，即二级指针只能指向它所对应的一级指针，三级指针只能指向它所对应的二级指针，以此类推。

以上代码中,如果有:

```
r=&p;
```

或者

```
q=&d;
```

则都是错误的,因为指针不能跨级指向。

如果有:

```
float * p1;
int **p2;
```

则"p2=&p1;"也是错误的,因为虽然 $p1$ 是一级指针, $p2$ 是二级指针,但是由于这两个指针最终指向的数据类型不同,所以变量 $p1$ 的地址是不能用 $p2$ 来保存的。

当然,在某些特殊情况下,如果实在需要这样做,可以通过强制类型转换来实现。

【例 7-23】 使用指向指针的指针。

```
#include <stdio.h>
int main(void)
{    int k=23;
     int * p=&k;                      //p 是指向整型变量 k 的指针变量,是一级指针
     int **q=&p;                      //q 是指向指针变量 p 的指针变量,是二级指针
     printf("k= * p=**q=%d\n", **q);
      * p=45;
     printf("k= * p=**q=%d\n", **q);
     **q=67;
     printf("k= * p=**q=%d\n", k);
     return 0;
}
```

运行结果为:

```
k= * p=**q=23
k= * p=**q=45
k= * p=**q=67
```

7.5.2　指针数组

指针数组是一组有序指针的集合,即指针数组的所有元素都是指向相同数据类型的指针。

定义指针数组的一般形式为:

类型说明符　 * 数组名[数组长度];

其中,"类型说明符"为所有数组元素的基类型;" * "说明数组中的所有元素都是指针类型;"数组长度"即数组中的元素个数。

由于任何数组的数组名代表着该数组的起始地址,而指针数组的每个元素都是指针,所以指针数组的数组名就是指针的指针,它属于二级指针。

例如：

```
int * pa[3];
```

则 pa 是一个指针数组，它有三个数组元素，每个元素值都是一个指向整型数据的指针，指针数组名 pa 及相关表达式 pa+1、pa+2 都是二级指针。

【例 7-24】 一个指针数组的简单例子。相应的存储结构如图 7-19 所示。

```
#include <stdio.h>
int main(void)
{   int a[5]={11,13,15,17,19};
    int * num[5]={&a[0],&a[1],&a[2],&a[3],&a[4]};
    int **p,i;
    p=num;
    for(i=0;i<5;i++)
    {   printf("%d ", **p);
        p++;
    }
    return 0;
}
```

运行结果为：

11   13   15   17   19

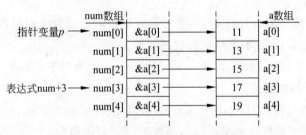

图 7-19 指向一维数组的指针数组

【例 7-25】 通常可用一个指针数组来指向一个二维数组。指针数组中的每个元素被赋予二维数组中每一行第一列元素的地址，因此也可理解为指针数组的每个元素都指向二维数组每行的一维数组。相应的存储结构如图 7-20 所示。

```
#include <stdio.h>
int main(void)
{   int a[3][4]={1,2,3,4,5,6,7,8,9,10,11,12};
    int * pa[3]={a[0],a[1],a[2]};        //a[i]⇔& * (a[i]+ 0)⇔&a[i][0]
    int * p=a[0];                        //相当于 int * p; p=&a[0][0];
    int **q=pa;                          //相当于 int **q; q=&pa[0];
    int i;
    for(i=0;i<3;i++)
        printf("%d,%d,%d\n", * pa[i],p[i],**(q+i));
    return 0;
}
```

运行结果为:

```
1,1,1
5,2,5
9,3,9
```

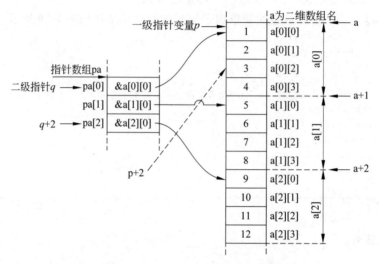

图 7-20   指向二维数组的指针数组

在程序中,pa 是一个指针数组,三个元素分别指向二维数组 a 中各行的第 0 号单元。然后用循环语句输出 pa 各单元指定的数组元素。

由于 pa[i] 的值为 a[i],即 &a[i][0],因此 * pa[i] 相当于 * &a[i][0],即 a[i][0],它表示第 i 行第 0 列的元素。

由于指针 p 的初值为 a[0],即 &a[0][0],因此 p+i 相当于从 a[0][0] 开始后移 i 个整型单元后的数组元素指针 &a[0][i],因此 *(p+i) 的值为 a[0][i],它表示第 0 行、第 i 列的元素。

二级指针 q 的初值为 &pa[0],表达式 q+i 的值为 &pa[i],因此 *(q+i) 相当于 pa[i],**(q+i) 相当于 * pa[i],即 * &a[i][0],即 a[i][0]。

【例 7-26】 将指针数组 name 中所有元素所指的 5 个国名按英文字母排序后输出。

```c
#include <stdio.h>
#include <string.h>
void sort(char * name[], int n)                 //选择法排序
{
    char * pt;
    int i, j, k;
    for(i=0;i<n-1;i++)
    {   k=i;
        for(j=i+1;j<n;j++)
            if(strcmp(name[k],name[j])>0)
```

```
            k=j;
        if(k!=i)
        {   pt=name[i];
            name[i]=name[k];
            name[k]=pt;
        }
    }
}
int main(void)
{
    char * name[]={"CHINA", "AMERICA", "AUSTRALIA", "FRANCE", "GERMANY"};
    int i;
    sort(name, 5);
    for (i=0;i<5;i++)
        printf("%s\n", name[i]);
    return 0;
}
```

运行结果为：

```
AMERICA
AUSTRALIA
CHINA
FRANCE
GERMANY
```

说明：

如果采用字符数组存储字符串,逐个比较之后交换字符串的位置,实质上是交换字符串的物理位置,是通过字符串复制函数完成的。反复地交换整个字符串将使程序执行的速度很慢,同时由于各字符串(国名)的长度不同,又增加了存储管理的负担。用指针数组能很好地解决这些问题。把所有字符串的起始地址存放在一个指针数组中,当需要交换两个字符串时,只需交换指针数组相应两元素的内容(地址)即可,而不必交换字符串本身。

本程序中的 sort() 函数用于完成选择法排序,其形参 name 为指针数组名,形参 n 为字符串的个数。主函数 main() 中,定义了指针数组 name 并做了初始化赋值。值得说明的是在 sort() 函数中,对两个字符串比较,采用了 strcmp() 函数,strcmp() 函数允许参与比较的字符串以指针方式出现。name[k] 和 name[j] 均为指针,因此是合法的。字符串比较后需要交换时,只交换指针数组元素的值,而不交换具体的字符串,这样将大大减少字符串交换时间的开销,提高了运行效率。

例 7-26 中的指针数组用于指向多个字符串,其实在指向字符串方面,指针数组还有一个重要应用就是作为 main() 函数的形参。在以往的程序中,main() 函数的第一行一般写成以下形式：

```
int main(void)
```

其中,括号中是空的。实际上,main() 函数是可以有参数的,带参数的 main() 函数头的一般定义形式如下：

```
int main(int argc, char * argv[])
```

其中 argc 和 argv 都是 main()函数的形参。对于有参的 main()函数来说,就需要向其传递参数,但是其他任何函数均不能调用 main()函数,当然也无法向 main()函数传递参数,因此 main()函数的参数只能由程序之外传递而来。实际上,main()函数是由系统调用的,当一个 C 语言源程序经过编译、链接后,会生成扩展名为".exe"的可执行文件,这是可以在操作系统下直接运行的文件,即是由系统来启动运行的。对 main()函数既然不能由其他函数调用和传递参数,就只能由系统在启动运行时传递参数。

在操作系统环境下,一条完整的运行命令应包括两部分:命令与相应的参数。其格式为:

命令　参数 1　参数 2　…　参数 n↙

此格式也称为命令行。命令行中的命令就是可执行文件的文件名,其后所跟参数需用空格分隔,这里的参数是对命令的进一步补充,它们就是传递给 main()函数的参数。从 main()函数定义时其参数的形式上看,包含一个整型变量 argc 和一个指针数组 argv。命令行与 main()函数的参数存在如下的对应关系。

假定输入的命令行为:

```
file str1 str2 str3↙
```

其中 file 为可执行程序的文件名,也就是一个由 file.c 经编译、链接后生成的可执行文件名 file.exe,在命令行中 file.exe 的后缀名.exe 是可以省略不写的。文件名后跟了三个参数。对 main()函数来说,它的参数 argc 记录了命令行中命令与参数的总个数,共 4 个,指针数组的大小由整型参数 argc 的值决定,即为 char * argv[4],指针数组的取值情况如图 7-21 所示。

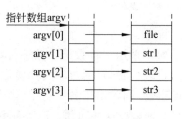

图 7-21　指针数组作 main 函数的参数

指针数组 argv 的各指针分别指向一个字符串。注意,指针数组 argv 的所有内容都是从命令行中接收的,首先接收的是命令,其后才是参数。即命令行中的命令字符串始终由 argv 数组的 0 号单元指向。

【例 7-27】　显示命令行各参数的值。

```
#include <stdio.h>
int main(int argc, char * argv[])
{   int i;
    printf("argc 值: %d\n", argc);
    printf("命令行参数内容分别是: \n");
    for(i=0; i<argc; i++)
        printf("argv[%d]:%s\n", i, argv[i]);
    return 0;
}
```

将例 7-27 所示的源程序命名为 7-27.c,经编译链接后生成可执行文件 7-27.exe。将

该文件复制到 D 盘根目录下,然后启动命令提示符程序,在 DOS 提示符 D:\>后面分别
输入如下命令行来运行程序 7-27.exe,运行结果分别如图 7-22(a)和(b)所示。

```
D:\>7-27 str1 str2 str3↙
D:\>7-27 VFP ACCESS "SQL SERVER"↙
```

 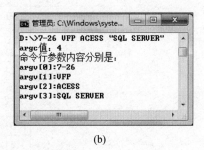

(a)　　　　　　　　　　　　　　(b)

图 7-22　显示命令行参数程序的运行结果

注意:参数与参数之间需用空格进行分隔,如果某参数中含有空格则需要将该参数
用双引号引起来。

7.5.3　指向多维数组行的指针

下面以二维数组为例介绍指向多维数组行的指针变量。首先回顾一下与二维数组有
关的各种地址表示。

1. 二维数组的地址

设有整型二维数组 a[3][4]如下:

```
11  12  13  14
21  22  23  24
31  32  33  34
```

它的定义为:

```
int a[3][4]={{11,12,13,14},{21,22,23,24},{31,32,33,34}};
```

假定另有如下定义:

```
int * p;
int ( * q)[4];
p=&a[0][0];          /* 可写为 p=a[0];或者 p= * a; */
q=a;                 /* 可写为 q=&a[0]; * /
```

则二维数组 a[3][4]在内存中的存储结构如图 7-23 所示。

如果把二维数组看作特殊的一维数组,则二维数组的每行又是一个一维数组。由于
C 语言允许把一个二维数组分解为多个一维数组来处理,因此数组 a 可分解为三个一维
数组,即 a[0]、a[1]、a[2]。其中,每一个一维数组又含有四个元素。

例如,数组 a[0]含有 a[0][0]、a[0][1]、a[0][2]、a[0][3]四个元素。a[0]可以看作
二维数组第 0 行这个一维数组的数组名,同理,a[1]可以看作第 1 行的数组名,a[2]可以

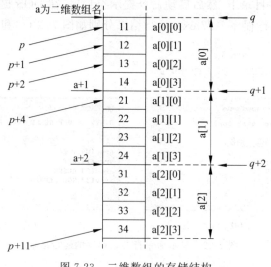

图 7-23　二维数组的存储结构

看作第 2 行的数组名。

从二维数组的角度来看，a 是二维数组名，它代表整个二维数组的首地址，也是二维数组第 0 行的首地址，假定其值等于 3000。二维数组中各种表示形式的含义如表 7-1 所示。

表 7-1　二维数组中各种表示形式的含义

表　达　式	含　义	值	备注
a，&a[0]	二维数组名，第 0 行的首地址，指向一维数组 a[0]	3000H	二级指针
a+1，&a[1]	第 1 行的首地址，指向一维数组 a[1]	3008H	二级指针
a，a[0]，(a+0)，&a[0][0]	第 0 行第 0 列元素的地址	3000H	一级指针
a[1]，*(a+1)，&a[1][0]	第 1 行第 0 列元素的地址	3008H	一级指针
a[1]+2，*(a+1)+2，&a[1][2]	第 1 行第 2 列元素的地址	300CH	一级指针
(a[1]+2)，(*(a+1)+2)，a[1][2]	第 1 行第 2 列元素	23	整型元素

2. 指向二维数组行的指针变量

图 7-23 中的 p 为指向数组元素的指针，由于二维数组是按行存储的，当 $p+4$ 所指的位置超越 a[3][4] 的第 0 行时，它便指向了下一行的元素 a[1][0]，$p+11$ 则指向二维数组的最后一个元素 a[2][3]。

为了方便处理整行数据，需要定义另一种指向数组行的指针，如图 7-23 中的 q 所示，由于这种指针指向二维数组的某一行，所以通常称这种指针为行指针。图中 q 指向二维数组 a 的整个第 0 行，而不是像 p 一样指向第 0 行第 0 列的元素，因此按指针变量的运算定义，$q+1$ 就应该指向 a 数组的第 1 行，$q+2$ 应该指向 a 数组的第 2 行。

行指针变量定义的一般形式为：

类型说明符 (*指针变量名)[所指一维数组的长度];

其中,"类型说明符"为所指数组中元素的数据类型;"*"表示其后的变量是指针类型;"所指一维数组的长度"表示二维数组分解为多个一维数组时,每个一维数组的长度,也就是二维数组的列数。应注意"(*指针变量名)"两边的括号不可少,如缺少括号则表示的是指针数组,意义完全不同。

图 7-23 中行指针变量 q 的定义及赋值为:

```
int (*q)[4];
q=a;
```

其中,q 是一个行指针变量,q 指向的是一个包含 4 个整型元素的一维数组 a[0],a[0] 即 &a[0][0],&a[0][0] 是一个一级指针,指向它的行指针 q 是二级指针。由于指针变量 q 的基类型可以看作包含 4 个整型元素的一维数组类型,因此当 $q++$ 时,q 中保存的地址值将加上 4 个整型单元的大小。从前面的分析可得出 $*(q+i)+j$ 是二维数组第 i 行第 j 列元素的地址,而 $*(*(q+i)+j)$ 则是第 i 行第 j 列的元素,由此可知,要得到最终指向的数据,行指针 q 前面要加上两个"*"经过二级指针运算。

需要特别注意的是,虽然 q 的定义形式和我们熟知的一般指针变量定义形式"int *p;"相差很大,但是 q 和 p 一样都是指针变量,它们在内存中都是占 4 个字节的存储空间,都只能保存一个地址值。q 和 p 唯一不同的是,它们的基类型不同,即对它们进行加 1 或减 1 操作时,它们保存的地址值实际加减的字节数不同。千万不能将 q 理解为数组名或者指向函数的指针。

应该注意指针数组和二维数组指针变量的区别。这两者虽然都可用来指向二维数组,但是其表示方法和意义是不同的。二维数组的行指针变量是单个的变量,而指针数组表示的是多个指针(一组有序指针)。

例如:

```
int (*p1)[3];
```

p1 是一个指向二维数组的行指针变量。它指向长度为 3 的整型一维数组。

```
int *p2[3];
```

p2 是一个指针数组,数组中有三个下标变量 p2[0]、p2[1]、p2[2]均为指针变量,这 3 个指针均指向整型数据。

【例 7-28】　行指针的应用。

```
#include <stdio.h>
int main(void)
{   int a[3][4]={0,1,2,3,4,5,6,7,8,9,10,11};
    int (*p)[4];
    int i,j;
    p=a;
    for(i=0;i<3;i++)
    {   for(j=0;j<4;j++)
        printf("%4d",*(*(p+i)+j));          //  *(*(p+i)+j))可写为p[i][j]
        printf("\n");
```

```
        }
    return 0;
}
```

运行结果为：

```
0   1   2   3
4   5   6   7
8   9   10  11
```

【例 7-29】 行指针用作函数参数。

```
#include <stdio.h>
void printline(int (* p)[4])
{   int j;
    int * q;
    q= * p;                          //二级指针 p 之前加 * 就变成一级指针
    for(j=0;j<4;j++)
        printf("%4d", * (q+j));
}
int main(void)
{   int a[3][4]={0,1,2,3,4,5,6,7,8,9,10,11};
    int i;
    for(i=0;i<3;i++)
    {   printline(a+i);
        printf("\n");
    }
    return 0;
}
```

运行结果为：

```
0   1   2   3
4   5   6   7
8   9   10  11
```

7.6 应用举例

【例 7-30】 运用指针数组和指针函数,输入一个 1~7 的整数,输出对应的星期名。

```
#include <stdio.h>
#include <stdlib.h>
char * dayname(int i)
{   char * name[8]={"Illegal day", "Monday", "Tuesday", "Wednesday",
        "Thursday", "Friday", "Saturday", "Sunday"};
    return((i<1||i>7) ? name[0]: name[i]);
}
int main(void)
{   int n;
```

```
char * q;
printf("Input Day No: ");
scanf("%d", &n);
if(n<0) exit(1);                   //第 6 行
q=dayname(n);
printf("Day No:%2d-->%s\n", n, q);
return 0;
}
```

运行结果为：

```
Input Day No: 1↙
Day No: 1-->Monday
```

本程序中定义了一个指针型函数 dayname()，它的返回值 name[i]指向一个字符串。该函数中定义了一个指针数组 name[8]，name 数组初始化赋值为 8 个字符串，分别表示出错提示和各个星期名。形参 i 表示与星期名所对应的整数。在主函数中调用 dayname()函数，并把输入的整数 n 作为实参传送给形参 i。dayname()函数中的 return 语句包含一个条件表达式，i 值若大于 7 或小于 1，则把 name[0]指针返回主函数，输出出错提示字符串"Illegal day"；否则返回主函数 name[i]，输出对应的星期名。

主函数中的第 6 行是个条件语句，其语义是，如输入为负数(n<0)则终止运行退出程序。exit()是一个库函数，exit(1)表示发生错误后退出程序，exit(0)表示正常退出。

注意函数指针变量和指针型函数这两者在写法和意义上的区别。例如 int (* p)()和 int * q()是完全不同的。前者 int (* p)()定义一个指针变量 p，这个 p 是一个指向函数入口的指针变量，该函数的返回值是整型量，(* p)两边的括号不能少；后者 int * q()则不是定义变量而是定义函数，q 是函数名，该函数是一个指针函数，其返回值是一个指向整型量的指针，* q 两边没有括号。对于指针型函数的定义，int * q()只是函数头部分，一般还应该有函数体部分。

【例 7-31】 有 4 名同学各有语文、数学、英语三门课成绩，试编程找出其中至少有一门课成绩不合格者。要求使用行指针做参数进行实现。

```
#include <stdio.h>
int * seek(int ( * prow)[3])
{   int i=0, * pcol;              //第 3 行,定义一个(列)指针变量 pcol
    pcol= * (prow+1);            //第 4 行,使 pcol 指向下一行之首(作标志用)
    for(;i<3;i++)
        if( * ( * prow+i)<60)     //第 6 行,某门课成绩不合格
        {   pcol= * prow;        //第 7 行,使 pcol 指向本行之首
            break;                //退出循环
        }
    return(pcol);
}
int main(void)
{   int grade[4][3]={{65,68,88},{55,65,75},{75,78,93},{35,72,49}};
    int i, j, * q;               //第 14 行,定义一个(列)指针变量 q
```

```
        for(i=0;i<4;i++)
        {   q=seek(grade+i);            //第 16 行,用行指针作实参,调用 seek()函数
            if(q== * (grade+i))         //第 17 行,该学生至少有一门课成绩不合格
            {                           //输出该学生的序号和各项成绩
                printf("No.%d grade list: ",i+1);
                for(j=0;j<3;j++)
                    printf("%4d", * (q+j));
                printf("\n");
            }
        }
        return 0;
    }
```

运行结果为:

```
No.2 grade list: 55  65  75
No.4 grade list: 35  72  49
```

说明:

(1) 程序中的第 16 行,调用 seek()函数时,将实参 grade+i(行指针)的值,传递给形参 prow(行指针变量),使形参 prow 指向了 grade 数组的第 i 行。

(2) 程序中的第 4 行,表达式 * (prow+1)表示 prow 所指下一行第 0 列元素的指针,它指向 grade 数组第 i+1 行的第 0 列元素,并将该元素地址赋值给指针变量 pcol。

(3) 程序中的第 6 行,prow 是一个行指针,它指向数组 grade 的第 i 行;表达式 * prow 为数组元素的指针, * prow 指向数组 grade 的第 i 行第 0 列;表达式 * prow+j 的值是一个指针,它指向数组的第 i 行第 j 列元素;表达式 * (* prow+j)则表示数组元素 grade[i][j]的值,它是一个整型数据。

7.7 指针小结

下面对前面介绍的所有指针类型作一个小结。

指针相关的数据类型主要包括:

① 指向变量的指针(如 int * p;);

② 指向数组元素的指针(如 int * q, a[10]; q=a;);

③ 指向函数的指针(如 int (* pf)(float, char););

④ 指向由 6 个 int 型数据构成的一维数组的指针变量(如 int (* pr)[6];);

⑤ 指向指针的指针(如 int * * pm;);

⑥ 指针数组(如 int * pa[7];);

⑦ 返回指针值的函数(如 int * pfun(char ch, int i, float f))。

针对以上类型的解释如下:

(1) ①②③④⑤定义的是变量,⑥定义的是数组,而⑦则是函数定义中的函数头。

(2) ①②定义的都是一级指针变量,而④⑤定义的则是二级指针变量;⑥中的数组元素相当于一级指针变量而数组名则是二级指针常量。此外,普通一维数组的数组名相当

于一级指针常量,普通二维数组的数组名相当于二级指针常量。

（3）③中定义的 pf 用来保存对应函数的入口地址。

（4）②④⑥中定义的 q、pr、pa 一般可以加上或减去某个整型常数,例如加上或减去整型常数 1 时,它们实际加减的数值为其基类型所占的字节数。其他类型的指针做此类运算往往没有任何意义。

（5）①②③④⑤⑥中的变量或数组,以及⑦中函数调用的返回值,它们均可作为函数参数值进行传递。

要彻底掌握指针,需要弄清与其相关的四个方面的内容：

① 指针的类型；

② 指针的基类型,即指针所指向数据的类型；

③ 指针的值,或者叫指针所指向的内存区域；

④ 指针自身所占据的内存区域。

针对以上五个方面,说明如下。

① 指针的类型（即指针本身的类型）和指针的基类型（即指针所指向数据的类型）是两个概念。

② 指针的值,或者叫指针所指内存区域的地址,是指针本身存储的数值,这个值将被编译器当作一个地址,而不是一个一般的数值。

③ 指针所指向的内存区域就是从指针的值所代表的那个内存地址开始,长度为 sizeof(指针基类型)的一片内存区域。

④ 指针所指向的内存区域和指针所指向的数据类型是两个完全不同的概念。如 "int * p;",指针所指向的数据类型是 int 型,但由于指针还未初始化,所以它所指向的内存区域是不存在的,或者说是无意义的。

以后,每遇到一个指针,都应该问问：这个指针的类型是什么？ 指针的基类型是什么？ 该指针指向了哪里？ 如果能够清楚地知道这几个问题的答案,就能对指针做到灵活运用,并且少犯错误。

7.8 本章常见错误小结

本章常见错误实例与错误原因分析见表 7-2。

表 7-2 本章常见错误实例与错误原因分析

常见错误实例	错误原因分析
int * p; * p=3;	指针定义后未赋值就引用。系统没有给指针 p 分配内存
char str[20]; str="This is a map.";	把数组名当指针使用,给数组名赋值错误
int a[6], i; for(i=0; i<6; i++) scanf("%d", a++);	数组名代表数组的首地址,是常量,不能被修改,a++ 不合法
int a, * pa=&a; float b, * pb=&b; pa=pb;	错误地将不同基类型的指针变量进行赋值

续表

常见错误实例	错误原因分析
int * p; p＝2000;	错误地给指针变量赋整型常量
char * p; * p＝malloc(10);	让指针变量 p 指向内存单元，不能用 * p，应该写成： p＝malloc(10);
* p++	误以为 p 指向的内存单元的内容增 1。实际上＋＋优 先级高于 * ，所以该表达式正确理解是： * (p++)
char * ch; gets(ch);	错误地将指针变量 ch 当成字符数组(char ch[30];)使 用，指针没有确定指向，是野指针，不可使用 gets()函 数输入字符串，应写成：char str[30], * ch＝str; gets(ch);
char * ch＝"abcd"; gets(ch);	指针变量 ch 指向字符串常量，指向常量区，内容不 可变，不可使用 gets()函数输入字符串

7.9 习题

1. 选择题

(1) 设已定义"int a, * p;"，下列赋值表达式中正确的是(   )。

  A. * p＝a   B. p＝ * a   C. p＝&a   D. * p＝&a

(2) 若已定义"int a[]＝{1,2,3,4}, * p＝a;"，则下面表达式中值不等于 2 的是(   )。

  A. * (a+1)   B. * (p+1)   C. * (++a)   D. * (++p)

(3) 若已定义"int a[]＝{1,2,3,4}, * p＝a+1;"，则 p[2]的值是(   )。

  A. 2   B. 3   C. 4   D. 无意义

(4) 设已定义"char s[]＝"ABCD";"，则 printf("%s", s+1)的值为(   )。

  A. ABCD1   B. B   C. BCD   D. ABCD

(5) 下面对字符串变量的初始化或赋值操作中，错误的是(   )。

  A. char a[]＝"OK";   B. char * a＝"OK";

  C. char a[10]; a＝"OK";   D. char * a; a＝"OK";

(6) 设已定义 char * ps[2]＝{ "abc","1234"};则以下叙述中错误的是(   )。

  A. ps 为指针变量，它指向一个长度为 2 的字符串数组

  B. ps 为指针数组，其两个元素分别存储字符串"abc"和"1234"的地址

  C. ps[1][2]的值为'3'

  D. * (ps[0]+1) 的值为'b'

(7) 以下程序运行后，输出结果是(   )。

```
#include<stdio.h>
int main(void)
{   char * s="abcde";
    s+=2;
    printf("%ld\n",s);
```

```
    return 0;
}
```

A. cde　　　　　　　　　　　　　　　B. 字符 c 的 ASCII 码值

C. 字符 c 的地址　　　　　　　　　　D. 出错

(8) 下面程序的输出是(　　　)。

```
#include<stdio.h>
#include<string.h>
int main(void)
{   char p1[10]="abc", * p2="ABC", str[50]="xyz";
    strcpy(str+2,strcat(p1,p2));
    printf("%s\n", str);
    return 0;
}
```

A. xyzabcABC　　　B. zabcABC　　　C. yzabcABC　　　D. xyabcABC

(9) 执行以下程序后,y 的值是(　　　)。

```
#include<stdio.h>
int main (void)
{   int a[]={2,4,6,8,10};
    int y=1,x, * p;
    p=&a[1];
    for(x=0;x<3;x++)
        y+= * (p+x);
    printf("%d\n",y);
    return 0;
}
```

A. 17　　　　　　　B. 18　　　　　　　C. 19　　　　　　　D. 20

(10) 设已有定义："char * st="how are you";",下列程序段中正确的是(　　　)。

　　A. char a[11], * p; strcpy(p=a+1,&st[4]);

　　B. char a[11]; strcpy(++a, st);

　　C. char a[11]; strcpy(a, st);

　　D. char a[], * p; strcpy(p=&a[1],st+2);

(11) 若有说明"int i, j=7, * p=&i;",则与"i=j;"等价的语句是(　　　)。

　　A. i= * p;　　　　B. * p= * &j;　　　C. i=&j;　　　　D. i=**p;

(12) 以下程序的输出结果是(　　　)。

```
#include <stdio.h>
int main(void)
{   char a[]="programming",b[]="language";
    char * p1, * p2;
    int i;
    p1=a;   p2=b;
    for(i=0;i<7;i++)
        if( * (p1+i)== * (p2+i))
```

```
        printf("%c", * (p1+i));
        return 0;
    }
```

  A. gm   B. rg   C. or   D. ga

(13) 执行以下程序的输出结果是( )。

```
#include <stdio.h>
#include <string.h>
int main (void)
{   char * p[10]={ "abc","aabdfg","dcdbe","abbd","cd"};
    printf("%d\n",strlen(p[4]));
    return 0;
}
```

  A. 2   B. 3   C. 4   D. 5

(14) 下面程序段的输出结果是( )

```
int a[][3]={1,2,3,4,5,6,7,8,9,10,11,12},(* p)[3];
p=a;
printf("%d\n", * ( * (p+1)+2));
```

  A. 3   B. 4   C. 6   D. 7

(15) 设有如下函数定义:

```
int f(char * s)
{   char * p=s;
    while( * p!='\0')
        p++;
    return(p-s);
}
```

  如果在主程序中用下面的语句调用上述函数,则输出结果为( )。

```
printf("%d\n", f("goodbey!"));
```

  A. 3   B. 6   C. 8   D. 0

2. 填空题

(1) 若有语句"int a[10], * p; p=a;",在程序中引用数组元素 a[1]的形式还可以是: _____、_____、_____。

(2) 若有语句"int a[4]={1,2,3,4}, * p; p=&a[1];",则"printf("%d\n", * p++);"的结果是_____。

(3) 若有定义"int w[10]={23,54,10,33,47,98,72,80,61}, * p=w;",则不移动指针 p,且通过指针 p 引用值为 98 的数组元素的表达式是_____。

(4) 函数 sstrcmp()的功能是对两个字符串进行比较。当 s 所指字符串与 t 所指字符串相等时,返回值为 0;当 s 所指字符串大于 t 所指字符串时,返回值大于 0;当 s 所指字符串小于 t 所指字符串时,返回值小于 0。

```
int sstrcmp( char * s, char * t)
{  while ( * s && * t && * s==_____)
   {  s++;   t++;  }
   return _____;
}
```

(5) 执行下面的语句后,程序的输出是_____。

```
int m[]={1,2,3,4,5,6,7,8}, * p1=m+7, * p2=&m[2];
p1-=3;
printf("%d, %d\n", * p1, * p2);
```

(6) 已知"int a[5]={2,3,4,5,6}; int * p=a+2;",表达式 * p * a[3]的值是_____。

(7) 以下 fun()函数的功能:累加数组元素中的值,n 为数组元素个数,累加的和放入 x 所指的存储单元中。

```
fun(int b[], int n, int * x)
{  int k, r=0;
   for (k=0;k<n;k++)
   r=_____;
   _____=r;
}
```

(8) 已有定义"char * names[]={"Wang", "Li", "Chen"};",语句"printf("Second%sFirst%s", names[1], names[0]);"的运行结果为_____。

(9) 设有变量定义"int a[]={1,2,3,4,5,6}, * p=a+2;",则计算表达式 * (p+2) * p[2]的值是_____。

(10) 判断输入的字符串是否是"回文"(顺读和倒读都一样的字符串称为"回文",如 level)。

```
# include "stdio.h"
# include "string.h"
int main(void)
{  char s[80], * t1, * t2;
   int m;
   _____;
   m=strlen(s);
   t1=s;
   t2=_____;
   while(t1<t2)
   {  if ( * t1!= * t2) break;
      else { t1++; _____; }
   }
   if (t1<t2)  printf("NO\n");
   else  printf("YES\n");
   return 0;
}
```

3. 编程题

(1) 输入 2 个字符串,每个字符串的长度均不超过 80 字符,用自己实现的 cmpstr() 函数完成这两个字符串的大小比较,cmpstr() 函数的功能和字符串比较函数 strcmp() 的功能相同。

(2) 定义一个函数 float reverse(int p[], int n),该函数有两个参数,第一个参数 p 为形参数组名,第二个参数 n 为该数组中的元素个数,要求使用 reverse() 函数将该数组中的所有元素逆序排列,并返回该数组中所有元素的平均值。

(3) 定义一个函数 delSubstr(),删除字符串中第 k 个字符开始的 m 个字符,例如删除字符串 abcde 第 2 个字符开始的 3 个字符,则删除后结果为 ae;又如删除字符串 abcde 第 4 个字符开始的 5 个字符,则删除后结果为 abc。

(4) 定义一个函数 delSpechar(),使用字符指针删除字符串中的所有指定字符(如把字符串"I love you!"中的 o 字符删除,得到"I lve yu!")。

(5) 求整型二维数组 a[M][N]中的最大元素值及最大元素的位置(用指针法引用数组元素)。

(6) 已知字符串 str[80],编写函数 lstrchar(),实现在数组 str 中查找字符 ch 首次出现的位置,如果字符串中找不到该字符,则返回-1。

(7) 定义一个整型二维数组并初始化,编程求该数组所有元素的和。要求分别用数组下标法、一级指针法、二级指针法实现。

(8) 输入一行数字字符存入字符数组 str[80]中,用 num[10]中的数组元素作为计数器来统计每个数字字符的个数。用下标为 0 的元素统计字符"0"的个数,用下标为 1 的元素统计字符"1"出现的次数……输出每个奇数字符出现的次数。

(9) 在主函数中输入 10 个不等长字符串,用另一函数 sort()对它们排序,然后在主函数中输出已排好序的字符串。要求每个字符串长度均不超过 30 字符,用指针数组进行处理。

(10) 输入一个字符串,内有数字字符和非数字字符,如 123a345bcd567,将其中连续的数字作为一个整数,依次存放到整型数组 a 中,例如,123 放在 a[0]中,345 放在 a[1]中,567 放在 a[2]中……统计共有多少个整数,并输出这些整数。

7.10 上机实验:指针程序设计

1. 实验目的

(1) 掌握指针和指针变量,内存单元和地址、变量与地址、数组与地址的关系。

(2) 掌握指针变量的定义和初始化,指针变量的引用方式。

(3) 掌握指向变量的指针变量的使用。

(4) 掌握指向数组的指针变量的使用。

(5) 掌握指向字符数的组指针变量的使用。

2. 实验内容

1) 改错题

(1) 下列程序的功能为:互换给定数组中的最大数和最小数。程序中,最大数与最小数的互换操作通过函数调用来实现,指针 max 和 min 分别指向最大数和最小数。纠正程序中存在的错误,以实现其功能。程序以文件名 sy7_1.c 保存。

```c
#include<stdio.h>
int main(void)
{   int i;
    static int a[8]={10,5,4,0,12,18,20,46};
    void jhmaxmin();
    printf(" Original array: \n");
    for(i=0; i<8; i++)
        printf("%5d",a[i]);              //输出原始数组元素
    printf("\n");
    jhmaxmin(a,8);
    printf(" Array after swaping max and min: \n");
    for(i=0; i<8; i++)
        printf("%5d",a[i]);              //输出交换后的数组元素
    printf("\n");
    return 0;
}
void jhmaxmin(int p,n)
{   int t, * max, * min, * end, * q;
    end=p+n;
    max=min=p;
    for(q=p+1; q<end; q++)
    {   if( * q> * max) max=q;
        if( * q<max) min=q;
    }
    t=max;
    max=min;
    min=t;
}
```

(2) 下列程序的功能是:求出从键盘输入的字符串的实际长度,字符串中可以包含空格、跳格键等,但回车结束符不计入。例如:输入 abcd efg 后按 Enter 键,应返回字符串长度 8。纠正程序中存在的错误,以实现其功能。程序以文件名 sy7_2.c 保存。

```c
#include <stdio.h>
int len(char s)
{   char * p=s;
    while (p!='\0') p++;
    return p-s;
}
int main(void)
{   char s[80];
    scanf("%s",&s);
    printf("\"%s\" include %d characters.\n",s, len(s));
    return 0;
}
```

(3) 下列程序的功能为：统计一字符串中各个字母出现的次数，该字符串从键盘输入，统计时不区分大小写字母。对数字、空格及其他字符都不予统计。最后在屏幕上显示统计结果。纠正程序中存在的错误，以实现其功能。程序以文件名 sy7_3.c 保存。

```c
#include <stdio.h>
#include <string.h>
int main(void)
{   int i, a[26];
    char ch,str[80], * p=str;
    gets(&str);                          //获取字符串
    for(i=0;i<26;i++)
        a[i]=0;                          //初始化字符个数
    while( * p)                          //移动指针统计不同字符出现的次数
    {   ch=( * p)++;
        ch=ch>='A'&&ch<='Z' ? ch+'a'-'A':ch;      //大小写字符转换
        if('a'<=ch<='z') a[ch-'a']++;
    }
    for(i=0;i<26;i++)
        printf("%2c", 'a'+i);            //输出 26 个字母
    printf("出现的次数为:\n");
    for(i=0;i<26;i++)
        printf("%2d",a[i]);              //输出各字母出现的次数
    printf("\n");
    return 0;
}
```

2) 填空题

(1) 下列程序的功能为：从键盘输入 8 个整数，使用指针以选择法对其按从小到大进行排序。补充完善程序，以实现其功能，程序以文件名 sy7_4.c 保存。

```c
#include <stdio.h>
int main(void)
{   int a[8], * p;
    int i, j, t, k;
    _____;
    printf("Input the numbers:");
    for (i=0;i<8;i++)
        scanf("%d", p+i);
    t= * p;
    for (i=0; _____;i++)
    {   for (j=i; j<8; j++)
            if (j==i || * (p+j)<t)
            {   t= * (p+j);
                k=j;
            }
        if (k!=i)
        {   t= * (p+k);
            _____;
            _____;
```

```
        }
    }
    for (i=0; i<8; i++)
        printf("%5d", * (p+i));
    return 0;
}
```

（2）下列程序的功能为：将一个整数字符串转换为一个数，如字符串"5489"转换为数字 5489。补充完善程序，以实现其功能，程序以文件名 sy7_5.c 保存。

```
#include<stdio.h>
#include<string.h>
str2num(char * p)
{ int num=0, k, len, j;
    len=strlen(p);
    for( ; _____; p++)
    {
        k=_____;
        j=(--len);
        while(_____)
        {
            k=k * 10;
        }
        num=num+k;
    }
    return( num );
}
int main(void)
{ char s[6];
    int n;
    gets(s);
    if( * s=='-') n=-str2num(s+1);
    else    n=str2num(s);
    printf("%d\n",n);
    return 0;
}
```

（3）下列程序的功能为：将字符数组 a 的所有字符传送到字符数组 b 中，要求每传送三个字符后再存放一个 * ，例如字符串 a 为"abcdefg"，则字符串 b 为" abc * def * g"。补充完善程序，以实现其功能。程序以文件名 sy7_6.c 保存。

```
#include<stdio.h>
int main(void)
{ int i,k=0;
    char a[80], b[80], * p;
    p=a;
    gets(p);
    while( * p)
    { for(i=1;_____; p++, k++, i++)
```

```
    {
        if(_____)
        {   b[k]=' * ';
            k++;
        }
        b[k]= * p;
    }
}
b[k]='\0';
puts(b);
return 0;
}
```

3) 编程题

(1) 输入一个字符串,将其中的数字字符组成一个数字。程序以文件名 sy7_7.c 保存。

(2) 利用指针作函数参数,设计一个函数对字母进行简单加密,把当前的小写字母变成对应大写字母后面的第 3 个字母,最后三个字母 x、y、z 分别变成字母 A、B、C;把当前的大写字母变成对应小写字母前面的第 3 个字母,前面三个字母 A、B、C 应分别变成字母 x、y、z;其他字符不变。再设计一个函数把加密字符还原。程序以文件名 sy7_8.c 保存。

(3) 设计一个指针函数 char * strCrossCat(char * b, char * a),实现字符串 b 和字符串 a 的交叉连接,后面多余的字符直接连在最后。例如:字符串 b 为"I love China!",字符串 a 为"She is a girl.",则交叉连接后字符串 b 变为"IS hleo vies Cah igniar! l."。程序以文件名 sy7_9.c 保存。

## 第 8 章

结构体与共用体

8.1　结构体概述

为了满足存储和处理一批同类型数据的需要,C 语言中引入了数组。但是在实际应用中,与某个问题或个体相关的一组数据往往具有不同的数据类型。例如,与一个学生相关的信息类型中,姓名为字符串,学号为整型或字符串,年龄为整型,性别为字符型,成绩可为整型或实型。这些学生信息属于一个有机整体,它们是一批不同类型的数据,但是由于数组中各元素的类型和长度都必须一致,这些数据显然是不能用一个数组来存放的。如果将这个学生相关的信息分别用不同类型的变量或数组来存储,那么这种割裂开来的存储方式肯定难以反映它们同属于一个有机整体的相互联系。

为了解决这个问题,C 语言中给出另一种不同于数组的构造数据类型——结构体(structure)。结构体由若干个"成员"组成,每一个"成员"可以是基本数据类型或构造数据类型。结构体既然是由一种"构造"而成的数据类型,那么在使用之前就必须先定义它,也就是构造它,这就如同在调用函数之前需要先定义函数一样。

8.1.1　结构体变量的定义和初始化

定义结构体变量有以下三种方法。以上面提到的学生信息为例加以说明。

(1) 先定义结构体类型,再定义结构体变量。

例如:

```
struct stu                //struct 是定义结构体类型的关键字
{  char num[10];
   char name[20];
   char sex;
   int age;
   float score;
};                        //定义结构体类型
```

定义好结构体类型 struct stu 后,就可以定义结构体类型的变量,其定义形式为:

```
struct stu boy1, boy2;    //定义了两个结构体类型的变量 boy1 和 boy2
```

(2) 在定义结构体类型的同时定义结构体变量。

例如:

```
struct stu
{   char num[10];
    char name[20];
    char sex;
    int age;
    float score;
} boy1, boy2;
```

这种定义的一般形式为：

```
struct 结构体类型名
{
    成员表列；
} 变量名表列；
```

(3) 直接定义结构体变量。

例如：

```
struct
{   char num[10];
    char name[20];
    char sex;
    int age;
    float score;
} boy1, boy2;
```

这种定义的一般形式为：

```
struct
{
    成员表列；
} 变量名表列；
```

第三种方法与第二种方法的区别在于省去了结构体类型名，而直接给出结构体变量。三种方法中定义的结构体变量 boy1 和 boy2 都具有图 8-1(a)所示的结构。

定义 boy1、boy2 变量为 struct stu 类型后，即可向这两个变量中的各个成员赋值。在上述 struct stu 结构体类型定义中，所有的成员都是基本数据类型或数组类型。结构体变量的成员也可以是另外一个结构体变量，即构成嵌套的结构体。例如，图 8-1(b)给出了嵌套的结构体类型变量 boy1 和 boy2，它们的定义如下：

```
struct date
{   int month;
    int day;
    int year;
};
struct
{   char num[10];
    char name[20];
    char sex;
```

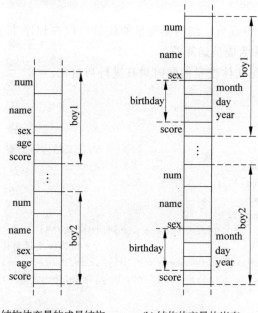

(a) 结构体变量的成员结构   (b) 结构体变量的嵌套

图 8-1 结构体变量的成员结构

```
    struct date birthday;
    float score;
} boy1, boy2;
```

首先定义一个结构体类型 date,由 month(月)、day(日)、year(年)三个成员组成。在定义变量 boy1 和 boy2 时,其中的成员 birthday 被定义为 struct date 结构体类型。结构体类型的成员名由于在结构体变量内部,因此可与程序中的其他变量同名,互不干扰。

和其他类型的变量一样,对结构体变量也可以在定义时进行初始化赋值。

8.1.2　结构体成员的引用

在程序中使用结构体变量时,往往不把它作为一个整体来使用。在 ANSI C 中除了允许具有相同类型的结构体变量相互赋值以外,一般对结构体变量的使用,包括赋值、输入、输出、运算等,它们都是通过结构体变量的成员来实现的。

引用结构体变量成员的一般形式如下:

结构体变量名.成员名

例如:

```
boy1.num          //第一个人的学号
boy2.sex          //第二个人的性别
```

如果成员本身又是一个结构体,则必须逐级找到最低级的成员才能使用。

例如:

```
boy1.birthday.month
```

即第一个人出生的月份成员。结构体变量的成员可以在程序中单独使用,与普通变量完全相同。这里的"."称为成员运算符。

【例 8-1】　定义结构体变量的同时对其进行初始化。

```
# include <stdio.h>
int main(void)
{
    struct stu                                //定义结构体类型 struct stu
    {   char num[10];
        char name[20];
        char sex;
        float score;
    } boy2, boy1={"080301","Zhang ping",'M',78.5};
    boy2=boy1;                                /*结构体变量整体赋值*/
    printf("Number=%s\nName=%s\n", boy2.num, boy2.name);
    printf("Sex=%c\nScore=%4.1f\n", boy2.sex, boy2.score);
    return 0;
}
```

运行结果为:

```
Number=080301
Name=Zhang ping
Sex=M
Score=78.5
```

例 8-1 中,boy1 和 boy2 均被定义为 struct stu 类型的结构体变量,并在定义的同时对 boy1 做了初始化赋值。在 main()函数中,把 boy1 的值整体赋予 boy2,然后用两个 printf()函数输出 boy2 中各个成员的值。

结构体变量的赋值就是给各个成员赋值。可用输入函数或者赋值语句来完成。

【例 8-2】　给结构体变量赋值并输出其值。

```
# include <stdio.h>
# include <string.h>
struct stu                          //定义结构体类型 struct stu
{   char num[10];
    char name[20];
    char sex;
    float score;
} boy1, boy2;                        //注意,此时的 boy1 和 boy2 为全局变量
int main(void)
{   printf("please input the num: ");
    gets(boy1.num);
    printf("please input the name: ");
    gets(boy1.name);
    printf("please input the sex: ");
    scanf("%c", &boy1.sex);
```

```
        printf("please input the score: ");
        scanf("%f", &boy1.score);
        boy2=boy1;
        printf("Number=%s\nName=%s\n",boy2.num,boy2.name);
        printf("Sex=%c\nScore=%3.1f\n",boy2.sex,boy2.score);
        return 0;
}
```

运行结果为：

```
please input the num: 080302✓
please input the name: 张峰✓
please input the sex: M✓
please input the score: 76.5✓
Number=080302
Name=张峰
Sex=M
Score=76.5
```

说明：

例 8-2 中用 gets()函数动态输入了 boy1 的 num 和 name 成员值，用 scanf()函数动态输入了 boy1 的 sex 和 score 成员值，然后把 boy1 的所有成员的值整体赋值给 boy2，最后分别输出 boy2 的各个成员值。本程序介绍了结构体变量的输入、赋值和输出的方法。

8.2　类型定义符 typedef

typedef 关键字的作用是为一种已有数据类型定义一个新名字，也就是说，允许用户通过 typedef 为已有数据类型起"别名"。这里的已有数据类型包括标准数据类型（int、char、float 等）和构造的数据类型（结构体、共用体等）。

在编程中使用 typedef 的目的一般有两个，一个是给变量起一个易记且意义明确的新名字，另一个是简化一些比较复杂的类型声明。

例如，有整型变量 a、b，其定义形式如下：

```
int a, b;
```

其中，int 是整型变量的类型说明符。int 的完整写法为 integer，为了增加程序的可移植性，可用如下语句把整型说明符 int 用 typedef 定义为 INTEGER。

```
typedef int INTEGER;
```

以后就可用 INTEGER 来代替 int 作整型变量的类型定义了。

例如：

```
INTEGER a, b;
```

等效于

```
int a, b;
```

用 typedef 定义数组、指针、结构体等类型将带来很大的方便,不仅使程序书写简单而且使意义更为明确,因而增强了程序的可读性。

例如:

```
typedef char NAME[20];
```

表示 NAME 是字符数组类型,数组长度为 20。然后可用 NAME 来定义变量,如:

```
NAME a1, a2, s1, s2;
```

等效于

```
char a1[20], a2[20], s1[20], s2[20];
```

又如:

```
typedef struct stu
{   char name[20];
    int age;
    char sex;
} Stu;
```

这段语句实际上完成了以下两个操作。

(1) 定义了一个新的结构体类型。

```
struct stu
{   char name[20];
    int age;
    char sex;
};
```

(2) 利用 typedef 为这个新的结构体类型另外起了一个名字,叫 Stu。

```
typedef struct stu Stu;
```

定义 Stu 为结构体类型 struct stu 的别名,就可用 Stu 类型来定义结构体变量,注意:Stu 前不可再加 struct 关键字。

例如:

```
Stu body1, body2;
```

等效于

```
struct stu body1, body2;
```

typedef 给已有类型起别名的一般形式为:

```
typedef  原类型名  新类型名;
```

其中,原类型名中可以含有定义部分,新类型名一般全部或首字母用大写字母表示,以便于区别。

在编程实践中,尤其是看别人编的代码时,常常会遇到比较复杂的变量声明,使用

typedef 对各种已有类型的声明作简化是一种常见的操作。对普通变量或数组建立一个类型别名的主要步骤如下。

① 先按定义变量的方法写出定义体；

② 将定义体中的变量名换成新类型名；

③ 在定义体最前面加上关键字 typedef；

④ 然后用新类型名直接去定义变量。

下面以定义数组类型为例来进行说明。

① 先按一般的数组定义形式书写：char str[20]；

② 将数组名换作自己指定的类型名：char NAME[20]；

③ 在定义体最前面加上 typedef 关键字：typedef char NAME[20]；

④ 用新类型名来定义数组：NAME str。

以下是关于 typedef 关键字的几点说明。

（1）用 typedef 可以给各种已有类型起别名。

（2）typedef 只是给已有类型起了一个别名，它并没有创造新的类型。

（3）有时也可用宏定义来代替 typedef 的功能，但是宏定义是由预处理完成的，而 typedef 则是在编译时完成的。通常 typedef 比 ♯ define 要好，特别是在有指针的场合，typedef 往往更为灵活方便。看下面例子：

```
typedef char * pStr1;
#define pStr2 char *        /* 注意：宏定义命令不是语句,最后没有分号 */
pStr1 s1, s2;
pStr2 s3, s4;
```

在上述的变量定义中，$s1$、$s2$、$s3$ 都被定义为 char * 型，而 $s4$ 则定义成了 char 型，并不是所预期的指针变量，根本原因就在于 ♯ define 只是简单的字符串替换，而 typedef 则是为一个类型起一个新的名字。

因此，最后一条语句必须写成"pStr2 s3, * s4；"，这样才能将 $s4$ 变量定义为指针变量。

（4）当多个源文件中用到同一类型数据时，通常用 typedef 给这些类型起好别名，并放在一个独立文件中，然后在需要用到这些类型的文件中用 ♯ include 命令把这个独立文件包含进来。

（5）使用 typedef 有利于程序的通用和移植。

8.3 结构体数组

数组的元素可以是结构体类型的，因此可以构造结构体类型的数组。结构体数组的每一个元素都是具有相同结构体类型的下标变量。在实际应用中，经常用结构体数组来表示具有相同数据结构的一个群体。如一个班的学生信息档案，一家公司职工的信息等。

结构体数组的定义方法和结构体变量相似，只需说明它为数组类型即可。

例如：

```
struct stu
{    char num[10];
     char name[20];
     char sex;
     float score;
} boy[5];
```

定义了一个结构体数组 boy，它有 5 个元素，即 boy[0]～boy[4]。每个数组元素都具有 struct stu 的结构体形式。对结构体数组也可以在定义时作初始化赋值。

例如：

```
struct stu
{    char num[10];
     char name[20];
     char sex;
     float score;
} boy[5]={    {"101", "Li ping", 'M', 45},
              {"102", "Zhang ping", 'M', 62.5},
              {"103", "He fang", 'F', 92.5},
              {"104", "Cheng ling", 'F', 87},
              {"105", "Wang ming", 'M', 58}
};
```

和普通数组一样，当对全部数组元素作初始化赋值时，也可不给出数组长度。

【例 8-3】 计算 5 名学生的总分、平均分，并统计成绩不及格的人数，学生信息包括：学号、姓名、性别和成绩。

```
#include <stdio.h>
typedef struct stu
{    char num[10];
     char name[20];
     char sex;
     float score;
}Stu;                              //定义一个学生结构体类型,并给该类型取别名 Stu
Stu boy[]={                        //此数组为全局数组
              {"101", "Li ping", 'M', 45},
              {"102", "Zhang ping", 'M', 62.5},
              {"103", "He fang", 'F', 92.5},
              {"104", "Cheng ling", 'F', 87},
              {"105", "Wang ming", 'M', 58}
};
int main(void)
{    int i, c=0;
     float ave, sum=0;
     for(i=0;i<5;i++)
     {    sum=sum+boy[i].score;
          if(boy[i].score<60)
             c=c+1;
     }
     printf("Sum=%.1f\n", sum);
     ave=sum/5;
```

```
        printf("Average=%.1f\nNo Pass Count=%d\n", ave, c);
        return 0;
}
```

运行结果为：

```
Sum=345.0
Average=69.0
No Pass Count=2
```

说明：

例 8-3 中定义了一个全局的结构体数组 boy，它有 5 个元素，并对这 5 个元素做了初始化赋值。在 main() 函数中用 for 语句逐个累加各元素的 score 成员值存于 sum 中，若某元素 score 成员的值小于 60（不及格），则计数器 c 加 1，循环完毕后计算所有学生的平均成绩，并输出总分、平均分及不及格人数。

【例 8-4】 建立同学通信录，信息包括姓名和电话号码。

```
#include <stdio.h>
#define NUM 3
struct member
{   char name[20];
    char phone[15];
};
int main(void)
{   struct member classmate[NUM];
    int i;
    for(i=0;i<NUM;i++)
    {   printf("input name: ");
        gets(classmate[i].name);
        printf("input phone: ");
        gets(classmate[i].phone);
    }
    printf("name\t\tphone\n");
    for(i=0;i<NUM;i++)
        printf("%s\t\t%s\n", classmate[i].name, classmate[i].phone);
    return 0;
}
```

运行结果为：

```
input name: Zhang ↙
input phone: 13811122233 ↙
input name: Wang ↙
input phone: 15122233355 ↙
input name: Zhao ↙
input phone: 13004113005 ↙
name        phone
Zhang       13811122233
Wang        15122233355
```

Zhao   13004113005

说明:

例 8-4 中定义了一个结构体类型 struct member,它有两个成员 name 和 phone 分别用来存储姓名和电话号码。在主函数中定义 classmate 为具有 struct member 类型的结构体数组。在 for 语句中,用 gets()函数分别输入各个元素中两个成员的值。然后在 for 语句中用 printf()语句输出各元素中的两个成员值。

8.4 指向结构体的指针

当一个指针变量用来指向一个结构体变量时,称为结构体指针变量。结构体指针变量中的值是所指向的结构体变量的首地址。通过结构体指针即可访问该结构体变量的所有成员,这与数组指针和函数指针的情况是相同的。

结构体指针变量定义的一般形式为:

struct 结构体类型名 *结构体指针变量名;

或

结构体类型的别名   *结构体指针变量名;

例如,在前面的例题中定义了 struct stu 这个结构体类型及其别名 Stu,如要定义一个指向 struct stu 类型数据的指针变量 pstu,可写为:

struct stu * pstu;   或 Stu * pstu;

当然也可在定义 struct stu 结构体类型的同时定义 pstu。与前面讨论的各类指针变量相同,结构体指针变量也必须要先赋值后使用。赋值是把结构体变量的地址赋予该指针变量,不能把结构体类型名赋予该指针变量。

假设 boy 是被定义为 struct stu 类型的结构体变量,则

pstu=&boy;

是正确的,而

pstu=&stu;

是错误的,因为 stu 是结构体类型名,而不是结构体变量名。

结构体类型名和结构体变量名是两个不同的概念,不能混淆。结构体类型名只能表示一个结构体的形式,编译系统并不对它分配内存空间。只有当某变量被定义为这种类型的结构体时,才对该变量分配存储空间。因此上面 &stu 的写法是错误的,不可能去取一个结构体类型的地址。

有了结构体指针变量,就能更方便地访问结构体变量的各个成员。其访问的一般形式为:

(* 结构体指针变量) .成员名

或

结构体指针变量->成员名

例如:

(* pstu) .num

或

pstu->num

这里的"—＞"称为指向运算符。应该注意:(* pstu)两侧的括号不可少,因为成员运算符"."的优先级高于" * "。如去掉括号写成 * pstu.num 则等效于 * (pstu.num),这样意义就完全不对了。

下面通过例子来说明结构体指针变量的具体定义和使用方法。

【例 8-5】 通过结构体变量和结构体指针变量来引用结构体成员的比较。

```
#include <stdio.h>
struct stu
{   char num[10];
    char name[20];
    char sex;
    float score;
} boy1={"102","Zhang ping",'M',78.5}, * pstu;
int main(void)
{   pstu=&boy1;
    printf("Number=%s\nName=%s\n", boy1.num, boy1.name);
    printf("Sex=%c\nScore=%f\n\n", boy1.sex, boy1.score);
    printf("Number=%s\nName=%s\n", ( * pstu).num, ( * pstu).name);
    printf("Sex=%c\nScore=%f\n\n", ( * pstu).sex, ( * pstu).score);
    printf("Number=%s\nName=%s\n", pstu->num, pstu->name);
    printf("Sex=%c\nScore=%f\n\n", pstu->sex, pstu->score);
    return 0;
}
```

运行结果为:

```
Number=102
Name=Zhang ping
Sex=M
Score=78.500000

Number=102
Name=Zhang ping
Sex=M
Score=78.500000

Number=102
Name=Zhang ping
```

```
Sex=M
Score=78.500000
```

说明：

例 8-5 定义了一个结构体类型 struct stu，定义了该类型的结构体变量 boy1 并做初始化赋值，还定义了一个指向 struct stu 类型结构体的指针变量 pstu。在 main( ) 函数中，pstu 被赋予 boy1 的地址，因此 pstu 指向 boy1，然后在 printf( ) 函数内用三种形式输出 boy1 的各个成员值。从运行结果可以看出以下三种用于引用结构体成员的形式是完全等效的。

- 结构体变量.成员名
- (* 结构体指针变量).成员名
- 结构体指针变量－＞成员名

思考下面的问题。

boy1 是一个结构体变量，因此可以通过它的各个成员所占的字节数之和计算出 boy1 的大小为 10B＋20B＋1B＋4B＝35B，由于字节对齐问题，实际分配 36B。而 pstu 只是一个结构体类型的指针变量，它在内存中只占 4 个字节，并且 pstu 只是保存了 boy1 的起始地址。现在的问题是：为什么通过 pstu 能够访问到结构体变量 boy1 中的所有成员呢？例如，通过 pstu－＞sex 就可以访问到 boy1 中的 sex 成员。但是从图 8-2 中可以看出，结构体的 sex 成员所占的内存空间并不是从 boy1 的起始地址开始的。

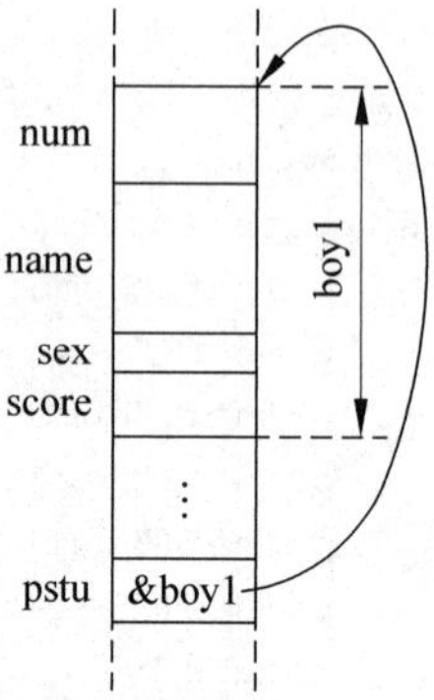

实际上回答上面这个问题并不困难。先看下面的程序及其运行结果。

【例 8-6】 结构体指针及其所指对象各个成员的地址。

```c
#include <stdio.h>
struct stu
{    char num[10];
     char name[20];
     char sex;
     float score;
} boy1={"102","Zhang ping",'M',78.5}, * pstu;
int main(void)
{    pstu=&boy1;
     printf("pstu=%x\n", pstu);
     printf("&Num=%x\n&Name=%x\n", pstu->num, pstu->name);
     printf("&Sex=%x\n&Score=%x\n\n", &(pstu->sex), &(pstu->score));
}
```

图 8-2　指向结构体的指针

运行结果为(Dev C++ 5.11)：

```
pstu=403020
&Num=403020
&Name=40302a
&Sex=40302e
&Score=403040
```

说明：

由于指针变量 pstu 的基类型是 struct stu，所以 pstu 知道该结构体变量 boy1 中的每个成员相对于 boy1 起始位置的偏移量（即跨过的字节数）。也就是说，第一个成员 pstu—>num 相对于 &boy1 的偏移量为 0，其地址等于 pstu 的值，即为 403020H；第二个成员 pstu—>name 相对于 &boy1 的偏移量为 10（即跨过第一个成员的大小），其地址等于 pstu 的值加上其偏移量 10，即为 40302aH；第三个成员 pstu—>sex 相对于 &boy1 的偏移量为 30（即跨过前两个成员的大小），其地址等于 pstu 的值加上其偏移量 30，即为 40302eH；第四个成员 pstu—>score 相对于 &boy1 的偏移量为 31（即跨过前三个成员的大小），其地址等于 pstu 的值加上其偏移量 31，即为 403040H。

因此，结构体指针只需知道所指结构体数据的起始地址，即可访问所指结构体数据的各个成员。

结构体指针变量除了用来指向结构体变量外，也可以用来指向与之对应的结构体数组，这时结构体指针变量的值是整个结构体数组的首地址。结构体指针变量也可指向结构体数组中的任意一个元素，这时结构体指针变量的值是该结构体数组中被指元素的地址。

例如：

```
struct stu boy[5], * ps;
ps=boy;                //或者 ps=&boy[0];
```

则 ps 为指向结构体数组的指针变量，并且 ps 指向该结构体数组的 0 号单元，ps+1 指向 1 号单元，ps+i 则指向 i 号单元。这与普通数组的情况是一致的。

应该注意的是，一个结构体指针变量虽然可以用来访问结构体变量或者结构体数组元素的成员，但是，不能使它指向结构体的某个成员。也就是说，不允许取一个成员的地址来赋给它。因此，下面的赋值是错误的：

```
ps=&boy[1].sex;
```

而只能是

```
ps=boy;                //将数组首地址赋给 ps
```

或者是

```
ps=&boy[0];                //将数组 0 号单元的地址赋给 ps
```

当然，如果确实需要用指针来指向结构体数据的某个成员，则必须定义一个基类型和该成员类型相一致的指针变量。

例如：

```
struct stu
{   char num[10];
    char name[20];
    char sex;
    float score;
```

```
} boy1={"102","Zhang ping",'M',78.5};
float * p;
```

此时可以有:

```
p=&boy1.score;
```

8.5 结构体与函数

在 ANSI C 标准中允许用结构体变量作为函数参数进行整个结构体数据的传送。但是这种传送要将全部成员逐个传送,特别是成员为数组时,将会使数据传送的时间和空间开销都很大,大大降低程序的执行效率。因此最好的办法就是使用指针,即用指针变量作为函数参数进行传送。这时由实参传向形参的只是结构体数据的地址,该地址仅有 4 个字节,远远低于一般结构体数据的大小,从而减少了函数结构体参数数据大量传递引起的时间和空间开销。

【例 8-7】 计算一组学生的平均成绩和不及格人数。用结构体指针变量作函数参数。

```
#include <stdio.h>
typedef struct stu
{   char num[10];
    char name[20];
    char sex;
    float score;
} Stu;
void average(struct Stu * ps, int n)
{   int c=0, i;
    float ave, s=0;
    for(i=0;i<n;i++,ps++)
    {   s=s+ps->score;
        if(ps->score<60)
            c=c+1;
    }
    printf("Sum=%5.1f\n", s);
    ave=s/n;
    printf("Average=%5.1f\nNo Pass Count=%d\n", ave, c);
}
int main(void)
{   Stu boy[5]=
    {   {"101", "Li ping", 'M', 45},
        {"102", "Zhang ping", 'M', 62.5},
        {"103", "He fang", 'F', 92.5},
        {"104", "Cheng ling", 'F', 87},
        {"105", "Wang ming", 'M', 58}
    };
    average(boy, 5);
    return 0;
}
```

运行结果为:

```
Sum=345.0
Average=69.0
No Pass Count=2
```

说明：

例 8-7 中定义了函数 average()，其形参为结构体指针变量 ps，boy 被定义为 main() 函数的局部数组。以 boy 作为实参调用函数 average()，实质上传递给 average() 的是整个 boy 数组的起始地址。在函数 average() 中计算平均成绩和统计不及格人数并输出结果。

由于本程序采用指针变量作为参数传递和处理运算，比直接传递结构体变量或结构体元素速度更快，程序效率更高。

8.6 链表

链表是和顺序表（即数组）相对的一种数据结构，它是通过结构体和指针的联合使用来实现的，它在计算机编程中占据着非常重要的地位，并且有着非常广泛的应用。要学习链表，必须先对 C 语言中的动态内存分配有所了解，这里先介绍和链表密切相关的三个动态内存管理函数。

8.6.1 动态内存管理

在第 5 章数组一章中，曾介绍过数组的长度是预先定义好的，在整个程序中固定不变。C 语言中不允许如下形式的动态数组类型。

例如：

```
int n;
scanf("%d", &n);
int a[n];
```

这种用变量表示长度，企图对数组的大小作动态定义的做法在 C 语言中是完全错误的。但是在实际的编程中，往往会发生这种情况，即所需的内存空间取决于实际输入的数据，而无法预先确定。对于这种问题，用数组的办法很难解决。为了解决上述问题，C 语言提供了一些内存管理函数，这些内存管理函数可以按需要动态地分配内存空间，也可把不再使用的空间及时回收，从而可以达到有效利用内存资源的目的。

常用的内存管理函数有以下三个。

1. 开辟内存空间函数 malloc()

malloc 可看作 Memory ALLOCate 这两个单词的缩写，该函数的原型为：

```
void * malloc(unsigned size);
```

一般调用形式如下：

```
(类型说明符 *)malloc(size);
```

功能：在内存的动态存储区中开辟一块长度为 size 字节的连续区域，size 是一个正整数。malloc()函数的返回值为开辟内存区域的首地址,该地址为"void *"类型,即不确定的指针类型。

"类型说明符"表示开辟的内存区域将用于存储的数据类型。"(类型说明符 *)"表示把 malloc()函数的返回值,即返回的那个"void *"型的指针值,强制转换为指定类型的指针,以便该指针能够赋值给相应的指针变量。

例如:

```
char *pc;
pc=(char *)malloc(100);
```

表示开辟 100B 的内存空间,该空间用于存储 char 类型的数据,为了能够将开辟空间的首地址赋值给指针变量 pc,所以需要将 malloc()函数的返回值由"void *"型强制转换为"char *"型,函数的返回值为开辟空间的首地址,经过强制类型转换后把该地址赋给指针变量 pc 将不会再有语法错误。

应注意一点:malloc()函数并不能初始化所分配的内存空间,也就是说,通过 malloc()函数开辟的内存空间中一般都是随机数。

2. 开辟内存空间函数 calloc()

calloc()函数也用于分配内存空间,它可看作 Complex ALLOCate 这两个单词的缩写。其函数原型为:

```
void *calloc(unsigned n,unsigned size);
```

一般调用形式如下:

```
(类型说明符 *)calloc(n, size);
```

功能:在内存动态存储区中分配 n 块长度为 size 字节的连续内存区域。函数的返回值为该区域的首地址,"(类型说明符 *)"用于函数返回值的强制类型转换。

calloc()函数与 malloc()函数的区别在于 calloc()一次可以分配 n 块区域,每块区域的长度都为 size 个字节。

例如:

```
ps=(struct stu *)calloc(2, sizeof(struct stu));
```

其中,sizeof(struct stu)是求 struct stu 型结构体数据的长度。以上语句的功能是:按 struct stu 的长度分配两块连续的内存区域,并将该内存区域的首地址强制转换为 struct stu 结构体指针类型,并将该地址赋给指针变量 ps。

calloc()和 malloc()函数的另一个主要区别是:calloc()函数会将所开辟内存空间中的每一位都初始化为零,也就是说,如果用户是为字符类型或整数类型的元素分配内存,那么这些元素将保证会被初始化为 0;如果用户是为指针类型的元素分配内存,那么这些元素通常会被初始化为空指针;如果用户是为实型数据分配内存,则这些元素会被初始化为浮点型的零。而 malloc()函数并不能初始化所分配的内存空间。

3. 释放内存空间函数 free()

该函数的调用形式如下:

```
free(ptr);
```

功能：释放 ptr 所指向的一块内存空间,ptr 是一个任意类型的指针变量,它指向被释放内存空间的首地址。被释放内存应是由 malloc()或 calloc()函数所开辟的空间。

【例 8-8】 开辟一块内存空间,并输入一个学生数据存入该空间,最后释放该内存空间。

```c
#include <stdio.h>
#include <stdlib.h>
#include <string.h>
int main(void)
{   struct stu
    {   char num[10];
        char name[20];
        char sex;
        float score;
    } * ps;
    typedef struct stu Stu;
    ps=(Stu *)malloc(sizeof(Stu));
    strcpy(ps->num, "102");
    strcpy(ps->name, "Zhang ping");
    ps->sex='M';
    ps->score=62.5;
    printf("Number=%s\nName=%s\n", ps->num, ps->name);
    printf("Sex=%c\nScore=%5.2f\n", ps->sex, ps->score);
    free(ps);
    return 0;
}
```

运行结果为：

```
Number=102
Name=Zhang ping
Sex=M
Score=62.50
```

程序说明：例 8-8 中定义了结构体类型 struct stu,同时定义了该类型的指针变量 ps。然后通过 malloc()函数在堆内存区开辟一块 struct stu 大小的空间,并将该内存空间的首地址赋予 ps,使得 ps 指向开辟的内存空间;再通过 ps 为其所指空间的各个成员区域赋值,并用 printf()函数输出开辟内存空间中存储的各成员值;最后用 free()函数释放 ps 指向的内存空间。整个程序包含了开辟内存空间、使用内存空间、释放内存空间三个步骤,实现了存储空间的动态分配和回收。

8.6.2　链表概述

在 8.6.1 小节中采用动态内存分配函数为一个结构体分配了内存空间。一个结构体空间可用来存放一个学生的数据,对于这样的一个结构体空间,一般称为结点。如果有

n 个学生的信息,那么可以通过循环 n 次开辟 n 块这样的内存空间来存储,也就是说,建立 n 个结点即可存储 n 个学生的相关信息。当然用结构体数组也可以完成上述工作,但如果不能预先准确把握学生人数,也就无法确定数组的大小,而且当学生留级、退学之后也不能及时把该元素所占用的空间从数组中释放出来。

用动态存储的方法可以很好地解决这些问题。一方面,每一个学生分配一个结点,无须预先确定学生的准确人数,如果某学生退学,即可删去对应结点,并释放该结点占用的内存空间,从而节约了宝贵的内存资源。另一方面,用数组实现的顺序存储方法要求所有结点必须占用一整块连续的内存区域,而使用动态内存分配时,结点与结点之间可以是不连续的(结点内的各个成员间是连续的),结点之间的联系则可以用指针实现,即通过在结点结构体中多定义一个成员项用来存放下一结点的地址,这个用于存放下一结点地址的成员,常被称为指针域。

可在第一个结点的指针域内存入第二个结点的地址,在第二个结点的指针域内存放第三个结点的地址,如此串联下去直到最后一个结点。最后一个结点因为没有后续结点,其指针域可赋为 NULL(即整数 0)。这种连接方式在数据结构中被称为“单向链表”,简称为“链表”。

图 8-3 所示为由 26 个英文字母所构成的一个简单单向链表的示意图。

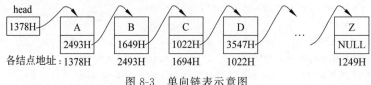

图 8-3　单向链表示意图

图 8-3 中,head 为整个链表的头指针(head 并非结点),它只是一个指针变量,存放着第一个结点 A 的地址。其中每个结点都分为两个域,一个是数据域,存放各种实际的数据;另一个为指针域,存放下一结点的地址。链表中的每一个结点都是同一种结构体类型。

图 8-3 中的结点结构体类型可定义如下:

```
struct node                 //结点类型名
{  char data;               //数据域
   struct node * next;      //指针域
};
```

在实际应用中,链表结点的数据域往往由多个成员构成。例如,在存储学生信息的链表中,结点的数据域由一些学生的相关信息构成,这种学生结点的结构体类型可定义如下:

```
struct StuNode
{  char num[10];
   char name[20];
   char sex;
   int age;
```

```
    float score;
    struct StuNode * next;          //指针域
};
```

struct StuNode 类型的结点中除指针域 next 外,结构体中的其他所有成员共同构成了结点的数据域。

8.6.3　链表的相关操作

对链表的操作主要有以下六种。

1. 建立链表

建立链表时应先定义一个头指针变量 head,并设置其初始值为 NULL(NULL 在图中一般用符号"∧"表示),即表示链表为空。定义一个指向新结点的指针变量 s,利用内存分配函数 malloc()在内存中开辟一个结点空间用 s 指向,并通过 s 向开辟空间中存入数据,即构造好一个新结点;最后将构造好的新结点插入到 head 所指的链表中,即完成一个结点的插入。通过循环操作不断开辟空间构造新结点,每次构造好新结点之后都从链表的尾部或头部将其插入到链表中,直到所有数据都存入链表中为止,这时就建立好了一个链表。从以上介绍可知,建立链表实际上就是向空链表中循环插入新结点生成整个链表的过程,链表构造完成时应返回链表的头指针,知道了链表的头指针即可按顺序依次访问到链表中的所有结点。

需要注意的是:构造的链表还可以是带头结点的,如果是带头结点的链表,则头指针 head 应指向头结点,头结点的数据域一般不存有效数据,头结点的指针域为空则说明整个链表为空(即 head->next==NULL)。另外,插入新结点到链表中时,一般有从头部插入和从尾部插入两种方法。因此,根据链表是否带有头结点和新结点的头尾插入位置两两组合之后,建立链表时应有如下四种情况,其过程分别如图 8-4～图 8-7 所示。

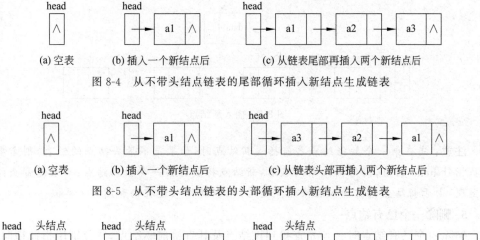

图 8-4　从不带头结点链表的尾部循环插入新结点生成链表

图 8-5　从不带头结点链表的头部循环插入新结点生成链表

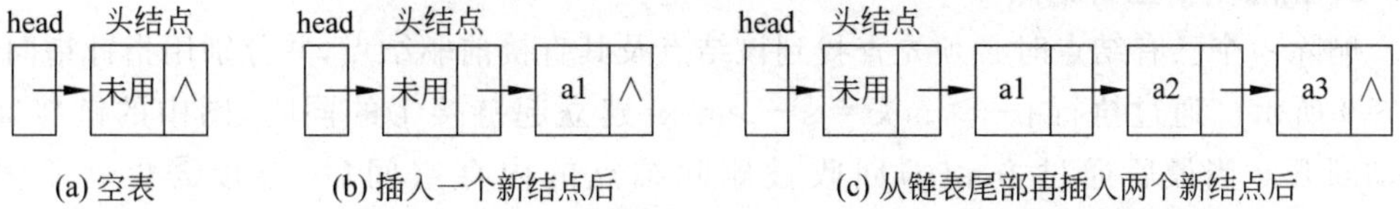

图 8-6　从带头结点链表的尾部循环插入新结点生成链表

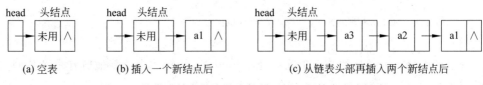

(a) 空表　　　　　　(b) 插入一个新结点后　　　(c) 从链表头部再插入两个新结点后

图 8-7　从带头结点链表的头部循环插入新结点生成链表

2. 输出整个链表

输出整个链表即从链表的头指针开始,按顺序依次访问链表中的各个数据结点,每访问到一个数据结点时就将该结点数据域中的内容输出。当访问到链表中的最后一个结点时,由于其指针域为空,所以可依此作为条件结束输出。

3. 结点的查找与输出

查找某个结点即从链表的头指针开始,按顺序依次访问链表中的各个数据结点,每访问一个数据结点,就将查找关键字与当前结点数据域中的对应内容进行比较,如果相等则说明查找成功,可将当前结点数据域中的内容全部输出;如果不等则移动指针继续查看下一个结点。如果访问到链表中的最后一个结点时仍未发现任何结点的数据域内容和待查关键字相等,则结束查找过程并给出查找不成功的提示,说明链表中不存在要查找的结点。

4. 插入一个新结点

插入一个新结点到链表中的过程如图 8-8 所示。先为新结点开辟一个结点空间用指针 s 指向,并将要插入的数据 data 存入新结点空间的数据域中,然后通过改变新结点指针域的内容建立起如图 8-8 中所示的链接①,通过改变新结点直接前驱结点的指针域建立起链接②。由于 p 所指结点的指针域只能存放一个结点地址,所以链接②建立的同时图中的链接③将自动断开。

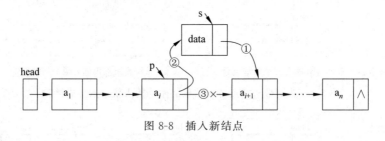

图 8-8　插入新结点

注意:当在第一个数据结点之前插入新结点时,如果是不带头结点的链表,则需要改变头指针 head 的值,因为插入新结点后,新结点将成为第一个数据结点;如果是带头结点的链表,由于新结点仍需插入在头结点之后,所以其插入过程仍和图 8-8 类似。

5. 删除一个已有结点

删除一个已有结点时必须先查找到该结点及其直接前驱结点,并分别用指针指向,如图 8-9 所示。通过执行 p—>next=s—>next 建立起链接①的同时,图中的链接②将自动断开。当最后通过 free(s) 回收被删除结点的内存空间后,链接③也就不复存在了。

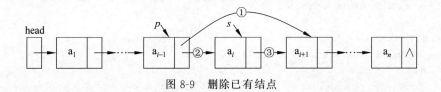

图 8-9　删除已有结点

注意：当删除链表中的第一个数据结点时，如果是不带头结点的链表，则需要改变头指针 head 的值，因为删除第一个结点后，原来的第二个结点将变为第一个；如果是带头结点的链表，由于删除的第一个数据结点位于头结点之后，所以其删除过程仍和图 8-9 类似。

6. 销毁整个链表

销毁整个链表即循环删除链表中的所有结点，回收链表中所有结点内存空间的过程，如果是带头结点的链表，头结点的空间也要一并回收。销毁整个链表时，只需从头指针开始从链表中依次断开各个结点，每断开一个结点后就用 free() 函数将断开结点的空间释放。销毁整个链表后，需将头指针的值设置为 NULL，以免其成为野指针。

下面通过例题来说明以上操作，例题中所建立的是不带头结点的链表，建立链表时采用的方法是从链表尾部插入新结点。

【例 8-9】　建立一个含有 n 个结点的链表，每个结点存放一个学生的信息。假定学生数据包含学号、姓名、性别、年龄和分数 5 项信息。编写一个建立链表的函数 Create()，并编写一个输出整个链表的函数 ShowAll() 对 Create() 函数建立的链表输出进行验证。

分析：由于链表中每个结点需存储一个学生的信息，显然结点的数据域应由 5 个成员构成（分别存储某个学生的 5 项信息），此外链表的每个结点中均需包含一个指针域用于保存其直接后继结点的地址，因此定义学生的结构体时应有 6 个成员。

创建链表前应知道需要存储多少个学生的信息，所以需要将学生人数作为 Create() 函数的形参；链表创建好之后需要返回整个链表的头指针，即需要返回第一个结点的地址，因此 Create() 函数的返回值应为 struct StuNode ＊型。

循环插入每个学生结点到链表时，均需经历开辟新空间、构造新结点、将新结点插入链表、移动尾指针这四步。其中将新结点插入链表时，如果是第一个结点，需要改变头指针 head 的值。创建链表后为了验证其正确性，通过 ShowAll() 函数依次输出整个链表中的所有结点数据。

源程序：

```
#include <stdio.h>
#include <string.h>
#include <stdlib.h>
struct StuNode
{   char num[10];
    char name[20];
    char sex;
    int age;
    float score;
```

```
            struct StuNode * next;
    };
    struct StuNode * Create(int n)                  //创建链表
    {   struct StuNode * head=NULL, * pf, * pb;
        int i;
        for(i=0;i<n;i++)
        {   pb=(struct StuNode *)malloc(sizeof(struct StuNode));         //开辟空间
            fflush(stdin);                          //开始输入前,先清空输入缓存区
            printf("Please input the No: ");        //构造结点
            gets(pb->num);
            printf("Please input the Name: ");
            gets(pb->name);
            printf("Please input the Sex: ");
            scanf("%c", &pb->sex);
            printf("Please input the Age and Score: ");
            scanf("%d%f", &pb->age, &pb->score);
            pb->next=NULL;                          //暂未使用的指针先设为空
            if(i==0)                                //如果是第一个结点
                head=pb;
            else                                    //否则,插入结点到链表尾部
                pf->next=pb;
            pf=pb;                                  //移动链表的尾指针
        }
        return(head);                               //返回链表的头指针
    }
    void ShowAll(struct StuNode * h)
    {   struct StuNode * p;
        p=h;
        if(h)
            printf("Num\tName\tSex\tAge\tScore\n");
        else
        {   printf("链表为空!\n");
            return;
        }
        while(p)
        {
            printf("%s\t%s\t%c\t%d\t%3.1f\n",p->num,p->name,p->sex,p->age,p->score);
            p=p->next;
        }
    }
    int main(void)
    {   int n;
        struct StuNode * head;
        printf("Please input the number of student: ");
        scanf("%d", &n);
        head=Create(n);
        ShowAll(head);
        return 0;
    }
```

运行结果为：

```
Please input the number of student: 2✓
Please input the No: 101✓
Please input the Name: Zhang✓
Please input the Sex: M✓
Please input the Age and Score: 18 80.5✓
Please input the No: 102✓
Please input the Name: Wang✓
Please input the Sex: F✓
Please input the Age and Score: 19 86✓
Num   Name   Sex   Age   Score
101   Zhang   M    18    80.5
102   Wang    F    19    86.0
```

说明：

程序中的结构体 StuNode 定义为外部类型，程序中的各个函数均可使用该类型。

在 Create()函数内定义了 3 个 StuNode 类型的指针变量。其中，head 为头指针，pf 为指向当前链表尾部结点的指针变量，pb 为指向新开辟结点空间的指针变量。

【例 8-10】　编写函数 Search()，在例 8-9 中建立的链表上查找姓名为"张大山"的同学结点，如果找到，则将该同学的所有信息输出；如果找不到，则输出相应提示。

```
void Search(struct StuNode * h, char * pc)         //查找结点
{   struct StuNode * p;
    p=h;
    while(p!=NULL)
    {   if(!strcmp(p->name,pc))                     //如果找到该结点,则输出
        {   printf("链表中找到了姓名为%s 的同学,其信息如下: \n", pc);
            printf("%s,%s,%c,%d,%3.1f\n", p->num, p->name,p->sex, p->age,
                p->score);
            return;
        }
        else                                        //否则,继续查看下一个结点
            p=p->next;
    }
    printf("链表中未找到姓名为%s 的同学!\n", pc);   //给出未找到的提示
}
```

可以在主函数中以如下方式调用 Search()函数：

```
Search(head, "张大山");
```

【例 8-11】　假定在链表中存在一个学号为"103"的同学结点，编写函数 Insert()在该结点之前插入一个新结点，新结点的数据从键盘输入。

```
struct StuNode * Insert(struct StuNode * h, char * pnum)     //插入结点
{   struct StuNode * pa, * pb;
    pa=h;
    if(!strcmp(pa->num, pnum))                               //应该在第一个结点之前插入
```

```
      {   pb=(struct StuNode *)malloc(sizeof(struct StuNode));   //开辟空间
          fflush(stdin);
          printf("请输入待插入学生的信息: \n");
          printf("Please input the No: \n");                        //构造结点
          gets(pb->num);
          printf("Please input the Name: \n");
          gets(pb->name);
          printf("Please input the Sex: \n");
          scanf("%c", &pb->sex);
          printf("Please input the Age and Score: \n");
          scanf("%d%f", &pb->age, &pb->score);
          pb->next=pa;                                 //插入新结点到链表中
          return pb;                                   //返回新的链表头指针
      }
      else                                             //不是在第一个结点之前插入
      {   while(pa->next!=NULL)
          {   if(!strcmp(pa->next->num, pnum))                     //找到插入点
              {   pb=(struct StuNode *)malloc(sizeof(struct StuNode));
                                                                    //开辟空间
                  fflush(stdin);
                  printf("请输入待插入学生的信息: \n");
                  printf("Please input the No: ");       //构造结点
                  gets(pb->num);
                  printf("Please input the Name: ");
                  gets(pb->name);
                  printf("Please input the Sex: ");
                  scanf("%c", &pb->sex);
                  printf("Please input the Age and Score: ");
                  scanf("%d%f", &pb->age, &pb->score);
                  pb->next=pa->next;                     //插入新结点到链表中
                  pa->next=pb;
                  return h;
              }
              else                                      //否则,继续查看下一个结点
                  pa=pa->next;
          }
          printf("未找到插入位置!\n");
          return h;
      }
  }
```

可以在主函数中以如下方式调用 Insert() 函数：

```
head=Insert(head, "103");
```

【例 8-12】 假定在链表中存在一个学号为"102"的结点，查找该结点并将其从链表中删除。

```
struct StuNode * Delete(struct StuNode * h, char * pnum)   //删除指定结点
{   struct StuNode * p, * q;
```

```
    p=h;
    if(!strcmp(p->num, pnum))              //删除的是第一个结点
    {   h=p->next;                         //从链表中断开待删除结点
        free(p);                           //释放结点空间
        return h;
    }
    else                                   //第一个结点不是要删除的
    {   while(p->next!=NULL)
        {   if(!strcmp(p->next->num, pnum)) //如果找到待删除结点
            {   q=p->next;                  //用 q 指向待删除结点
                p->next=q->next;
                free(q);
                return h;                   //返回链表头指针
            }
            else                            //否则,继续查看下一个结点
                p=p->next;
        }
        printf("未找到要删除的结点!\n");
        return h;
    }
}
```

可以在主函数中以如下方式调用 Delete() 函数：

```
head=Delete(head, "102");
```

【例 8-13】　销毁整个链表,回收链表中所有结点的空间。

```
void Destroy(struct StuNode * * ph)        //销毁链表,ph 为指向 head 的二级指针变量
{   struct StuNode * p;
    p= * ph;                               //*ph 相当于 head
    while(p!=NULL)
    {   * ph=p->next;                      //移动指针,继续删除下一个结点
        free(p);
        p= * ph;
    }
    printf("已删除链表中的所有结点,成功销毁整个链表!\n");
    * ph=NULL;                             //将空的指针值赋给链表的头指针 head
}
```

可以在主函数中以如下方式调用 Destroy() 函数：

```
Destroy(&head);
```

注意：由于 Destroy() 的形参为 struct StuNode * * ph,所以需要将 &head 传递给 ph。此处之所以要采用二级指针,主要原因在于需要在调用 Destroy() 函数时将主调函数中的头指针变量 head 置为 NULL,即需要对指针变量 head 进行“双向传递”。因为销毁整个链表之后,链表为空,head 应该为空指针。

8.7　共用体概述

在进行某些算法的 C 语言编程时,有时需要将几种不同类型的变量存放到同一段内存单元中,即使用覆盖技术使几个变量互相覆盖。这种几个不同的变量共同占用一段内存的结构,在 C 语言中被称为"共用体"类型结构,简称共用体。

共用体与结构体类型一样,也是一种构造类型的数据结构,也包含多个不同数据类型的成员。但与结构体变量不同的是,共用体变量所占用内存空间的字节数并不是它的各个成员所需内存空间的总和,而是把它的所有成员单独占用内存空间所需的最大字节数作为整个共用体变量所需内存空间的大小。在任何时候,共用体变量至多只能存放它所包含的一个成员,即它所包含的各个成员项只能分时共享一块存储空间。

8.7.1　共用体变量的定义和初始化

共用体类型及变量的定义和使用,类似于结构体。定义共用体类型时需遵从与结构体类型相同的语法,只不过需要将关键字 struct 改为 union。

一个简单的共用体定义为:

```
union data1
{   int i;
    char ch;
    double f;
} a1, b1;
```

对应的结构体定义为:

```
struct data2
{   int i;
    char ch;
    double f;
} a2, b2;
```

理论上,上面定义的共用体变量 $a1$ 和结构体变量 $a2$ 在内存中的存储结构分别如图 8-10(a)和图 8-10(b)所示。

共用体类型及变量的一般定义形式为:

```
union 共用体类型名
{
    成员表列;
} 共用体变量表列;
```

由于共用体变量的内存空间同一时刻只有一个成员起作用,因此在定义共用体变量时只能对第一个成员做初始化。例如:

```
union data
{   int i;
```

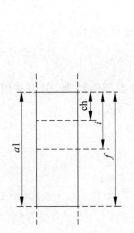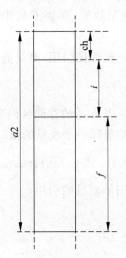

(a) 共用体变量a1占8个字节　　　(b) 结构体变量a2至少占13个字节

图 8-10　共用体变量和结构体变量的存储比较

```
    char ch;
    float f;
} a={4};                                    //共用体变量初始化
```

8.7.2　共用体成员的引用

共用体变量必须先定义后使用。

注意：不能直接引用共用体变量，而只能引用共用体变量中的成员。

例如：

```
union data
{   int i;
    char ch;
    float f;
} a, b, c;
```

则对于共用体变量 a、b、c，下面的引用方式是正确的：

a.i——引用共用体变量中的整型变量 i；

a.ch——引用共用体变量中的字符变量 ch；

a.f——引用共用体变量中的实型变量 f。

注意：以上 3 个成员是不能同时引用的，因为共用体中的这 3 个成员是共用同一块内存空间的，这块空间在每个时刻都只能存储一个数据，它们是分时使用这块内存空间的。

如果对 a.i 赋值，就会将先前存放在这块空间中的数据覆盖，此时就只能使用 a.i 而不能使用 a.ch 或者 a.f；当然，如果接下来又对 a.f 赋值了，这时就只能使用 a.f 而不能使用 a.i 或者 a.ch。其他情况可以依此类推，总之共用体变量 a 的空间中每次只能存放

3 个成员中的一个成员数值,存放了其中一个,另外两个成员的数值就被覆盖而不再存在。

共用体变量不能被直接引用,而只能引用其成员,例如:

```
printf("%d", a);
```

这种用法是错误的。因为 a 的存储区内有好几种类型的数据,引用共用体变量 a,难以使系统确定究竟输出的是哪一个成员的值。而应该写成:

```
printf("%d", a.i); 或 printf("%c", a.ch);
```

【例 8-14】 共用体成员的引用。

```
#include <stdio.h>
struct DoubleWord
{    char c1;
     char c2;
     char c3;
     char c4;
};
union share
{    struct DoubleWord tag;
     unsigned long data;
};
int main(void)
{    union share dt;
     dt.data=0x4c495350;
     printf("%c-->%xH\n", dt.tag.c1, dt.tag.c1);
     printf("%c-->%xH\n", dt.tag.c2, dt.tag.c2);
     printf("%c-->%xH\n", dt.tag.c3, dt.tag.c3);
     printf("%c-->%xH\n", dt.tag.c4, dt.tag.c4);
     printf("%c%c%c%c\n", dt.tag.c4, dt.tag.c3, dt.tag.c2, dt.tag.c1);
     return 0;
}
```

运行结果为:

```
P-->50H
S-->53H
I-->49H
L-->4cH
LISP
```

关于共用体的几点说明如下。

(1) 同一个内存块可以用来存放几种不同类型的成员,但是在每一时刻只能存放其中的一种,而不是同时存放几种。换句话说,每一时刻只有一个成员起作用,其他的成员不起作用,即共用体的所有成员不是同时存在和起作用的。

(2) 共用体变量中起作用的成员是最后一次存放的成员,在存入一个新成员后,原有成员就失去了其作用。

(3) 共用体变量的地址和它的各个成员的地址都是同一地址。

（4）不能对共用体变量名赋值，也不能企图引用变量名来得到一个值，并且不能在定义共用体变量时对它进行初始化。

（5）不能把共用体变量作为函数参数，也不能使用函数带回共用体变量，但可以使用指向共用体变量的指针。

（6）共用体类型可以出现在结构体类型的定义中，也可以定义共用体数组；结构体也可以出现在共用体类型的定义中，数组也可以作为共用体的成员。

8.8 应用举例

【例 8-15】 n 个人围成一圈，并按圈中的排列次序给所有人编上序号（序号从 1 到 n），从序号为 start 的人开始循环报数（从 1 到 m 报数），start 的值由用户输入，凡报到 m 的人就从圈里出来，然后下一个人又从头开始报数，直到圈中只剩一个人为止。输出从圈里出来人的序号顺序。

```
#include <stdio.h>
#include <string.h>
#include <stdlib.h>
typedef struct _RingNode
{   int SerialNo;
    struct _RingNode * next;
} RingNode;
RingNode * Create(int n)                      //创建单向循环链表
{   RingNode * head, * pNew, * pRear;
    int i;
    for(i=1;i<=n;i++)
    {   pNew=(RingNode *)malloc(sizeof(RingNode));    //开辟空间
        pNew->SerialNo=i;                     //设置序号,构造结点
        pNew->next=NULL;                      //暂未使用的指针先设为空
        if(1==i)                              //如果是第一个结点
        {   head=pNew;
            pNew->next=head;
        }
        else                                  //如果不是第一个结点
        {   pRear->next=pNew;
            pNew->next=head;
        }
        pRear=pNew;                           //移动链表的尾指针
    }
    return(head);                             //返回链表的头指针
}
int QuitRing(RingNode * h, int start, int m)
{   /* 从序号为 start 的人开始报循环数,凡是报到 m 的人马上出圈,n-1 个人出圈后,最后将
    圈中剩下的那个人的序号返回 */
    int count=1;
    RingNode * p, * q;
    p=h;
```

```
        while(p->SerialNo!=start)                    //找到第一个报数的人
            p=p->next;
        while(h->next!=h)                            //当链表中不止一人时,继续循环
        {   count=1;                                 //恢复计数器,从头开始计数
            while(count<m-1)                         //报数到 m-1 时查找到要删除的结点
            {   p=p->next;
                count++;
            }
            q=p->next;                               //找到要删的结点了,用 q 指向
            if(q==h)                                 //如果要删的是第一个结点
                h=q->next;
            p->next=q->next;
            printf("序号为%d 的人出圈!\n ", q->SerialNo);          //输出出圈人的序号
            free(q);
            p=p->next;                               //p 指向下一轮开始报数的人
        }
        return h->SerialNo;                          //返回最后剩下结点的序号
}
int main(void)
{   int n;
    int s, start, m;
    RingNode * head;
    printf("请输入开始报数前的圈中人数: ");
    scanf("%d", &n);
    printf("请输入第一个报数人的序号: ");
    scanf("%d", &start);
    printf("请输入所有报数的最大值(报到该数的人马上从圈中退出): ");
    scanf("%d", &m);
    head=Create(n);
    s=QuitRing(head, start, m);
    printf("圈中最后剩下人的序号为: %d\n", s);
    return 0;
}
```

运行结果为:

请输入开始报数前的圈中人数: 15✓
请输入第一个报数人的序号: 5✓
请输入所有报数的最大值(报到该数的人马上从圈中退出): 7✓
序号为 11 的人出圈!
序号为 3 的人出圈!
序号为 10 的人出圈!
序号为 4 的人出圈!
序号为 13 的人出圈!
序号为 7 的人出圈!
序号为 2 的人出圈!
序号为 15 的人出圈!
序号为 14 的人出圈!
序号为 1 的人出圈!
序号为 6 的人出圈!

序号为 12 的人出圈!
序号为 5 的人出圈!
序号为 8 的人出圈!
圈中最后剩下人的序号为: 9。

【例 8-16】　假设有如下问题: 需要设计一个教师与学生通用的表格, 教师数据有姓名、年龄、职业、教研室四项, 学生数据有姓名、年龄、职业、班级四项。编程输入所有人员数据, 再以表格形式输出。

分析: 程序中用一个结构体数组 body 来存放所有人员数据, 每个结构体有四个成员。其中成员项 dep 是一个共用体类型, 这个共用体又由两个成员组成, 一个为 class, 一个为 office。在程序的第一个 for 语句中, 输入所有人员的各项数据, 先输入结构体的前三个成员 name、age 和 job, 然后判别 job 成员项, 如为 s, 则对共用体 dep.class 输入(对学生赋班级编号), 否则对 dep.office 输入(对教师赋教研组名)。

用 scanf() 函数为数组类型的成员输入字符串时要注意, 无论是结构体数组成员还是共用体数组成员, 均和普通的字符数组一样, 在数组名之前不能再加取地址符 &。如主函数中的第 14 行和第 18 行中 body[i].dep.class 和 body[i].dep.office 均是字符数组类型, 因此在这两项之前都不能加取地址符 &。另外, 第 6 行中的 body[i].name 也是数组类型, 但是该"姓名"字符串是用 gets() 函数输入的。用 scanf() 函数和 gets() 函数输入字符串的区别在于, scanf() 函数遇到空白字符(空格、跳格或回车)时即认为字符串输入结束, 而 gets() 函数输入字符串时只有遇到回车才认为输入结束。

源程序如下:

```c
#include <stdio.h>
#define MAXLEN 2
typedef struct
{   char name[10];
    int age;
    char job;
    union
    {   char class[10];
        char office[30];
    } dep;
} MEMBER;
int main(void)
{   MEMBER body[MAXLEN];
    int i;
    for(i=0;i<MAXLEN;i++)
    {   fflush(stdin);
        printf("请输入第%d 个人的姓名: ", i+1);
        gets(body[i].name);                          //第 6 行
        printf("请输入第%d 个人的年龄: ", i+1);
        scanf("%d", &body[i].age);
        fflush(stdin);
        printf("请输入第%d 个人的身份(学生为 s, 教师为 t): ", i+1);
        scanf("%c", &body[i].job);
```

```
        if('s'==body[i].job)
        {   printf("请输入该学生的班级: ");
            scanf("%s", body[i].dep.class);          //第 14 行
        }
        else
        {   printf("请输入该教师的办公室: ");
            scanf("%s", body[i].dep.office);          //第 18 行
        }
    }
    printf("Name\tAge\tIdentity\tClass/Office\n");
    for(i=0;i<MAXLEN;i++)
    {
        if('s'==body[i].job)
            printf ("%s\t%3d\t%s\t\t%s\n", body[i].name, body[i].age,
                    "student", body[i].dep.class);
        else
            printf ("%s\t%3d\t%s\t\t%s\n", body[i].name, body[i].age,
                    "teacher", body[i].dep.office);
    }
    return 0;
}
```

运行结果为:

```
请输入第 1 个人的姓名:陈茹↙
请输入第 1 个人的年龄: 21↙
请输入第 1 个人的身份(学生为 s,教师为 t): s↙
请输入该学生的班级: BX1108↙
请输入第 2 个人的姓名:王悦海↙
请输入第 2 个人的年龄: 37↙
请输入第 2 个人的身份(学生为 s,教师为 t): t↙
请输入该教师的办公室:计算机基础教研室↙
Name      Age      Identity      Class/Office
陈茹       21       student       BX1108
王悦海      37       teacher       计算机基础教研室
```

8.9　本章常见错误小结

本章常见错误实例与错误原因分析见表 8-1。

表 8-1　本章常见错误实例与错误原因分析

常见错误实例	错误原因分析

struct stu
{   char num[10];
    char name[20];
    float score;
}
	定义结构体类型时,忘记在最后的花括号后面添加分号

常见错误实例	错误原因分析
typedef struct stu Stu	给结构体类型起别名时漏了最后的分号
struct stu {　char num[10]; 　char name[20]; 　float score; }boy; scanf("%s%s%f",boy);	错误地直接引用结构体变量。必须通过结构体变量一个个引用结构体成员。应该写成：scanf("%s%s%f",boy. num，boy. name，&boy. score)。
fun(struct stuboy[],int n) {　…… 　return (boy[i]); }	函数类型缺省为 int 型，与函数返回值类型不一致。函数首部应该写成：struct stu fun(struct stu boy[],int n)

8.10　习题

1. 选择题

（1）若已经定义"struct stu{int a,b;} student;"，则下列输入语句中正确的是(　　)。

  A. scanf("%d", &a);   B. scanf("%d", &student);

  C. scanf("%d", &stu.a);   D. scanf("%d", &student.a);

（2）已知学生记录描述为：

```
struct student
{   int no;
    char name[20];
    char sex;
    struct
    {   int year;
        int month;
        int day;
    }birth;
};
struct student s;
```

设变量 s 中的"生日"是"1984 年 11 月 11 日"，下列对"生日"的正确赋值方式是(　　)。

  A. year=1984;   B. birth.year=1984;

    month=11;   birth. month=11;

    day=11;   birth. day=11;

  C. s.year=1984;   D. s.birth.year=1984;

    s.month=11;   s.birth.month=11;

    s.day=11;   s.birth.day=11;

（3）当定义一个结构体变量时系统分配给它的内存是(　　)。

A. 各成员所需内存的总和

B. 结构中第一个成员所需内存量

C. 成员中占内存量最大者所需的容量

D. 结构体中最后一个成员所需内存量

(4) 设有以下说明语句:

```
struct stu
{  int a;  float b;  } stutype;
```

则以下叙述中不正确的是(   )。

A. struct 是结构体类型的关键字

B. struct stu 是用户定义的结构体类型

C. stutype 是用户定义的结构体类型名

D. a 和 b 都是结构体成员名

(5) 以下对结构体变量 stu1 中成员 age 的非法引用是(   )。

```
struct student
{   int age;
    int num;
} stu1, * p;
p=&stu1;
```

A. stu1.age   B. student.age   C. p—>age   D. (* p).age

(6) 以下程序的运行结果是(   )。

```
int main(void)
{   struct date
    {   int year, month, day; } today;
    printf("%d\n", sizeof(struct date));
}
```

A. 6   B. 8   C. 10   D. 12

(7) 根据下面的定义,能打印出字母 M 的语句是(   )。

```
struct person
{   char name[9];
    int age;
};
struct person class1[10]={"John",17,"Paul",19,"Mary",18,"adam",16};
```

A. printf("%c\n", class1[3].name[0]);

B. printf("%c\n", class1[3].name[1]);

C. printf("%c\n", class1[2].name[0]);

D. printf("%c\n", class1[2].name);

(8) 若有以下程序段:

```
struct dent
{   int n; int * m; };
```

```
int a=1,b=2,c=3;
struct dent s[3]={{101,&a},{102,&b},{103,&c}};
int main(void)
{   struct dent * p;
    p=s;
    ...
}
```

则以下表达式的值为 2 的是(　　)。

A. (p++)->m 　　　　　　　　　　B. * (p++)->m

C. (* p).m 　　　　　　　　　　 D. * (++p)->m

(9) 设有以下语句：

```
struct st
{   int n; struct st * next; };
struct st a[3]={5, &a[1], 7, &a[2], 9, '\0' }, * p;
p=&a[0];
```

则以下输出值为 6 的是(　　)。

A. printf("%d\n",p++->n); 　　　　B. printf("%d\n",p->n++);

C. printf("%d\n", (* p).n++); 　　D. printf("%d\n",++p->n);

(10) 若有以下说明和语句：

```
struct student
{   int num; int age; };
struct student stu[3]={{1001,20},{1002,19},{1003,21}};
struct student * p;
p=stu;
```

则下面表达式中的值为 1002 的是(　　)。

A. (p++)->num 　　　　　　　　　 B. (++p)->num

C. (* p).num 　　　　　　　　　　D. (* p++).num

(11) 当说明一个共用体变量时系统分配给它的内存是(　　)。

　　A. 各成员所需内存量的总和

　　B. 第一个成员所需内存量

　　C. 成员中占内存量最大者所需内存量

　　D. 最后一个成员所需内存量

(12) 设有如下程序段，则 vu.a 的值为(　　)。

```
union u
{   int a;
    int b;
    float c;
} vu;
vu.a=1;  vu.b=2;  vu.c=3;
```

A. 1 　　　　　　B. 2 　　　　　　　C. 3 　　　　　　D. A、B、C 都不是

(13) 以下程序的运行结果是(　　)。

```
#include<stdio.h>
int main(void)
{   union{ long a; int b; char c; } m;
    printf("%d\n", sizeof(m));
}
```

    A. 2 　　　　　　　　　B. 4 　　　　　　　　　C. 6 　　　　　　　　　D. 8

(14) 若已经定义 "typedef struct stu{ int a, b; } student;",则下列叙述中正确的是(　　)。

    A. stu 是结构体变量 　　　　　　　　　B. student 是结构体变量

    C. student 是结构体类型名 　　　　　　D. a 和 b 是结构体型变量

(15) 若有结构类型定义 "typedef struct test{ int x, y[2];} TEST;",则以下声明中正确的是(　　)。

    A. struct test x; 　　　　　　　　　B. struct x;

    C. test x; 　　　　　　　　　D. struct TEST x;

2. 填空题

(1) 设有以下说明语句:

```
struct stu
{   int a;
    float b;
}stutype;
```

则 struct 是_____,struct stu 是_____,stutype 是_____,a 和 b 是_____。

(2) "."称为_____运算符,"->"称为_____运算符。

(3) 以下程序用来输出结构体变量 stu 所占存储单元的字节数。

```
struct student
{
    int num;
    char name[20];
    float score;
}stu;
int main(void)
{
    printf("stu size:%d\n",sizeof(_____));
}
```

(4) 对下列结构体类型变量 m 中的成员 x 的三种引用方式为:
_____、_____和_____。

```
struct student
{   int x;
    float y;
} m, * p=&m;
```

（5）函数 findbook 的功能是：在有 n 个元素的数组 s 中查找名为 a 的书，若找到，函数返回数组下标；否则，函数返回 -1，请填空。

```
struct data
  { int id;
    char name[20];
    double price;
  } book[100];
int findbook(struct data s[], int n, char a[])
  { int i;
    for(i=0;i<n;i++)
        if( _____ ) return i;
        _____ ;
  }
```

（6）若有以下定义：

```
struct person
{ char name[9];
  int age;
};
struct person c[10]={{"John",17 },{"Paul",19 },{"Mary",18 },{"Adam",16 }};
```

则语句"printf("％s", c[3].name);"的输出结果是_____。

（7）假定建立了如图 8-11 所示的链表结构，指针 p、q 分别指向相邻的两个结点，则将 r 所指结点插入 p、q 所指结点之间的 C 语句是_____和_____。

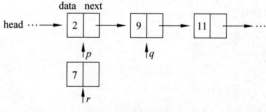

图 8-11　第 7 题图

（8）若有以下程序段，则语句"printf("％d\n", sizeof(test));"的输出是_____。

```
typedef struct
{ long a[2];
  int b[4];
  char c[8];
}ABC;
ABC test;
```

（9）下列程序的运行结果为：_____。

```
#include<stdio.h>
int main(void)
{
```

```
        struct cmplx
        {   int x;
            int y;
        } cnum[2]={1,3,2,7};
        printf("%d\n",cnum[0].y/cnum[0].x * cnum[1].y);
        return 0;
    }
```

（10）下列程序运行时若输入：3　101 wang　102 huang　103 liu，则其运行结果
为＿＿＿＿＿＿。

```
#include<stdio.h>
#include<string.h>
struct worker
{
  int num;
  char name[20];
};
int main(void)
{
  struct worker per[10],t;
  int n,i,j;
  scanf("%d",&n);
  for(i=0;i<n;i++)
    scanf("%d%s",&per[i].num,per[i].name);
  for(i=0;i<n-1;i++)
    for(j=0;j<n-1-i;j++)
      if(strcmp(per[j].name,per[j+1].name)>0)
      {   t=per[j];
          per[j]=per[j+1];
          per[j+1]=t;
      }
  for(i=0;i<n;i++)
      printf("%d,%s\n",per[i].num,per[i].name);
  return 0;
}
```

3. 编程题

（1）用结构体变量表示平面上的一个点（横坐标和纵坐标），输入两个点，求两点之间的距离。

（2）已知一个无符号的整数占用了 4 个字节的内存空间，现欲从低位存储地址开始，将其每个字节作为独立的一个 ASCII 码字符输出，试用共用体实现。例如，十六进制数 0x44434241，则输出 ABCD。

（3）用结构体变量表示复数（实部和虚部），输入两个复数，求两复数的和与积。注意：若两个复数相加或乘积时虚部为 0 时，只输出实部。设复数定义为 A＝$a+bi$，则

复数的加法定义为：$(a+bi)+(c+di)=(a+c)+(b+d)i$；

复数的乘法定义为：$(a+bi) * (c+di)=(ac-bd)+(ad+bc)i$。

8.11　上机实验：结构体与链表程序设计

1. 实验目的

（1）掌握结构体类型变量的定义和使用。

（2）掌握结构体类型数组的概念和应用。

（3）掌握链表的概念，初步学会对链表进行操作。

2. 实验内容

1）改错题

（1）下列程序的功能为：学生姓名（name）和年龄（age）存于结构体数组 person 中。函数 fun()的功能是找出年龄最小的那名学生。纠正程序中存在的错误，以实现其功能。程序以文件名 sy8_1.c 保存。

```
#include<stdio.h>
struct stud
{   char name[20];
    int age;
};
fun(struct stud person[],int n)
{
  int min,i;
  min=0;
  for(i=0;i<n;i++)
      if(person[i] <person[min] ) min=i;
  return (person);
}
int main(void)
{
    struct stud a[]={{"Zhao",21},{"Qian",20},{"Sun",19},{"LI",22}};
    int n=4;
    struct stud minpers;
    minpers=fun(a,n);
    printf("%s 是年龄最小者,年龄是: %d\n",minpers.name,minpers.age);
    return 0;
}
```

（2）下列程序的功能为：按学生姓名查询其排名和平均成绩。查询可连续进行，直到输入 0 时结束。纠正程序中存在的错误，以实现其功能。程序以文件名 sy8_2.c 保存。

```
#include <stdio.h>
#include <string.h>
#define NUM 4
struct student
{   int rank;                //学生排名
    char name;               //学生姓名
    float score;             //学生成绩
}stu[]={ 3,"Tom",89.3,4,"Mary",78.2,1,"Jack",95.1, 2,"Jim",90.6 };
int main(void)
```

```
{   char str[10];
    int i;
    do
    {   printf("Entre a name:");
        scanf("%s",&str);
        for(i=0;i<NUM;i++)
          if( (strcmp(str,stu[i].name)!=0) )
          {
            printf("name: %5s\n",stu[i].name);
            printf("rank: %d\n",stu[i].rank);
            printf("average:%5.1f\n",stu[i].score);
            continue;
          }
        if(i>=NUM && strcmp(str, "0")!=0)
            printf("Not found\n");
    } while(strcmp(str,"0")!=0);
    return 0;
}
```

(3) 下列程序的功能为：建立一个由小到大的单链表。纠正程序中存在的错误，以实现其功能。程序以文件名 sy8_3.c 保存。

```
#include<stdio.h>
#include<malloc.h>
struct Link
{   int data;
    struct Link * next;
};
void InsertList(struct Link * H,int n)
{
    struct Link * p, * q, * s;
    s=(struct Link * ) malloc(sizeof(struct Link));
    s->data=n;
    q=H;p=H->next;
    while(p&& n>p->data)
    {
        q=p;p=p->next;
    }
    q->next=s;
    s->next=q->next;
}
int main(void)
{
    int a[]={12,3,45,67,7,65,10,20,35,55};
    int i;
    struct Link * H, * p;
    H=(struct Link * ) malloc(sizeof(struct Link));
    H->next=NULL;
    for(i=0;i<10;i++)
        InsertList(H,a[i]);
    p=H->next;
```

```
    while(p=NULL)
    {
        printf("%4d",p->data);
        p=p->next;
    }
    printf("\n");
    return 0;
}
```

2) 填空题

(1) 下面程序的功能是：用来统计一个班级(*N* 个学生)的学习成绩,每个学生的信息由键盘输入,存入结构数组 s[N]中,对学生的成绩进行优(90~100)、良(80~89)、中(70~79)、及格(60~69)和不及格(< 60)的统计,并统计各成绩分数段学生人数。补充完善程序,以实现其功能。程序以文件名 sy8_4.c 保存。

```
#include <stdio.h>
#define N 30
struct student
{
  int score;                      //学生成绩
  char name[10];                  //学生姓名
} s[N];
int main(void)
{
    int i, score90, score80, score70, score60, score_failed;
    for(i=0; i<N; i++)
        scanf("%d%s", _____);        //输入学生成绩和姓名,存入数组 s 中
    score90=0; score80=0; score70=0; score60=0; score_failed=0;
    for(i=0; i<N; i++)
    {
        switch(_____)
        {
            case 10:
            case 9: score90++; break;
            case 8: score80++; break;
            case 7: score70++; break;
            case 6: score60++; break;
            _____: score_failed++;
        }
    }
    printf("优:%d 良:%d 中:%d 及格:%d 不及格:%d\n", score90, score80, score70,
    score60, score_failed);
    return 0;
}
```

(2) 设有 3 人的姓名和年龄存在结构数组中,以下程序的功能是：输出 3 人中年龄居中者的姓名和年龄。补充完善程序,以实现其功能。程序以文件名 sy8_5.c 保存。

```
#include<stdio.h>
```

```
static struct person
{
    char name[20];
    int age;
} person[]={"li-ming",18,"wang-hua",19,"zhang-ping",20 };
int main(void)
{
    int i,max,min;
    max=min=person[0].age;
    for(i=1;i<3;i++)
       if(person[i].age>max) _____;
       else if(person[i].age<min) _____;
    for(i=0;i<3;i++)
       if(person[i].age!=max _____ person[i].age!=min)
       {
           printf("%s %d\n",person[i].name,person[i].age);
           break;
       }
    return 0;
}
```

(3) 下列程序的功能为：从键盘输入一个字符串，调用函数建立反序的链表，然后输出整个链表。补充完善程序，以实现其功能。程序以文件名 sy8_6.c 保存。

```
#include<stdlib.h>
#include<stdio.h>
struct node
{
  char data;
  struct node * link;
} * head;
void ins(struct node _____)
{
  if(head==NULL)
  { q->link=NULL;
    head=q;
  }
  else
  { q->link=_____;              //将 q 所指的动态存储单元链接到链表首部
    head=q;
  }
}
int main(void)
{   char ch;
    struct node * p;
    head=NULL;
    while((ch=getchar())!='\n')
    {   p=_____;                 //产生动态存储单元
        p->data=ch;
```

```
        ins(_____);
    }
    p=head;                           //输出链表
    while(p!=NULL)
    {   printf("%c",p->data);
        _____;
    }
    return 0;
}
```

3) 编程题

(1) 从键盘输入 5 名学生的信息,包含学号、姓名、数学成绩、英语成绩、C 语言成绩,求每个学生 3 门课程的总分,输出总分最高和最低的学生学号、姓名和总分。程序以文件名 sy8_7.c 保存。

(2) 定义一个点的结构数据类型,实现下列功能: a. 为点输入坐标值; b. 求两个点的中点坐标; c. 求两点间距离。程序以文件名 sy8_8.c 保存。

(3) 建立两个单向链表,按交替的顺序轮流从这两个链表中取其成员归并成一个新的链表,如其中一个链表的成员取完,另一个链表的多余成员依次接到新链表的尾部,并把指向新链表的指针作为函数值返回。例如,若两个链表成员分别是{1,4,6,8,30,45}和{5,10,15},则链接成的新链表是{1,5,4,10,6,15,8,30,45}。程序以文件名 sy8_9.c 保存。

## 第9章

文　件

　　在前面章节介绍的程序中,数据的输入和输出都是以计算机终端为对象的,即从键盘输入数据,向显示器输出运行结果。程序所使用的数据是存储在计算机内存中的,不能永久保存,每次运行程序都要重新输入数据,效率低,这种数据输入和输出的处理方式在实际应用中是不能完全满足要求的。为了提高大量数据输入的效率以及对输出结果进行保存,C 语言引入了文件的概念。

9.1　文件概述

　　所谓"文件"是指存储在外存储器上的数据的集合,是按字节顺序排列的数据序列。根据数据的存储方式,C 语言中的文件可以分为文本文件和二进制文件两种。以 ASCII 码字符形式存储的文件称为文本文件,即文件在磁盘中存放时每个字符对应一个字节,用于存放对应的 ASCII 码,故又称 ASCII 码文件。以二进制的编码方式存储的文件称为二进制文件。例如,一个十进制整数 4765,若以 ASCII 文件存储,则相当于连续存储 4 个字符 4、7、6、5,共占用 4 个字节。其存储形式为:

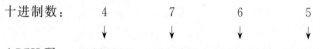

十进制数:　　　4　　　　7　　　　6　　　　5

ASCII 码:　00110100　00110111　00110110　00110101

　　若将十进制数 4765 以二进制文件存储,化成二进制数为 00010010 10011101,只占两个字节,所以,对于同样的数据文件,以 ASCII 码文件存储需要占用较大的存储空间,但 ASCII 码文件可以在屏幕上按字符显示,因此用户能读懂文件的内容。

　　一般 ASCII 码文件常用于存储需要浏览、编辑和修改的 TXT 文件或源程序文件,而可执行文件、声音文件或图形图像文件则以二进制文件存储。无论是 ASCII 码文件还是二进制文件,都以字节为存储单位。

　　在 C 程序中对文件进行操作,就是指从文件中读取数据或向文件中写入数据,一般包括以下 3 个步骤:

　　① 建立或打开文件;

　　② 从文件中读取数据(读文件)或向文件中写入数据(写文件);

　　③ 关闭文件。

　　在对文件进行读/写操作时,必须知道文件的一些属性,比如文件名、文件的状态及文件当前的位置等。文件的这些属性存放在一个由系统定义的结构体类型变量中,该结构

体类型名为 FILE。在对文件进行读/写的过程中,用户与该结构体变量并不发生直接的
联系,而是通过一个指向结构体变量的指针变量实现文件的读/写操作。该指针变量被称
为 FILE 类型(文件类型)的指针变量。

　　每一个 FILE 类型的结构体变量只能存放一个文件的属性,如果要对多个文件进行
读/写操作就必须有多个 FILE 类型的结构体变量与每一个文件对应。在用户程序中必
须为每一个文件定义一个 FILE 类型的指针变量。

　　FILE 类型指针变量的定义形式为:

```
FILE * 指针变量名;
```

　　例如:

```
FILE * fp;
```

　　其中,fp 是指向 FILE 结构的指针变量,表示通过 fp 即可找到存放某个文件信息的
结构体变量,然后按结构体变量提供的信息找到该文件,实现对文件的操作。通常称 fp
为文件指针,指向一个文件。注意在定义时 FILE 必须大写。

9.2　常用文件操作函数

　　由于文件的数据存储在外存中,其存取访问方式不同于前面章节介绍的各种数据类
型数据。C 语言对文件的使用是通过一系列库函数来实现的,且这些库函数原型均包含
在<stdio.h>头文件中。

9.2.1　文件的打开与关闭

　　在对文件进行读/写操作之前,必须先执行打开文件的操作;在读/写操作结束之后,
必须执行关闭文件的操作。

　　fopen()函数用于打开文件,fclose()函数用于关闭文件。

　　在 C 语言中,调用 fopen()函数的格式为:

```
FILE * fp;          //定义指向该文件的 FILE 类型的指针变量
fp=fopen(文件名,使用文件方式);
```

　　如果调用成功,将返回相应文件的指针;否则,返回空值 NULL。函数参数中的使用
文件方式如表 9-1 所示。

表 9-1　文件使用方式及功能说明

文件使用方式	功　　能
"r"(只读)	只读方式打开一个文本文件,如果文件不存在,函数返回 NULL
"w"(只写)	只写方式打开一个文本文件,如果文件不存在,则创建它;如果文件存在,则删除它,再创建一个新的文件
"a"(追加)	按增加方式打开。如果文件不存在,则创建一个空文件;如果文件存在,则新的数据在文本文件尾部增加
"rb"(只读)	只读打开一个二进制文件,只允许读数据

续表

文件使用方式	功 能
"wb"（只写）	只写打开或建立一个二进制文件,只允许写数据
"ab"（追加）	追加打开一个二进制文件,并在文件末尾追加数据
"r+"（读写）	为读/写打开一个文本文件
"w+"（读写）	为读/写建立一个新的文本文件
"a+"（读写）	为读/写打开一个文本文件,允许读或在文件末尾追加数据
"rb+"（读写）	为读/写打开一个二进制文件
"wb+"（读写）	为读/写建立一个新的二进制文件
"ab+"（读写）	为读/写打开一个二进制文件,允许读或在文件末尾追加数据

表 9-1 中,文件使用方式由 r、w、a、t、b、+ 这 6 个字符拼成,其中文本文件用字符 t 标识,可以省略不写。各字符的含义如下。

r(read)：读；

w(write)：写；

a(append)：追加；

b(binary)：二进制文件；

+：读和写。

在 C 语言中,调用 fclose()函数的格式为：

```
fclose(文件指针变量);
```

如果调用 fclose()函数能正常完成关闭文件操作,则返回值为 0；否则返回非 0 值。

调用 fclose()函数后,原来的 FILE 类型的指针变量不再指向该文件,程序将无法再通过该指针变量访问文件。如果在进行文件读/写后不执行关闭文件的操作,可能导致相关数据的丢失。

在 C 语言程序中使用 fopen()函数打开文件时,必须考虑由于某种原因可能导致打开文件失败的情况,并及时作出响应以避免死机。因此,C 语言对文件的操作通常用以下形式：

```
FILE * fp;                              //定义文件指针 fp
if((fp=fopen("myfile","r"))==NULL)      //如果打开文件失败
{
    printf("Cannot open this file!\n"); //显示失败信息
    exit(0);                            //终止程序的运行
}
else
{   …                                   //按要求读/写文件的内容
    fclose(fp);
}
```

程序定义了一个 FILE 类型的指针变量 fp,在 if 语句中,fp 接收调用 fopen()函数后的返回值。调用 fopen()函数时,指定以只读方式打开文件 myfile,若失败,将返回空值 NULL,否则返回文件 myfile 的指针。if 条件语句对打开文件失败的情况作出处理,显示

出错信息并调用 exit()函数。exit()函数的作用是关闭所有文件,终止正在运行的程序。在使用 exit()函数前必须通过预处理命令♯include＜stdlib.h＞把头文件包含进来。

9.2.2 文件的读/写

C语言提供了多种文件的读/写函数,由于文件数据的组织方式不同,所以读/写文本文件和读/写二进制文件所使用的函数也不同。这些函数主要有以下几种。

字符读/写函数:fgetc()(getc())和 fputc() (putc());

字符串读/写函数:fgets()和 fputs();

数据块读/写函数:fread()和 fwrite();

格式化读/写函数:fscanf()和 fprintf()。

在 C 程序中使用这些函数前,必须有文件包含命令♯include＜stdio.h＞。

1. 字符读/写函数:fgetc ()函数和 fputc ()函数

(1) fgetc()函数。fgetc()函数的功能是从指定文件中读一个字符,其调用格式为:

```
ch=fgetc(fp);
```

其中,参数 ch 为接收所读入字符的字符变量,fp 为指向文件的指针变量。

如果调用成功,将返回读入的字符;否则,返回 EOF(EOF 是一个符号常量,在 stdio.h 中定义为－1)。

(2) fputc()函数。fputc()函数的功能是把一个字符写入文件指针变量所指向文件的当前位置处,然后将该文件的位置指示器移到下一个位置,其调用格式为:

```
fputc(ch,fp);
```

其中,参数 ch 为待输出的字符变量,也可以是字符常量;fp 为指向文件的指针变量。

如果调用成功,则将字符 ch 写入 fp 所指向的文件中,返回值为 ch 字符;否则,返回 EOF。

【例 9-1】 从键盘输入一行字符,将其写入文件 eg9_1.txt 文件中;然后从文件中逐个读取字符,在屏幕上显示。

分析:从键盘输入字符可以使用 getchar()函数或 scanf()格式输入函数,使用 fputc()函数将字符逐个写入文件,使用 fgetc()函数从文件中逐个读取字符,可以使用 putchar()函数在屏幕上显示或 printf()格式输出函数。当程序执行完毕,可以找到文件 eg9_1.txt,观察其中的内容是否与屏幕上显示的内容一致。

源程序:

```
#include<stdlib.h>             //使用 exit()函数需要该头文件
#include<stdio.h>
int main(void)
{
    FILE * fp;                 //定义文件类型的指针变量 fp
    char ch,c[80];
    int i,k;
    if((fp=fopen("eg9_1.txt","w"))==NULL)  //如果以只写方式打开文件失败
```

```
    {
        printf("Cannot open this file!\n");    //显示出错信息
        exit(0);                                //终止运行的程序
    }
    printf("Please Input a string: ");
    i=0; k=0;                            //变量 i 作为数组的下标,变量 k 用于统计字符的个数
    scanf("%c",&c[i]);
    while(c[i]!='\n')
    {
        i=i+1;
        scanf("%c",&c[i]);
        ch=c[i-1];
        fputc(ch,fp);                           //向 fp 所指向的文件写入字符
        k=k+1;
    }
    fclose(fp);
    if((fp=fopen("eg9_1.txt","r"))==NULL)   //如果以只读方式打开文件失败
    {
        printf("Cannot open this file!\n");    //显示出错信息
        exit(0);                                //终止运行的程序
    }
    printf("从文件中读取的字符为: ");
    for(i=0;i<k;i++)
    {
        ch=fgetc(fp);                           //从 fp 所指向的文件中读取字符赋给变量 ch
        printf("%c",ch);                        //在屏幕上显示字符
    }
    printf("\n");
    fclose(fp);                                 //关闭文件
    return 0;
}
```

运行结果为:

```
Please Input a string: abcdefghijklmn↙
从文件中读取的字符为: abcdefghijklmn
```

【例 9-2】 已知源文件 s1.txt 中有 3 行字符,要求编程: 从键盘输入源文件名 s1.txt 和目标文件名 s2.txt,然后将源文件中的内容复制到目标文件。

分析: 该程序要求对源文件和目标文件两个文件进行操作,所以需设置两个文件指针。为了顺序读入一个二进制文件中的数据,可以使用以下语句:

```
while(!feof(fp))
{
    ch=fgetc(fp);
    ...
}
```

其中,feof(fp)用来测试 fp 所指向的文件当前状态是否是"文件结束",如果是文件结束,

函数 feof(fp)的值是 1,否则为 0。此处是 while 循环,表示从指定文件中读取字符,直到文件结束。

源程序:

```
#include<stdlib.h>
#include<stdio.h>
int main(void)
{
    FILE * fp1, * fp2;              //定义文件类型的指针变量 fp1,fp2
    char ch,c1[80],c2[80];
    printf("Please Input source filename:");
    scanf("%s",c1);
    if((fp1=fopen(c1,"r"))==NULL)
    {
        printf("Cannot open this file!\n");
        exit(0);
    }
    printf("Please Input target filename:");
    scanf("%s",c2);
    if((fp2=fopen(c2,"w"))==NULL)
    {
        printf("Cannot open this file!\n");
        exit(0);
    }
    while(!feof(fp1))
    {
        ch=fgetc(fp1);             //从 fp 所指向的文件中读取字符赋给变量 ch
        fputc(ch,fp2);
    }
    fclose(fp1);                   //关闭文件
    fclose(fp2);
    return 0;
}
```

2. 字符串读/写函数:fgets()函数和 fputs()函数

(1) fgets()函数。fgets()函数的功能是从文件读入至多 $n-1$ 个连续字符,并在最后加上一个\0 字符,存放到字符数组中。如果在字符串的第 $n-1$ 个字符之前出现换行符或文件结束符 EOF(一个非 0 值),则读入结束。其调用格式为:

```
fgets(str,n,fp);
```

其中,参数 str 为接收所读入字符串的字符数组的指针;fp 为指向文件的指针变量。

如果调用成功,将返回字符数组的指针 str;否则,返回 NULL。

(2) fputs()函数。fputs()函数的功能是向文件输出一个字符串,其调用格式为:

```
fputs(str,fp);
```

其中,参数 str 为待输出的字符串的指针(也可以是字符串常量);fp 为指向文件的指针变量。

如果调用成功,将返回 0;否则,返回非 0 值。

【例 9-3】 利用字符串读/写函数将一串字符(超过 10 个字符)写入文本文件 s3.txt,先将 s3.txt 中的前 10 个字符显示在屏幕上,然后换行将剩下的字符显示在屏幕上。

分析:通过调用函数 fputs()将键盘输入的字符串写入文件 s3.txt 中,通过调用 fgets()函数读取文件中的字符串。由于 fgets()函数读取的字符串是 $n-1$ 个字符,所有此处调用时设定字符串的长度为 11(字符串结尾有\0),这样前 10 个字符就可以显示在屏幕上。

源程序:

```c
#include<stdlib.h>
#include<stdio.h>
int main(void)
{
    char c[80];
    FILE * fp;
    if((fp=fopen("s3.txt","w"))==NULL)          //fp指向文件 s3.txt,如果打开文件失败
    {
        printf("Cannot open this file!\n");
        exit(0);
    }
    printf("Please Input a String:\n");
    scanf("%s",c);
    fputs(c,fp);                                 //将一串字符写入 fp 所指向的文件
    fclose(fp);                                  //关闭文件
    if((fp=fopen("s3.txt","r"))==NULL)
    {
        printf("Cannot open this file!\n");
        exit(0);
    }
    printf("前 10 个字符为: ");
    printf("%s\n",fgets(c,11,fp));               //在屏幕上显示前 10 个字符
    printf("前 10 个字符后面的字符为: ");
    if (fgets(c,80,fp)!=NULL )                    //在屏幕上显示前 10 个字符后面的字符
        printf("%s\n",c);
    fclose(fp);
    return 0;
}
```

运行结果为:

```
Please Input a String:
123456789abcdefghijk↙
前 10 个字符为: 123456789a
前 10 个字符后面的字符为: bcdefghijk
```

3. 数据块读/写函数：fread（）函数和 fwrite（）函数

使用数据块读/写函数，可以一次读入或输出一组数据。

（1）fread（）函数。fread（）函数的功能是从指定文件读入若干数据块的数据，其调用格式为：

```
fread(buffer,size,count,fp);
```

其中，buffer 是一个指针，是读入数据块后，这些数据存储区的首地址；size 为一个数据块所占的字节数；count 为要读入的数据块的个数；fp 为指向文件的指针变量。

如果调用成功，将返回实际从文件读出的数据块的个数；若遇文件结束或出错，返回 0。

（2）fwrite（）函数。fwrite（）函数的功能是向文件输出若干数据块的数据，其调用格式为：

```
fwrite(buffer,size,count,fp);
```

其中，buffer 是一个指针，是需要输出的数据存储区的首地址；size 为一个数据块所占的字节数；count 为要输出的数据块的个数；fp 为指向文件的指针变量。

如果调用成功，将返回实际写入文件的数据块的个数。

【例 9-4】 编写程序，将两位学生的信息（包括学号、姓名、性别、年龄和成绩）写入磁盘文件 s4 中，并在屏幕上输出磁盘文件中的信息。

分析：学生的信息用结构体数组存放，调用函数 fwrite（）将学生数据块存放到 s4 文件中，数据块的长度通过 sizeof（）进行计算得到，从磁盘文件中读出数据块可以通过调用函数 fread（）来实现。fread（）函数和 fwrite（）函数一般用于二进制文件的输入输出，因为它们是按数据块的长度来处理输入输出的，所以文件使用方式是 wb 方式和 rb 方式。

源程序：

```
#include<stdlib.h>
#include<stdio.h>
int main(void)
{
    struct student
    {
        char num[6];
        char name[20];
        char sex;
        int age;
        float score;
    } stu[2]={{"01","zhang",'m',19,90},{"02","wang",'f',18,80}};
    int i,j;
    FILE * fp;
    if((fp=fopen("s4","wb"))==NULL)          //以二进制只写方式打开文件
    {
        printf("Cannot open this file!\n");
```

```
        exit(0);
    }
    j=sizeof(struct student);
    for(i=0;i<=1;i++)
    {
        if(fwrite(&stu[i],j,1,fp)!=1)
        printf("File Write Error!\n");
    }
    fclose(fp);
    if((fp=fopen("s4","rb"))==NULL)        //以二进制只读方式打开文件
    {
        printf("Cannot open this file!\n");
        exit(0);
    }
    i=0;
    while(!feof(fp))
    {
        if(fread(&stu[i],j,1,fp)==1)
        {   printf("%s,%s,%c,%d,%.2f\n",stu[i].num,stu[i].name,stu[i].sex,
                stu[i].age,stu[i].score);
            i++;
        }
    }
    fclose(fp);
    return 0;
}
```

运行结果为：

```
01, zhang, m, 19,90.00
02, wang, f, 18,80.00
```

4. 格式化读/写函数：fscanf()函数和 fprintf()函数

函数 fscanf()、fprintf()与函数 scanf()、printf()一样，也称作格式化输入/输出函数，所不同的是，fscanf()函数和 fprintf()函数的读写对象是文件。

(1) fscanf()函数。fscanf()函数的调用格式为：

fscanf(文件指针,格式字符串,输入表列);

从调用格式看，fscanf()函数参数中比 scanf()函数多了一个文件指针参数，其他参数的含义基本相同。scanf()函数是从键盘按指定格式逐个输入信息到指定的变量，而 fscanf()函数是从文件指针指向的文本文件中按指定格式逐个输入信息到指定的变量。

【例 9-5】 利用 fscanf()函数，从文本文件 s5.txt 中读取信息。

分析：利用 fscanf()函数读取文本文件的信息，需要注意在读取操作之前，必须先打开文件，而且要判断是否存在指定的文件 s5.txt，如果不存在，则给出相应的提示信息并退出。最后关闭文件。读取文件时用 feof()函数判断文件指针是否指向文件结尾。

```
#include<stdlib.h>
#include<stdio.h>
int main(void)
{
    char ch;
    int x;
    FILE * fp;
    if((fp=fopen("s5.txt","r"))==NULL)
    {
        printf("Cannot open this file!\n");
        exit(0);
    }
    printf("s5.txt 文件中的信息为:\n");
    while(!feof(fp))                //判断文件指针是否指向文件结束处
    {
        fscanf(fp,"%c%d",&ch,&x);
        printf("%c,%3d\n",ch,x);
    }
    fclose(fp);
    return 0;
}
```

假设 s5.txt 文件中的内容为 A65B66C67,则执行上述程序的运行结果如下。

```
s5.txt 文件中的信息为:
A,65
B,66
C,67
```

（2）fprintf()函数。fprintf()函数的调用格式为:

fprintf(文件指针,格式字符串,输出表列);

从调用格式看,fprintf()函数参数中比 printf()函数多了一个文件指针参数,其他参数的含义基本相同。fprintf()函数的作用是将"输出表列"按指定"格式字符串"输出到文件指针所指向的文本文件中。

【例 9-6】　随机产生 20 个 10~100 的整数,利用 fprintf()函数将这 20 个数据存放到文本文件 s6.txt 中,要求每行输出 5 个数据,每个数据之间以逗号分隔。

分析:在 C 语言中产生随机数所需要的函数是 rand()函数和 srand()函数,它们被声明在头文件 stdlib.h 中。本例程序要求产生的随机值在[10,100]之间,可以用求模表达式 randnumber＝rand()％(100－10)＋10 求得。使用以时间作为随机数种子的函数"srand((unsigned)time(NULL));",需用预处理命令＃include<time.h>把头文件包含进来。

```
#include<stdlib.h>
#include<stdio.h>
#include<time.h>
int main(void)
```

```
{
    FILE * fp;
    int i,a[20];
    srand((unsigned)time(NULL));              //以时间作为随机数种子
    printf("随机产生的 20 个数为:");
    for(i=0;i<20;i++)
    {   a[i]=rand()%(100-10)+10;              //产生 10~100 的随机数
        if(i%5==0) printf("\n");              //每输出 5 个数换行
        printf("%5d",a[i]);
    }
    printf("\n");
    if((fp=fopen("s6.txt","w"))==NULL)        //以只写方式打开文本文件
    {
        printf("Cannot open this file!\n");
        exit(0);
    }
    for(i=0;i<20;i++)
    {   if(i%5==0)
            fprintf(fp,"%5d",a[i]);           //每一行的第 1 个数据前没有逗号
        else
            fprintf(fp,",%5d",a[i]);          //将产生的数据输出到文件
        if((i+1)%5==0)                        //在文件中每输出 5 个数据换行
            fprintf(fp,"\n");
    }
    fclose(fp);
    return 0;
}
```

9.2.3　文件的定位

　　前面介绍的对文件的读/写方式都是从头开始按顺序读/写数据的方式。如果要读/写文件的某个指定部分,需要移动文件内部的位置指针,然后再从位置指针的位置开始读/写文件数据,这种按要求对文件位置指针的移动,称为文件的定位;这种读/写方式称为随机读/写方式。用于实现对文件的随机读/写的函数有:fseek()函数、rewind()函数和 ftell()函数。

1. fseek()函数

fseek()函数的功能是使文件指针指向文件中指定的位置,其调用格式为:

fseek(文件类型指针变量名,位移量,起始点);

　　其中,文件类型指针变量名为指向该文件的指针变量。位移量以字节数表示,如果其大于 0,表示从文件头部向文件尾部的方向计字节数;否则,按从文件尾部向文件的头部方向计字节数。要求位移量是 long 长整型数据。起始点表示文件指针的位置,用数字(0、1、2)或符号常量(SEEK_SET、SEEK_CUR、SEEK_END)表示。

　　0(或 SEEK_SET):文件首;

　　1(或 SEEK_CUR):当前位置;

2(或 SEEK_END)：文件尾。

如果调用 fseek()函数成功,返回值为 0,否则返回非 0 值。

例如：

```
fseek(fp,10L,0);                    //将文件的位置指针从文件首向前移动 10B
fseek(fp,20L,1);                    //将文件的位置指针从当前位置向前移动 20B
fseek(fp,-30L,1);                   //将文件的位置指针从当前位置向后移动 30B
fseek(fp,-40L,2);                   //将文件的位置指针从文件末尾向后移动 40B
```

2. rewind()函数

rewind()函数的功能是使文件指针重新指向文件首,其调用格式为：

```
rewind(文件类型指针变量名);
```

其中,文件类型指针变量名为指向该文件的指针变量。rewind()函数调用后无返回值。

【例 9-7】 从例 9-4 的文件 s4 中读出第 2 个学生的数据。

分析：本例要求直接读出文件中第 2 个学生的数据,这就需要用 fseek()函数将位置指针定位到第 2 个学生数据的开始处。

源程序：

```
#include<stdlib.h>
#include<stdio.h>
int main(void)
{
    struct student
    {
        char number[6];
        char name[20];
        char sex;
        int age;
        float score;
    } s[2];
    FILE * fp;
    if((fp=fopen("s4","rb+"))==NULL)    //以二进制读/写的方式打开文件 s4
    {
        printf("Cannot open this file!\n");
        exit(0);
    }
    rewind(fp);                         //使位置指针指向文件首部
    fseek(fp,1* sizeof(struct student),0);    /* 将位置指针移到第 2 个学生数据的
                                                 开始处 */
    fread(&s[1], sizeof(struct student),1,fp);  /* 读第 2 个学生的数据放到结构体数
                                                   组 s[1] */
    printf("%s ,%s ,%c ,%d, %.2f\n", s[1].number,s[1].name,s[1].sex,s[1].age,s
    [1].score);
    fclose(fp);
    return 0;
}
```

运行结果为：

```
02,wang,f,18,80.00
```

3. ftell()函数

ftell()函数的功能是检测文件指针变量的当前指向，其调用格式为：

```
ftell(文件类型指针变量名);
```

其中，文件类型指针变量名为指向该文件的指针变量。

如果调用 ftell()函数成功，返回文件指针变量当前的指向相对于起始位置的位移量，以字节数表示，否则返回−1。

9.2.4 文件读/写中的检测

前面介绍的各种函数对文件进行读/写操作时，通过函数的返回值可以判断函数调用是否成功。此外，C 语言提供了函数 feof()用于对文件是否处于结束位置进行检测；提供了 ferror()和 clearerr()两个函数，用于对文件读/写操作过程中的出错情况进行检测。

1. feof()函数

feof()函数的功能是判断文件是否处于文件结束位置，若文件结束，则返回值为非 0 值，否则返回值为 0。feof()函数的调用格式为：

```
feof(文件类型指针变量名);
```

其中，文件类型指针变量名为指向该文件的指针变量。

2. ferror()函数

ferror()函数的功能是检测文件在使用读/写函数进行读/写操作时是否出错，如果 ferror()的返回值为 0，表示调用读/写函数成功，否则表示出错。ferror()函数的调用格式为：

```
ferror(文件类型指针变量名);
```

其中，文件类型指针变量名为指向该文件的指针变量。

3. clearerr()函数

clearerr()函数的功能是使文件错误标志和文件结束标志置为 0。假设在调用读/写函数时出错，ferror()函数值为非 0 值，调用 clearerr()函数后，值变为 0。clearerr()函数的调用格式为：

```
clearerr(文件类型指针变量名);
```

其中，文件类型指针变量名为指向该文件的指针变量。

9.3 应用举例

C 语言将文件看成字符(字节)的序列。根据数据的组织形式，可分为 ASCII 码文件(文本文件)和二进制文件。即一个 C 文件就是一个字节流或二进制流。表 9-2 列出了常用的有关文件操作的函数。

表 9-2　有关文件操作的函数

分　类	函　数　名	功　　　能
打开文件	fopen()	打开文件
关闭文件	fclose()	关闭文件
文件读写	fgetc()，getc()	从指定文件取得一个字符
	fputc()，putc()	把字符输出到指定文件
	fgets()	从指定文件读取字符串
	fputs()	把字符串输出到指定文件
	fread()	从指定文件中读取数据项
	fwrite()	把数据项写到指定文件
	fscanf()	从指定文件按格式输入数据
	fprintf()	按指定格式将数据写到指定文件中
文件定位	fseek()	改变文件的位置指针的位置
	rewind()	使文件位置指针重新置于文件开头
	ftell()	返回文件位置指针的当前值
文件检测	feof()	若到文件末尾,函数值为"真"(非 0)
	ferror()	若对文件操作出错,函数值为"真"(非 0)
	clearerr()	使 ferror 和 feof 函数值置 0

【例 9-8】 从键盘输入若干行字符,将其存入 s8 磁盘文件中,再从文件中读取这些字符,将其中的大写字母转换成小写字母后输出到屏幕显示。

源程序:

```c
#include<stdlib.h>
#include <stdio.h>
int main(void)
{
    FILE * fp;
    int i,flag;
    char ch,fname[20],str[100];
    printf("Input file name:\n");
    scanf("%s",fname);
    if((fp=fopen(fname,"w"))==NULL)         //判断打开文件是否成功
    {
        printf ("cannot open file\n");
        exit(0);                            //若打开文件不成功,退出程序
    }
    flag=1;
    while(flag==1)
    {
        printf("Please input string:\n");
```

```
        scanf("%s",str);
        fprintf(fp,"%s",str);              //将字符串写入文件
        fprintf(fp,"\n");                  //换行
        getchar();
        printf("Continue Input srting?(Y/N)");
        ch=getchar();
        if((ch=='N'||ch=='n'))
            flag=0;
        getchar();
    }
    fclose(fp);                            //关闭文件
    printf ("The file %s is about:(大写字母转换成小写字母)\n",fname);
    if((fp=fopen(fname, "r"))==NULL)       //重新打开文件
    {   printf("cannot open file.\n");
        exit(0);
    }
    while(fscanf(fp,"%s",str)!=EOF)
    {
        for(i=0;str[i]!='\0';i++)
        if( str[i]>='A'&&str[i]<='Z')
            str[i]+=32;
          printf("%s\n",str);              //将字符输出到屏幕显示
    }
    fclose(fp);
    return 0;
}
```

运行结果为：

```
Input file name:
s8↙
Please input string:
ABCDefg↙
Continue Input srting?(Y/N) y↙
Please input string:
HIJKlmn↙
Continue Input srting?(Y/N) n↙
The file s8 is about: (大写字母转换成小写字母)
abcdefg
hijklmn
```

【例 9-9】 有两个磁盘文件 A 和 B,各存放一行字母,要求把这两个文件中的信息合并(按字母顺序排列),输出到一个新文件 C 中。

源程序：

```
#include<stdlib.h>
#include<stdio.h>
#include<string.h>
int main(void)
{
```

```
FILE * fp;
char * s,str,a[40],b[40],c[40],u[40],v[40];
int i,j,k;
/* 输入两个字符串并分别存入文件 A 和 B 中 */
printf("Input string a: ");
gets(a);
printf("Input string b: ");
gets(b);
if ((fp=fopen("A", "w"))==NULL)
{
    printf ("cannot open this file.\n");
    exit (0);
}
for(s=a; * s!='\0';s++)
    fputc(* s,fp);                      //将一串字符写入 A 文件
fclose(fp);
if ((fp=fopen("B", "w"))==NULL)
{
    printf ("cannot open this file.\n");
    exit (0);
}
for(s=b; * s!='\0';s++)
    fputc(* s,fp);                      //将一串字符写入 B 文件
fclose(fp);
/* 从文件 A、B 中读数据到数组 u、v 中 */
if ((fp=fopen("A", "r"))==NULL)
{
    printf ("cannot open this file.\n");
    exit (0);
}
for(s=u; ( * s=fgetc(fp))!=EOF;s++);    //将 A 文件中的一串字符读出放到 u 数组中
    * s='\0';                           //添加字符串结束标志
fclose(fp);
if ((fp=fopen("B", "r"))==NULL)
{
    printf ("cannot open this file.\n");
    exit (0);
}
for(s=v;( * s=fgetc(fp))!=EOF;s++);     //将 A 文件中的一串字符读出放到 v 数组中
* s='\0';                               //添加字符串结束标志
fclose(fp);
/* 数组 u、v 连接存入数组 c 中并排序、输出 */
strcpy(c,u);
k=strlen(c);
s=c+k;
j=strlen(v);
for(i=0;i<j;s++,i++)
    * s=v[i];
c[i+k]='\0';
```

```
        k+=j;
        printf("合并后未排序的字符串为: ");
        printf("%s\n",c);
        for(i=0;i<k-1;i++)                              //排序
            for(j=i+1;j<k;j++)
                if(c[i]>c[j]) { str=c[i];c[i]=c[j];c[j]=str; }
            printf("合并排序后的字符串为: %s\n",c);
        //排序的数组存入文件 C 并读出显示
        if ((fp=fopen("C", "w"))==NULL)
        {
            printf ("cannot open this file.\n");
            exit (0);
        }
        for(i=0;i<k;i++)
            fputc(c[i],fp);                             //将合并后排好序的字符串写入 C 文件
        fclose(fp);
        if((fp=fopen("C", "r"))==NULL)
        {
            printf ("cannot open this file.\n");
            exit (0);
        }
        s=c;
        printf("从文件 C 中读取的字符串为: ");
        while((*s=fgetc(fp))!=EOF)                      //将字符串从文件 C 中读出并显示在屏幕上
            putchar(*s++);
        printf("\n");
        fclose(fp);
        return 0;
    }
```

运行结果为:

```
Input string a: jhyfc↙
Input string b: tpaqm↙
合并后未排序的字符串为: jhyfctpaqm
合并排序后的字符串为: acfhjmpqty
从文件 C 中读取的字符串为: acfhjmpqty
```

【例 9-10】 从键盘输入 10 个整数,以二进制方式存入 s10 文件中;然后再从文件中读取该数值,假如它是奇数则加 1,偶数则减 1。将新的数据存放到新的文件 s11 中。
源程序:

```
#include <stdlib.h>
#include <stdio.h>
#define N 10                                   //设置输入数据的个数
int main ()
{
    int x[100],i=0,k;
    FILE * fp1, * fp2;
    fp1=fopen ("s10","wb");
```

```
        if(fp1==NULL)
        {
            printf("Open error \n");
            exit(0);
        }
        printf("请输入%d个整数\n",N);
        for (i=0;i<N;i++)
        {
            scanf("%d",&x[i]);
            fwrite(&x[i],sizeof(int),1,fp1);
        }
        fclose(fp1);
        fp1=fopen ("s10","rb");
        if(fp1==NULL)
        {
            printf("Open error \n");
            exit(0);
        }
        printf("原文件数据: \n");
        fread(&x[i],sizeof(int),1, fp1);
        while(!feof(fp1))
        {   printf("%5d",x[i]);                    //输出原文件数据
            if(x[i]%2==1) x[i]=x[i]+1;            //修改数据
            else x[i]=x[i]-1;
            i++;
            fread(&x[i],sizeof(int),1, fp1);
        }
        printf("\n");
        fclose (fp1 ) ;
        fp2=fopen ("s11","wb");                    //按写方式打开文件
        for(k=N;k<i;k++)                           //修改后数据写入文件
            fwrite(&x[k],sizeof(int),1,fp2);
        fclose(fp2);
        printf("\n 修改后文件数据: \n");
        fp2=fopen ("s11","rb");                    //按读方式打开文件
        fread(&k,sizeof(int),1, fp2);              //输出修改后的文件数据
        while(!feof(fp2))
        {
            printf("%5d",k);
            fread(&k,sizeof(int),1, fp2);
        }
        printf("\n");
        fclose(fp2);
        return 0;
    }
```

运行结果为:

请输入 10 个整数
2 3 4 5 6 7 8 9 10 11↙

原文件数据:

2　3　4　5　6　7　8　9　10　11

修改后文件数据:

1　4　3　6　5　8　7　10　9　12

9.4　本章常见错误小结

本章常见错误实例与错误原因分析见表 9-3。

表 9-3　本章常见错误实例与错误原因分析

常见错误实例	错误原因分析
FILE * fp; fp=fopen("myfile","r");	打开文件时没有检查文件打开是否成功,通常应写成: if((fp=fopen("myfile","r"))==NULL) {　printf("Cannot open this file! \n"); exit(0); }
fp=fopen("myfile","wb"); … fp=fopen("myfile","r"); …	读文件时使用的文件打开方式与写文件时不一致
fp=fopen("c:\myfile.txt","a+");	打开文件时,文件名中的路径少写了一个反斜杠
FILE * fp;　char ch='a'; fputc(fp, ch);	fputc()函数参数顺序错误,应该写成:fputc(ch,fp);

9.5　习题

1. 选择题

(1) C 语言可以处理的文件类型是(　　)。

A. 文本文件和数据文件　　　　　　B. 文本文件和二进制文件

C. 数据文件和二进制文件　　　　　D. 以上都不完全

(2) 调用 fopen()函数,如果打开文件不成功,则函数的返回值是(　　)。

A. FALSE　　　　B. TRUE　　　　C. NULL　　　　D. EOF

(3) 下面的变量表示文件指针变量的是(　　)。

A. FILE * fp　　　B. FILE fp　　　C. FILER * fp　　　D. file * fp

(4) 若 fp 是指向某文件的指针,且已指到该文件的末尾,则 C 语言函数 feof()的返回值是(　　)。

A. EOF　　　　B. 非零值　　　　C. NULL　　　　D. −1

(5) 需要以写方式打开当前目录下一个名为 file1.txt 的文本文件,下列打开文件正确的选项是(　　)。

A. fopen("file1.txt","w");　　　　　B. fopen("file1.txt","r");

C. fopen("file1.txt","wb");　　　　　D. fopen("file1.txt","rb");

(6) 执行下面程序段的输出结果是(　　)。

```
FILE * fp;
int x=12,y=34;
fp=fopen("test.txt","w");
fprintf(fp,"%d%d",x,y);
fclose(fp);
fp=fopen("test.txt","r");
fscanf(fp,"%d",&x);
printf("%d,%d",x,y);
fclose(fp);
```

  A. 1234,34   B. 12,34   C. 1234   D. 123434

（7）已有定义"FILE * fp;"，且 fp 指向的文本文件内容有 2000 个字符，当前文件位置指针指向第 1000 个字符，则执行"fseek(fp, 600L, 1)；"语句后，文件位置指针指向第（　　）个字符。

  A. 400   B. 600   C. 1400   D. 1600

（8）以下叙述中正确的是（　　）。

  A. C 语言中的文件是流式文件，因此只能顺序存取数据

  B. 打开一个已存在的文件并进行了写操作后，原有文件中的全部数据必定被覆盖

  C. 在一个程序中当对文件进行了写操作后，必须先关闭该文件然后再打开，才能读到第 1 个数据

  D. 当对文件的读/写操作完成之后，必须将文件关闭，否则可能导致数据丢失

（9）如果要将存放在双精度型数组 x[10] 中的 10 个数据写到文件指针所指向的文件中，正确的语句是（　　）。

  A. for($i=0;i<10;i++$) fputc(x[i],fp);

  B. for($i=0;i<10;i++$) fputc(&x[i],fp);

  C. for($i=0;i<10;i++$) fwrite(&x[i],8,1,fp);

  D. fwrite(fp,8,10,x);

（10）已知有定义 FILE * fp; char str[] = "Hello!"; fp = fopen("file.dat", "wb");，将数组 str 中存放的字符串写到名为 file.dat 的二进制文件中。需要的语句是（　　）。

  A. fwrite(str[0], sizeof(char), 1, fp);

  B. fread(str, sizeof(char), 6, fp);

  C. fwrite(fp, sizeof(char), 6, str);

  D. fwrite(str, sizeof(char), 6, fp);

2. 填空题

（1）已知文本文件 test.txt 中的内容为：cprogram，执行下面程序段的运行结果是_____。

```
FILE * fp;
char str[20];
```

```
if((fp=fopen("test.txt","r"))! =NULL)
fgets(str,5,fp);
printf("%s",str);
```

(2) 假设已定义文件指针 fp 指向文本文件 file.txt,则将字符变量 ch 输入该文件中的方法主要有： _____、_____、_____。

(3) 下面程序的功能是：从键盘输入若干整数,若输入－1 则结束输入,将其中的偶数写入文本文件 d3.txt 中,请填空。

```
#include<stdio.h>
#include<stdlib.h>
int main(void)
{   int x;
    _____;
    if((fp=fopen("d3.txt","w"))==NULL)
    {   printf("Cannot open file!");
        exit(0);
    }
    scanf("%d",&x);
    while(_____)
    {   if(x%2==0)
        _____;
        _____;
    }
    fclose(fp);
}
```

(4) 若文本文件 file.txt 中原有内容为：ABC,则运行下列程序后,文件 file.txt 中的内容为_____。

```
#include <stdio.h>
int main(void)
{
    FILE * fp;
    fp=fopen("file.txt","a+");
    fprintf(fp,"abc");
    fclose(fp);
    return 0;
}
```

(5) 下列程序的运行结果为_____。

```
#include <stdio.h>
int main(void)
{
    FILE * fp;
    int i;
    char t, str[]="abcd";
    fp=fopen("abc.dat","wb+");
    for(i=0;i<4;i++)
```

```
        fwrite(&str[i],1,1,fp);
    fseek(fp,-3L,2);
    fread(&t,1,1,fp);
    fclose(fp);
    printf("%c\n",t);
    return 0;
}
```

(6) 下面程序的功能是：用变量 num 统计文件中字符的个数，请填写完整程序。

```
#include<stdlib.h>
#include<stdio.h>
int main()
{
    FILE * fp;
    long num=0;
    if((fp=fopen("letter.dat",_____))==NULL)
    {
        printf("can't open file\n");
        exit(0);
    }
    while(!feof(fp))
    {
        _____;
        _____;
    }
    printf("num=%ld\n",num-1);
    fclose(fp);
    return 0;
}
```

(7) 下面程序将一组数据写入 file.dat 文件中，请填写完整程序。

```
#include <stdio.h>
#include <stdlib.h>
int main()
{   char dt[9]={'1','2','3','4','5','6','7','8','9'};
    FILE * fp;
    fp=_____;
    if ( fp==NULL ) { printf("file can't open! "); exit(0); }
    fwrite(_____);
    fclose( fp);
    return 0;
}
```

(8) 下列程序的运行结果为_____。

```
#include<stdio.h>
int main(void)
{
    FILE * fp;int i, k=0,n=0;
```

```
fp=fopen("d1.dat","w");
for(i=1;i<4;i++)
    fprintf(fp,"%d",++i);
fclose(fp);
fp=fopen("d1.dat","r");
fscanf(fp,"%d",&k);
printf("%d\n%d\n",k,n);
fclose(fp);
return 0;
}
```

（9）下列程序的运行结果为_____。

```
#include<stdlib.h>
#include<stdio.h>
int main(void)
{
    FILE * fp;
    float sum=0.0,x;
    int i;
    float y[4]={-12.1,13.2,-14.3,15.4};
    if((fp=fopen("data1.dat","wb"))==NULL)
        exit(0);
    for(i=0; i<4; i++)
        fwrite(&y[i],4,1,fp);
    fclose(fp);
    if((fp=fopen("data1.dat","rb"))==NULL)
        exit(0);
    for(i=0;i<4;i++,i++)
    {
        fread(&x,4,1,fp);
        sum+=x;
    }
    printf("sum=%.1f\n",sum);
    fclose(fp);
    return 0;
}
```

（10）下列程序的运行结果为_____。

```
#include <stdio.h>
int main(void)
{
    FILE * fp;
    int a[10]={ 11,22,33,44,55,66,77,88,99,100 };
    int b[6], i;
    fp=fopen("test.dat", "wb");
    fwrite(a, sizeof(int), 10, fp);
    fclose(fp);
    fp=fopen("test.dat", "rb");
```

```
fread(b, sizeof(int), 6, fp);
fread(b+2, sizeof(int), 4, fp);
fclose(fp);
for (i=0; i < 6; i++)
  printf("%d ", b[i]);
return 0;
}
```

3. 编程题

（1）假设文本文件 g1.txt 中有若干字符，编写程序将 g1.txt 中的内容复制到 g2.txt 中，并统计文件中字母、数字和其他字符出现的个数，显示在屏幕上。

（2）从键盘输入 10 个浮点数，以二进制形式存入文件 g3.dat 中。再从文件中读出数据显示在屏幕上。

（3）假设文件 g4.txt 中已经存放了一组整数，编程统计并输出文件中正数、负数和零的个数，并将统计结果写到 g4.txt 文件的最后。

（4）有 3 个学生，每个学生有 2 门课的成绩，定义结构体类型，编程：从键盘输入数据（包括学号、姓名和 2 门课成绩），计算出每个学生的总分，将原有数据和计算出的总分存放在磁盘文件 student 中。

9.6　上机实验：文件程序设计

1. 实验目的

（1）掌握文件、文件指针的概念。

（2）学会使用文件打开、关闭、读、写等文件操作函数。

2. 实验内容

1）改错题

（1）下列程序的功能为：从键盘输入 4 个字符串，写到 data1.txt 文件中。纠正程序中存在的错误，以实现其功能。程序以文件名 sy9_1.c 存盘。

```
#include <stdio.h>
#include<string.h>
int main(void)
{
    FILE * fp1;
    char ch[80];
    int i,j;
    fp1=fopen("data1.txt","b");
    for(i=1;i<=4;i++)
    {
        gets(ch);
        j=0;
        while(ch[j]!='\0')
        {   fputc(fp1, ch[j]);
            j++;
```

```
        }
        fputc(fp1,'\n');
    }
    fclose(fp1);
    return 0;
}
```

（2）下列程序的功能为：随机产生 10 个 100 以内的整数，写入一个文本文件中。纠正程序中存在的错误，以实现其功能。程序以文件名 sy9_2.c 存盘。

```
#include <stdlib.h>
#include <stdio.h>
#include <time.h>
int main(void)
{
    int x[10],i,k;
    FILE * fp2;
    srand((unsigned)time(NULL));
    for (i=0;i<10;i++)
        x[i]=rand();
    fp2=fopen ("data2.dat","wb");
    if(fp2==NULL)
    {
        printf("Open error \n");exit(0);
    }
    for (int k=0 ; k<10 ; k++)
        fwrite(x[k],sizeof(int), fp2);
    fclose (fp2) ;
    return 0;
}
```

（3）下列程序的功能为：把数组中的数据写入 ASCII 码文件 file9_3.txt 中，并按下列格式输出：10 20 30 40 50 60 70 80 90 100（每个数据占 5 字符宽度）。纠正程序中存在的错误，以实现其功能。程序以文件名 sy9_3.c 存盘。

```
#include<stdio.h>
#include<stdlib.h>
int main(void)
{
    FILE * fp3;
    int b[]={10,20,30,40,50,60,70,80,90,100},i=0,n;
    if((fp3=fopen("file9_3.txt","r"))==NULL)
    {
        printf("%s 不能打开\n","file9_3.txt");
        exit(1);
    }
    while(i<10)
    {
        fprintf(fp3,"%d",b[i]);
```

```
        i++;
        if(i%3==0) fprintf(fp3,"\n");
    }
    fp3=rewind();
    while(!feof(fp3))
    {
        fscanf(fp3,"%d",&n);
        printf("%5d",n);
    }
    printf("\n");
    fclose(fp);
    return 0;
}
```

2）填空题

（1）下列程序的功能为：从字符指针数组读出字符串，建立 ASCII 码文件 file9_4.txt。补充完善程序，以实现其功能。程序以文件名 sy9_4.c 存盘。

```
#include<stdio.h>
#include<stdlib.h>
int main(void)
{
    FILE * fp;
    int i=0;
    char * str[]={"Visual C++","Visual Basic","Dev-C++","Visual Foxpro"};
    if((fp=fopen("file9_4.txt", _____))==NULL)
    {   printf("%s 不能打开!\n","file9_4.txt");
        exit(1);
    }
    while(i<4)
    {
        fprintf(_____);
        _____;
    }
    fclose(fp);
    return 0;
}
```

（2）下列程序的功能为：从键盘输入字符，直到输入 EOF(Ctrl＋Z)为止。对于输入的小写字符，先转换为相应的大写字符，其他字符不变，然后逐个输出到文件 text.txt 中，行结束符回车('\n')也作为一个字符对待，最后统计文件中的字符个数和行数。补充完善程序，以实现其功能。程序以文件名 sy9_5.c 存盘。

```
#include <stdio.h>
int main(void)
{
    FILE * fp;
    char c;
    int i=0, no=0, line=0;
```

```
    if((fp=fopen("text.txt", _____))==NULL)
    {
        printf("can`t open this file.\n ");
        exit(0);
    }
    printf("please input a string.\n ");
    while((c=getchar())!=EOF)
    {
        if(c>='a'&&c<='z') _____;
        fputc(_____, fp);
    }
    fclose(fp);
    if((fp=fopen("text.txt", "r"))==NULL)
    {
        printf("can't open this file.\n");
        exit(0);
    }
    while(!feof(fp))
    {
        c=_____;
        no++;
        if(_____) line++;
    }
    printf("line=%d character_no=%d\n ", line, no);
    fclose(fp);
    return 0;
}
```

(3) 下列程序的功能为：把二维数组中的字符串写入二进制文件 file9_6.dat 中，然后再读出文件中的字符串显示在屏幕上。补充完善程序，以实现其功能。程序以文件名 sy9_6.c 存盘。

```
#include<stdio.h>
#include<stdlib.h>
#include<string.h>
int main(void)
{   FILE * fp6;
    int i=0;
    char str[][20]={ "Visual C++","Visual Basic","Dev-C++","Visual Foxpro"};
    char s[20];
    if((fp6=fopen("file9_6.dat",_____))==NULL)
    {   printf("%s 不能打开!\n","file9_6.dat");
        exit(1);
    }
    while(i<4)
    {
        fwrite(_____,_____,1,fp6);
        i++;
    }
```

```
    fclose(fp6);
    if((fp6=fopen("file9_6.dat",_____))==NULL)
    {   printf("%s 不能打开!\n","file9_6.dat");
        exit(1);
    }
    fread(_____,_____,1,fp6);
    while(!feof(fp6))
    {   printf("%s\n",s);
        fread(_____,_____,1,fp6);
    }
    fclose(fp6);
    return 0;
}
```

3）编程题

（1）假设文件 number.txt 中已存放了一组整数，编程计算并输出文件中正整数之和、负整数之和。程序以文件名 sy9_7.c 存盘。

（2）假设文件 address.txt 中已存放 3 位联系人信息，编写程序，从键盘输入 1 位联系人信息，序号：4，姓名：小鹿，性别：女，电话号码：15821889977，把该联系人添加到文件里。然后从文件中读出全部信息，并在屏幕上显示。程序以文件名 sy9_8.c 存盘。

序号	姓名	性别	电话号码
1	小洋	男	13811223344
2	小明	女	13312512433
3	小马	男	15911332255

（3）有 5 个学生，每个学生有 3 门课的成绩，从键盘输入以下数据（包括学生号、姓名、3 门课成绩），计算出平均成绩，将原有数据和计算出的平均分数存放在磁盘文件 stud 中。程序以文件名 sy9_9.c 保存。

第10章

C语言编程实例——简易物联网监控系统

随着智能化时代的到来,物联网 IoT(Internet of Things)迅速兴起。众多的传感器、执行器都实现了联网。使得 C 语言初学者也能在任何个人计算机、笔记本电脑上方便地开发各种智能监控系统。

本章通过综合运用 C 语言的各种编程技巧和数据类型,结合基本的硬件知识,开发一个简单的温湿度监控系统,以帮助初学者使用 C 语言轻松进入智能化领域编程。

通过本章学习,可以了解以下知识点。

(1) C 语言 Win32 API 串口编程;

(2) RS485 网络连接与运用;

(3) 简单的物联网编程;

(4) 典型控制回路实现。

后期通过增加各种不同的执行机构、输入模块,可以构建各种功能,适应各种应用场景。通过串口转 RS485 可以搭建功能更强的监控系统。你会发现 C 语言编程技巧在智能设备、物联网领域大有作为。

10.1 系统构成

搭建一个简易温湿度监控系统,需要用到一台计算机,其他材料见表 10-1。

表 10-1　简易温湿度监控系统材料清单

序号	材 料 描 述	数量	实 物 图
1	**USB-RS485 转换器**:该转换器实现计算机 USB 口到 RS485 物联网的转换,用于计算机和传感器、执行器进行网络通信	1 个	
2	**温湿度变送器**(12VDC 供电、RS485 输出):这是一个具备 RS485 网络接口的温度、湿度传感器。上电后将自动进行温度、湿度采集,计算机可以通过网络向其索取当前温度、湿度读数	1 个	

续表

序号	材 料 描 述	数量	实 物 图
3	**网络继电器模块**(12VDC 电源、RS485 网络、继电器输出 x1)：这是一个具备 RS485 网络接口的继电器板，具备 1 路或多路继电器。该模块属于执行器，每个继电器相当于 1 个电源开关。通过控制模块上的继电器通断，就可以控制受控对象的电源。受控对象包括风扇、除湿机、空调、水泵等电器	1个	
4	**风扇**(12VDC、0.2A)：这是一个直流风扇，用于模拟除湿机等执行电器	1个	
5	**电源适配器**(220VAC 转 12VDC、1A)：这是一个直流电源适配器，用于给温湿度变送器、网络继电器模块、风扇供电	1个	
6	**接线端子台**(12 位或 10 位)：用于接线	1条	
7	**彩色导线**	若干	

10.2 连线方法

需要进行三组连线完成简易温湿度监控系统接线，如图 10-1 所示。

1. 电源接线

将电源适配器输出的 12VDC 正极与温湿度变送器的 DC＋、网络继电器模块的 VCC 并联；将电源适配器输出的 12VDC 负极与温湿度变送器的 —、网络继电器模块的 GND 并联。

2. RS485 网络接线

将 USB-RS485 转换器的 A＋与温湿度变送器的 A、网络继电器模块的 A＋并联；将

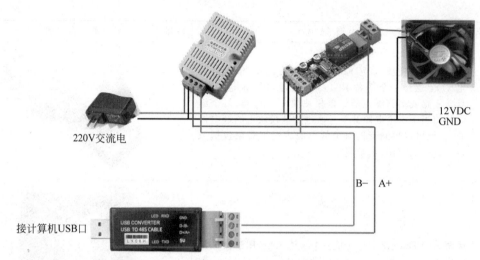

图 10-1　简易温湿度监控系统连线示意图

USB-RS485 转换器的 B－与温湿度变送器的 B、网络继电器模块的 B－并联。

3. 风扇接线

　　将风扇负极(通常为黑色导线)与电源适配器输出的 12VDC 负极连接;将风扇正极(通常为红色导线)与网络继电器的 NO 端子连接;将网络继电器模块的 COM 端子与电源适配器输出的 12VDC 正极连接。这样,当网络继电器吸合时,COM 端子与 NO 端子连通,于是 12VDC 得以向风扇供电。

　　说明:

　　继电器 COM 端子是公共端子、NC 端子是常闭端子、NO 是常开端子;继电器没有动作时公共端子与常闭端子连通;继电器吸合之后,公共端子与常开端子连通。

　　完成上述连接之后,就可以通过电源适配器给温湿度变送器、网络继电器模块、风扇供电;通过计算机串口从温湿度变送器读取温度和湿度数据、向网络继电器模块发布命令控制继电器的吸合与断开,从而控制风扇电源的通断。

10.3　监控系统流程设计

　　在完成简易温湿度控制系统连线之后,就可以设计该系统的控制逻辑。以湿度控制为例,设想启动风扇可以吹散湿气、降低湿度。实际应用中,风扇会是除湿器、加热器等实际设施。这里的直流风扇仅用于模拟除湿过程,在模拟实验时可以将风扇对准温湿度变送器吹风。

　　简易温湿度监控系统控制程序在一台安装 Windows 操作系统的计算机上运行。

　　温湿度监控系统的设计目标设定为:循环监视温度和湿度;若湿度高于预设的值,则启动风扇吹散湿气,使得湿度降低;当湿度降低到设定值或以下时,停止风扇。用户按压任意键,则停止上述循环过程,退出程序。

　　简易温湿度监控系统的控制流程如图 10-2 所示。流程开始,首先初始化各种变量和通信环境、获取当前温湿度读数并显示,随即让用户输入湿度限定目标值 Goal。然后进入监控循环:获取当前温湿度读数并显示,延时 500ms;如果湿度大于 Goal,则启动风扇,否则停止风扇;再次延时 500ms。查询是否有用户按键,有则退出循环,没有则进入下一次循环。循环结束,关闭通信端口,结束程序。

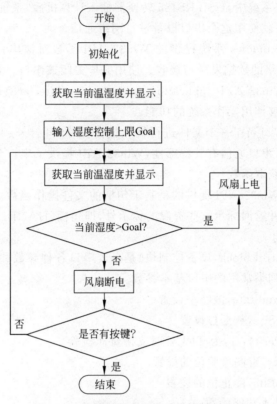

图 10-2　简易温湿度监控系统控制流程图

10.4　运行效果

搭建完简易温湿度监控系统,使用 C 语言编写控制代码,其运行效果如图 10-3 所示。

图 10-3　简易温湿度监控系统代码运行效果图

可以尝试向温湿度变送器吹一口气,会发现湿度很快高于 60%,然后继电器接通,风扇开始旋转。可以将风扇置于温湿度变送器上,使其吹走温湿度变送器内的水汽。当湿度降低到 60% 以下时继电器自动断开,风扇停转。

10.5 Win32 API 串口编程简介

简易温湿度监控系统中,USB-RS485 转换器插入计算机后,系统虚拟一个串口设备。我们编写的监控程序就使用这个串口设备进行网络通信。

程序通过调用 Windows 系统提供的 Win32 API 函数对该串口打开、写数据、读数据,实现对 RS485 网络的数据发送与接收。使用完毕关闭该串口。整个操作和前面章节文件的操作类似。Win32 API(application programming interface)是一组预先定义的函数,使得应用程序能够调用操作系统的功能。

Win32 API 将串口当作一个文件进行输入输出操作,其打开、写、读、关闭函数与文件没有区别。而由于串口通信有其特殊性,Win32 API 提供了串口参数的数据结构以及串口参数设置、状态获取函数。

值得一提的是,Win32 API 提供的是基于句柄的文件操作函数。系统在创建资源时会为它们分配内存,并返回标示这些资源的标示号,即句柄(HANDLE)。

1. 主要数据结构

DCB(device control block,设备控制块)是存放串口各种参数和状态的结构体,涉及的内容很多,这里仅列举常用的串口基本参数。

(1) DWORD BaudRate,波特率设置。

(2) BYTE ByteSize,数据位设置。

(3) DWORD fParity：1,为 TRUE 时支持奇偶检验。

(4) BYTE Parity,奇偶检验位的设置。

(5) BYTE StopBits,停止位的设置。

2. 用到的几个基本功能函数

(1) 打开串口使用文件创建函数。

```
HANDLE CreateFileA( LPCSTR lpFileName,              //指向文件名的指针,本处就是串口名
DWORD dwDesiredAccess,                              //读写访问方式,说明是只读、只写还是读写
DWORD dwShareMode,                                  //共享模式
LPSECURITY_ATTRIBUTES lpSecurityAttributes,         //指向安全属性的指针
DWORD dwCreationDisposition,                        //如何创建
DWORD dwFlagsAndAttributes,                         //文件属性
HANDLE hTemplateFile                                //用于复制的句柄
);
```

函数成功执行就返回该串口的句柄。

(2) 串口状态设置与获取。

设置串口参数：BOOL SetCommState(HANDLE hFile, LPDCB lpDCB);

获取串口状态：BOOL GetCommState(HANDLE hFile, LPDCB lpDCB);

BOOL 数据类型是只有 True 和 False 两个值的逻辑类型。函数成功运行返回真(True),失败返回假(False)。

函数的参数为：串口句柄、用于参数带入和状态带出的 DCB 结构体变量。

（3）串口数据发送函数。

让串口向外发送数据使用文件写操作函数。

```
BOOL WriteFile( HANDLE hFile,              //串口句柄
LPCVOID lpBuffer,                          //数据缓存取
DWORD nNumberOfBytesToWrite,               //将要写入的字节数
LPDWORD lpNumberOfBytesWritten,            //实际写入的字节数
LPOVERLAPPED lpOverlapped                  //指向一个 OVERLAPPED 结构。大多数情况使用 NULL
);
```

函数成功运行返回 True，并带回实际完成的字节数。

（4）串口数据接收函数。

从串口接收送数据使用文件读操作函数。

```
BOOL ReadFile( HANDLE hFile,               //串口句柄
LPCVOID lpBuffer,                          //数据缓存取
DWORD nNumberOfBytesToRead,                //将要读取的字节数
LPDWORD lpNumberOfBytesRead,               //实际读取的字节数
LPOVERLAPPED lpOverlapped                  //指向一个 OVERLAPPED 结构。大多数情况使用 NULL
);
```

函数成功运行返回 True，并带回实际完成的字节数。

（5）关闭串口。

关闭串口采用文件关闭函数。

```
BOOL CloseHandle( HANDLE hObject);
```

函数参数为串口句柄，运行成功返回 True。

10.6　传感器、执行器说明

简易温湿度监控系统用到了 1 个温湿度变送器、1 个网络继电器模块，均是电商平台上很容易搜索获取的元器件，都采用基于 RS485 的 Modbus 通信协议进行网络通信。

RS485 是一个主从式串行通信总线标准。网络上所有站点并联在一条双绞线通信总线上；每个站点有 1 个 1 字节的地址；有 1 个主站、1～255 个从站。通信方式是主站轮流向从站发送轮询指令，从站收到发给自己的轮询指令后执行有关动作并发回响应数据。

RS485 采用以字节为单位的串行通信方式，常用参数如下。

（1）编码：8 位二进制。

（2）数据位：8 位。

（3）奇偶校验位：通常为无奇偶校验位。

（4）停止位：1 位。

（5）波特率：9600bps、115200bps 等。通常出厂默认为 9600bps，即每秒钟传输 9600 比特。

Modbus 是一种串行通信协议,是 Modicon 公司(现在的施耐德电气 Schneider Electric)于 1979 年为使用可编程逻辑控制器(PLC)通信而发表。Modbus 已经成为工业领域通信协议的业界标准,现在是工业电子设备之间常用的连接方式。

该协议规定了网络站点之间通信的数据格式。本系统涉及主要数据格式如下。

1. 主站命令格式

地址码	功能码	寄存器起始地址	寄存器长度	校验码低位	校验码高位
1 字节	1 字节	2 字节	2 字节	1 字节	1 字节

地址码在每个站点中是唯一的,取值为 1~255;功能码查阅产品定义;寄存器的起始地址和寄存器的长度指明命令执行涉及的从站寄存器的地址和数量;校验码为 16 位 2 字节的 CRC(循环冗余校验码),用于检验收到的数据是否在传输途中发生了错误。

2. 从站响应数据格式

地址码	功能码	返回有效字节数 n	返回数据	校验码低位	校验码高位
1 字节	1 字节	1 字节	n 字节	1 字节	1 字节

除了两个基本命令/响应格式,还有数据传输波特率设定、站点地址设定等,可以按需要查询产品说明书使用。

10.6.1 温湿度变送器

本实例采用的温湿度变送器是市面上比较典型的网络传感器,其主要技术参数见表 10-2。

表 10-2 温湿度变送器的主要技术参数

直流供电	DC 9~30V	
电流	0.0015A	
精准度	湿度	±2%RH(5%RH~95%RH,25℃)
	温度	±0.2℃(25℃)
温度显示分辨率	0.1℃	
湿度显示分辨率	0.1%RH	
温湿度刷新时间	1s	
输出信号	RS485、最远 1200m	

通信举例如下。

1. 计算机查询温湿度变送器站点 0x01 的温湿度

计算机发送:

地址码	功能码	寄存器起始地址	寄存器长度	校验码低位	校验码高位
0x01	0x03	0x0001	0x0002	0x95	0xcb

温湿度变送器应答：

地址码	功能码	返回有效字节数	温度值	湿度值	校验码低位	校验码高位
0x01	0x03	0x04	0x0168	0x0168	0x7a	0x6d

2. 温度计算

实测温度数据在采集数据基础上减 400 再除以 10。

$$168H(十六进制) = 360 => 温度 = (360-400)/10 = -4.0℃$$

3. 湿度计算

实测湿度数据是在采集数据的基础上除以 10。

$$168H(十六进制) = 360 => 湿度 = 360/10 = 36.0\%RH$$

10.6.2 网络继电器模块

网络继电器模块由 1 个单片机系统、1 个 RS485 芯片、1 个或多个继电器构成。单片机负责与主站通信并执行主站的命令,控制继电器的通断。继电器通常提供 220V/10A 的 1 常开 1 常闭触点驱动端口。

这个继电器是一个可控的单刀双掷的开关。继电器无动作时,COM 端与 NC 端接触导通;继电器吸合动作时,COM 端与 NC 端断开,与 NO 端接触导通。我们可以利用继电器驱动小型电器的电源回路,也可以用来控制大型用电器的接触器而控制其电源。

本实例用继电器控制风扇的正极电源回路。

网络继电器模块支持 Modbus 通信协议。典型的通信指令如下。

1. 将模块的地址改为 0x02

计算机发送：

地址码	功能码	寄存器	数 据	校验码低位	校验码高位
0x00	0x10	0x00000001	0x020002	0x2a	0x01

2. 将模块的地址改为 0x01

计算机发送：

地址码	功能码	寄存器	数 据	校验码低位	校验码高位
0x00	0x10	0x00000001	0x020001	0x6a	0x00

3. 将 0x02 模块的 0 号继电器接通

计算机发送：

地址码	功能码	寄存器	数 据	校验码低位	校验码高位
0x02	0x05	0x0000	0xff00	0x8c	0x09

4. 将 0x02 模块的 0 号继电器断开

计算机发送：

地址码	功能码	寄存器	数　据	校验码低位	校验码高位
0x02	0x05	0x0000	0x0000	0x8c	0x09

可以看到,该模块遵循了 Modbus 协议的基本数据格式,但是自己做了一定改动。实际做实验时需要阅读产品说明书,并按需要对源代码进行必要的修改。

10.7　"简易温湿度监控系统"完整源代码

/* 使用 Win32 API 串口功能发送、接收数据。*/

注意：使用时需要将程序中的 const char * device 修改为实际串口；
串口可通过"设备管理->端口(COM 和 LPT)->USB-Serial"途径查询。

说明：

代码中的串口命令来自温湿度变送器和网络继电器模块厂家的说明。一般网络命令都由节点地址(1 字节)、命令编码(1 字节)、操作寄存器地址、操作寄存器数量、校验码组成。具体参照生产厂家的资料。

```c
#include <stdio.h>
#include "stdint.h"
#include <windows.h>
#include <conio.h>
// 打开指定串口并设置波特率
HANDLE OpenSerialPort(const char * device, uint32_t baud_rate);
// 向串口写入(发送)字节数据
int WriteSerialPort(HANDLE port, uint8_t * buffer, size_t size);
// 从串口接收字节数据
SSIZE_T ReadSerialPort(HANDLE port, uint8_t * buffer, size_t size);
void Initial(HANDLE port);          //初始化
void GetSensorValue(HANDLE port);   //获取传感器测量值
void PowerOffFan(HANDLE port);      //风扇断电
void PowerOnFan(HANDLE port);       //风扇上电
void ShowSensorValue();            //显示温湿度参数

//传感器数据结构
struct Sensor{
    unsigned char address;          //传感器网络地址
    double temperature;             //温度测量值
    double humidity;                //湿度测量值
} sensor;                           //传感器变量

//风扇数据结构
struct Fan{
    unsigned char address;          //所属继电器板网络地址
    unsigned char relayNumber;      //所属继电器编号
    unsigned char status;           //当前开关状态 ON/OFF
```

```
}fan;                                   //风扇变量

//主控函数
int main(void)
{
    //通信串口,使用时需修改为实际串口
    // 串口可通过"设备管理->端口(COM 和 LPT)->USB-Serial"途径查询
    const char * device ="\\\\.\\COM3";
    uint32_t baud_rate =9600;           //波特率每秒 9600 位(bit)
    double humidityGoal=60;
    HANDLE port =OpenSerialPort(device, baud_rate);    //打开串口
    if (port ==INVALID_HANDLE_VALUE) {
        printf("串口打开失败! \n");
        return 1;
    }
    Initial(port);                      //初始化
    GetSensorValue(port);               //获取传感器读数
    //显示传感器读数
    printf("当前");
    ShowSensorValue();
    //读入湿度目标%,超过就启动风扇,否则关闭风扇
    printf("\n 请输入最大容忍湿度(%%RH)值:");
    scanf("%lf",&humidityGoal);
    printf("\n 开始自动监控,按任意键退出! \n");
    do{
        //读入最新传感器读数并显示
        GetSensorValue(port);
        printf("最大湿度目标: %.1f%%RH 当前值:",humidityGoal);
        ShowSensorValue();
        Sleep(500);                     //延时等待半个循环周期
        //如果湿度超标,则启动风扇,否则关闭风扇
        if(sensor.humidity>humidityGoal)
            PowerOnFan(port);
        else PowerOffFan(port);
        Sleep(500);                     //再次延时等待半个循环周期
    }while(! kbhit());                   //按压任意键退出
    PowerOffFan(port);                  //关闭风扇
    CloseHandle(port);                  //关闭串口
    return 0;
}


// 打开指定串口并设置波特率
// 成功返回串口句柄,失败返回 INVALID_HANDLE_VALUE
HANDLE OpenSerialPort(const char * device, uint32_t baud_rate)
{
    BOOL success;
    COMMTIMEOUTS timeouts={ 0 };
```

```
    DCB state;                                          //串口设备控制块
    HANDLE port = CreateFileA(device, GENERIC_READ | GENERIC_WRITE, 0, NULL,
OPEN_EXISTING, FILE_ATTRIBUTE_NORMAL, NULL);
    if (port == INVALID_HANDLE_VALUE){
        printf("设备打开失败!\n");
        return INVALID_HANDLE_VALUE;
    }
    // 清除串口缓冲区
    success = FlushFileBuffers(port);
    if (! success){
        printf(" 清除串口缓冲区失败! \n");
        CloseHandle(port);
        return INVALID_HANDLE_VALUE;
    }
    // 设置读写超时时间为 100 ms
    timeouts.ReadIntervalTimeout = 0;
    timeouts.ReadTotalTimeoutConstant = 100;
    timeouts.ReadTotalTimeoutMultiplier = 0;
    timeouts.WriteTotalTimeoutConstant = 100;
    timeouts.WriteTotalTimeoutMultiplier = 0;

    success = SetCommTimeouts(port, &timeouts); //设置端口超时时间
    if (! success) {
        printf("设置读写超时时间失败! \n");
        CloseHandle(port);
        return INVALID_HANDLE_VALUE;
    }
//读取串口配置
    state.DCBlength = sizeof(DCB);
    success = GetCommState(port, &state);
    if (! success){
        printf("获取串口配置失败!\n");
        CloseHandle(port);
        return INVALID_HANDLE_VALUE;
    }
    //修改波特率之后再设置
    state.BaudRate = baud_rate;
    state.ByteSize=8;                                // 通信字节位数,8
    state.StopBits=1;                   //指定停止位的位数, ONESTOPBIT 为 1 位停止位
    success = SetCommState(port, &state);
    if (!success){
        printf("串口配置失败!\n");
        CloseHandle(port);
        return INVALID_HANDLE_VALUE;
    }
    return port;
}
```

```c
// 向串口写入(发送)字节数据,成功返回 0,失败返回-1
int WriteSerialPort(HANDLE port, uint8_t * buffer, size_t size)
{
    DWORD written;
    BOOL success =WriteFile(port, buffer, size, &written, NULL);
    if (!success) {
        printf("写串口失败!\n");
        return -1;
    }
    if (written !=size)
    {
        printf("未能完成全部数据发送!\n");
        return -1;
    }
    return 0;
}


// 从串口接收字节数据
SSIZE_T ReadSerialPort(HANDLE port, uint8_t * buffer, size_t size)
{
    DWORD received;
    BOOL success =ReadFile(port, buffer, size, &received, NULL);
    if (!success) {
        printf("串口读取失败!\n");
        return -1;
    }
    return received;
}


//风扇断电
void PowerOffFan(HANDLE port)
{
    //风扇控制继电器网络地址预先已经设置为 0x02
    //用 0x05 命令和 0x00 填充设置 0x00 号继电器为关断状态
    //最后两字节为 CRC 校验码
    uint8_t sendBuf[16]={0x02,0x05,0x00,0x00,0x00,0x00,0xcd,0xf9};
    uint8_t recBuf[10];
    WriteSerialPort(port, sendBuf, 8);
    Sleep(200);
    fan.status=0x00;
    //Receive(port, recBuf);
    ReadSerialPort(port,recBuf,10);
}


//风扇上电
void PowerOnFan(HANDLE port)
{
```

```
//02 05 00 00 ff 00 8c 09
//风扇控制继电器网络地址预先已经设置为 0x02
//用 0x05 命令和 0xff 填充设置 0x00 号继电器为导通状态
//最后两字节为 CRC 校验码
uint8_t sendBuf[16]={0x02,0x05,0x00,0x00,0xff,0x00,0x8c,0x09};
uint8_t recBuf[10];
WriteSerialPort(port, sendBuf, 8);          //发送命令
Sleep(200);
fan.status=0xff;
//Receive(port, recBuf);
ReadSerialPort(port,recBuf,10);
}


//显示温湿度参数
void ShowSensorValue()
{
    printf ( "温度:%.1f℃ 湿度:%.1f%% RH \r", sensor.temperature, sensor.
humidity);
}


//获取传感器测量值
void GetSensorValue(HANDLE port)
{
    int length,d;
    //获取参数的命令,预先已经将传感器网络地址设置为 0x01,0x03 为读取命令代码
    //温湿度寄存器地址为 0x0001,数量为 0x0002。最后两字节为 CRC 校验码
    uint8_t sendBuf[8]={0x01,0x03,0x00,0x01,0x00,0x02,0x95,0xcb};
    uint8_t recBuf[10];
    WriteSerialPort(port, sendBuf, 8);               //发送参数读取命令
    Sleep(200);                                      //延时 200ms 等待传感器测量
    length=ReadSerialPort(port,recBuf,10);           //接收测量参数
    if(length<7) return;                             //长度少于预期,测量失败
    //将收到数据的 3、4 字节解析为一个无符号整数
    d=recBuf[3];
    d=d<<8 | recBuf[4];
    //按照传感器说明将测量值转换成实际读数
    sensor.temperature = (d-400)/10.0;
    //将收到数据的 5、6 字节解析为一个无符号整数
    d=recBuf[5];
    d=d<<8 | recBuf[6];
    //按照传感器说明将测量值转换成实际读数
    sensor.humidity =d/10.0;
}


//初始化
void Initial(HANDLE port)
{
```

```
    fan.address=0x02;
    fan.relayNumber=0;
    fan.status=0;                              //OFF

    sensor.address=0x01;
    sensor.humidity=0;
    sensor.temperature=0;

    GetSensorValue(port);
    PowerOffFan(port);
}
```

10.8　本章常见问题小结

本章综合性较强，涉及传感器和执行器硬件、RS485 网络、工业控制网络规范 Modbus、综合的 C 语言知识以及 Win32 API 编程。初学者难免觉得比较困难。在实践中应注意以下常见问题。

1. 温湿度变送器和网络继电器模块调试

在计算机上插入 USB-RS485 转换器，在正式搭建系统前逐一单独调试温湿度变送器和网络继电器模块。

使用常见的诸如"串口精灵"工具软件，先按照厂家的说明书，直接从软件界面上输入各种命令对部件进行地址设置、命令执行、结果验证等。尽量先熟悉硬件。

2. Win32 API 运用

作为首次接触到真实的操作系统编程，其 API 函数、变量、类型都会觉得陌生，尤其是它们的标识符采用了见文知意的命名方法，显得与平时命名方法差异较大，显得烦琐，需要一个逐步适应的过程。这是将来走上正式的软件工作岗位需要使用的方法。

3. 串口查找

本章给出的源代码清单中，串口名称不能直接用于学生的实际调试，学生需要在计算机上插入 USB-RS485 转换器之后，打开 Windows 的设备管理界面查询"设备管理->端口（COM 和 LPT）->USB-Serial"。注意不同版本的 Windows 会略有区别，但大同小异。

进行软件调试时，需要将程序中的 const char * device 修改为实际串口。

4. RS485 与 Modbus

初学者一时间难以完全理解这些内容，这不要紧，只需要知道这是通信规范就够了。实际编程就是按照厂家说明书了解"命令/响应"对应关系，发送命令获得响应结果即可。

5. CRC 校验码

循环冗余校验（cyclic redundancy check，CRC）是一种根据网络数据包数据产生简短固定位数校验码的一种散列函数，主要用来检测或校验数据传输或者保存后可能出现的错误。它是利用除法及余数的原理来做错误侦测的。Modbus 的 CRC 计算有固定的公式，有兴趣的同学可以搜索有关源代码阅读。

6. 系统的掌握

系统比较复杂,可以先专注 main()函数的分析和掌握。在需要深入了解 Win32 API 串口编程时就去深入分析串口相关的功能函数;在需要深入了解传感器、执行器的操作时就去深入分析传感器函数、执行器函数。这种方法就是前面章节学过的"自顶向下"分析方法。

参 考 文 献

[1] K.N.King,吕秀峰,黄倩. C 语言程序设计现代方法[M].2 版.北京：人民邮电出版社,2010.

[2] 吉顺如,唐政,辜碧容. C 语言程序设计教程[M].3 版. 北京：机械工业出版社,2015.

[3] Ivor Horton. C 语言入门经典[M].5 版. 北京：清华大学出版社,2013.

[4] 谭浩强. C 程序设计[M]. 5 版. 北京：清华大学出版社,2017.

[5] Paul Deitel，Harvey Deitel. C How to Program[M]. 8 版. London：Pearson Education Limited，2016.

[6] Stephen G. Kochan. Programming in C[M]. 4 版. 北京：电子工业出版社，2016.

附　录

附录 A　常用字符与 ASCII 代码对照表

ASCII 值	字符	控制字符	ASCII 值	字符	ASCII 值	字符	ASCII 值	字符
000	(null)	NUL	032	(space)	064	@	096	'
001	☺	SOH	033	!	065	A	097	a
002	●	STX	034	"	066	B	098	b
003	♥	ETX	035	♯	067	C	099	c
004	♦	EOT	036	$	068	D	100	d
005	♣	END	037	％	069	E	101	e
006	♠	ACK	038	&.	070	F	102	f
007	(beep)	BEL	039	'	071	G	103	g
008	■	BS	040	(	072	H	104	h
009	(tab)	HT	041	)	073	I	105	i
010	(line feed)	LF	042	*	074	J	106	j
011	(home)	VT	043	+	075	K	107	k
012	(form feed)	FF	044	,	076	L	108	l
013	(carriage return)	CR	045	—	077	M	109	m
014	♫	SO	046	°	078	N	110	n
015	☼	SI	047	/	079	O	111	o
016	►	DLE	048	0	080	P	112	p
017	◄	DC1	049	1	081	Q	113	q
018	↕	DC2	050	2	082	R	114	r
019	‼	DC3	051	3	083	S	115	s
020	¶	DC4	052	4	084	T	116	t
021	§	NAK	053	5	085	U	117	u
022	▬	SYN	054	6	086	V	118	v
023	↨	ETB	055	7	087	W	119	w
024	↑	CAN	056	8	088	X	120	x
025	↓	EM	057	9	089	Y	121	y
026	→	SUB	058	:	090	Z	122	z
027	←	ESC	059	;	091	[	123	{
028	∟	FS	060	<	092	\	124	¦
029	◆	GS	061	=	093	]	125	}
030	▲	RS	062	>	094	∧	126	～
031	▼	US	063	?	095	_	127	⌂

附录 B　编译预处理命令

编译预处理命令不是 C 语言中的语句,但它可以改进程序设计环境,提高编程效率和程序的通用性。在对程序进行编译前对预处理命令进行"处理"。

为了和 C 语句区别,预处理命令前加 ♯ 予以说明,并且预处理命令不加分号结束。C 语言编译预处理命令主要有以下三种。

宏定义:用 ♯define 定义一个宏,♯undef 删除一个宏定义。

文件包含:用 ♯include 把一个指定文件的内容包含到当前程序中。

条件编译:用 ♯if、♯ifdef、♯ifndef、♯endif 根据预处理器测试的条件确定一段文本块是否包含到程序中。

1. 宏定义

(1) 简单的宏

简单的宏就是没有参数的宏。其定义的格式为:

```
#define  标识符  替换列表
```

其中,"标识符"也称"宏名",宏名通常用大写字母。"替换列表"可以是标识符、关键字、数值常量、字符常量、字符串等。当预处理器遇到一个宏定义时,会把程序中的所有"标识符"用"替换列表"代替。

【例 B-1】　利用宏表示圆周率,求圆面积。

```
#include <stdio.h>
#define PI 3.14159
int main(void)
{
    float area, r;
    printf("input r :");
    scanf("%f", &r);
    area=PI * r * r;                //此处 PI 替换为 3.14159
    printf("The result is : %f\n", area);
    return 0;
}
```

运行结果为:

```
input r :2↙
The result is : 12.566360
```

【例 B-2】　可以使用 ♯undef 取消宏的定义。

```
#include <stdio.h>
#define PI 3.14159
int main(void)
{
    float area, p, r;
```

```
    printf("input r :");
    scanf("%f",&r);
    area=PI * r * r;
    printf("The result is :%f\n", area);
    #undef PI                          //PI 宏定义的有效范围在此之前
    p=2 * PI * r;                      //不知道 PI 是宏或变量,所以编译时出错
    printf("The result is :%f\n", p);
    return 0;
}
```

由于之前结束了 PI 的宏定义,在编译语句"p＝2＊PI＊r;"计算圆周长时,系统会显
示编译错误而无法运行程序。

【例 B-3】 宏定义可以嵌套,已被定义的宏可以用来定义新的宏。

```
#include <stdio.h>
#define M 4
#define N M * 3
#define L 4+N/2
int main(void)
{
    printf("L=%d\n", L);
    return 0;
}
```

运行结果为:

```
L=10
```

在此例中,编译时经过宏替换之后输出的 L 被替换为 4＋M＊3/2＝4＋4＊3/2＝10。
(2) 带参数的宏

带参数的宏,也称函数式宏,其定义的格式为:

```
#define   宏名(参数列表)   替换列表
```

带参数宏定义不仅是简单的文本替换,还要进行参数替换。

【例 B-4】 利用带参数的宏求圆面积。

```
#include <stdio.h>
#define PI 3.14159
#define S(r) PI * r * r
int main(void)
{
    float x, area;
    x=2.0;
    area=S(x);                       //此处编译时替换为 area=3.14159 * x * x
    printf("The result is :%f\n", area);
    return 0;
}
```

运行结果如下:

```
The result is : 12.566360
```

说明：在宏名和(参数列表)之间不能有空格出现,否则空格右边的部分都作为宏体。如♯define S (r) PI＊r＊r,这时将(r) PI＊*r*＊*r*作为宏 S 的替换文本,是没有参数的宏。

【**例 B-5**】 利用宏定义计算圆周长、圆面积和圆的体积。

```
#include <stdio.h>
#define PI 3.14159
#define L(R) 2 * PI * R
#define S(R) PI * R * R
#define V(R) 4.0/3.0 * PI * R * R * R
int main(void)
{
    float r, l, s, v;
    scanf("%f",&r);
    l=L(r); s=S(r); v=V(r);
    printf("r=%5.2f, l=%5.2f, s=%5.2f, v=%5.2f\n",r,l,s,v);
    return 0;
}
```

运行结果为：

```
2.5↙
r=2.50, l=15.71, s=19.63, v=65.45
```

2. 文件包含

♯include 文件包含命令主要有两种书写格式。

格式 1：

```
#include <文件名>
```

格式 2：

```
#include "文件名"
```

其中,文件名是指存放在磁盘上的待包含的源文件名。

文件包含预处理指令的作用是将指定路径中一个文件的全部内容包含到当前的源文件中。文件包含可以将源文件或头文件包含到当前源文件中。文件包含可以节省程序设计中的重复劳动,也方便对程序中公共数据的修改。

当使用格式 1 时,预处理器到存放 C 语言库函数头文件所在的目录中搜索包含文件,这种方式被称为标准方式。而使用格式 2 时,表示按指定的路径搜索;未指定路径时,则在当前目录中搜索;若找不到,再按标准方式查找。

【**例 B-6**】 可以将宏定义放在头文件中,以方便多个文件共享宏定义。修改例 B-5,将头文件 myhead.h 加到文件 file1.c 中。

```
/ * myhead.h 文件 * /
void head(void)
```

```
{
    #define PI 3.14159
    #define L(R) 2 * PI * R
    #define S(R) PI * R * R
    #define V(R) 4.0/3.0 * PI * R * R * R
}
/ * file1.c 文件 * /
#include <stdio.h>
#include "myhead.h"                         //将头文件 myhead.h 加到 file1.c 中
int main(void)
{
    float r, l, s, v;
    scanf("%f",&r);
    l=L(r); s=S(r); v=V(r);
    printf("r=%5.2f, l=%5.2f, s=%5.2f, v=%5.2f\n",r,l,s,v);
    return 0;
}
```

运行结果为:

```
2.5↙
r=2.50, l=15.71, s=19.63, v=65.45
```

说明:

一个♯include 命令只能包含一个文件,若想包含多个文件必须用多个文件包含命令;在一个被包含文件中又可以包含另一个被包含文件,即文件包含可以相互嵌套;被包含文件和其所在的文件,在预编译后将成为同一个文件,进行编译后生成一个目标文件;头文件中一般存储变量和函数的声明和定义,用户可以将程序中常用的函数或变量定义在自己的头文件中。

3. 条件编译

一般情况下,源程序中所有的行都参加编译。但有时候希望在满足一定条件下编译某些行,条件不满足时编译其他行。这时候就需要使用条件编译。条件编译有以下几种格式。

(1) 格式一

```
#ifdef 标识符
    程序段 1
#else
    程序段 2
#endif
```

或

```
#ifdef 标识符
    程序段 1
#endif
```

它的功能是当指定标识符被定义过,则程序段 1 参与编译,否则程序段 2 参与编译。

省略♯else时,当标识符没被定义过,则编译♯endif后面的程序。

(2) 格式二

```
#ifndef 标识符
    程序段 1
#else
    程序段 2
#endif
```

或

```
#ifndef 标识符
    程序段
#endif
```

它的功能是当指定的标识符没有被定义过,则程序段1参与编译,否则程序段2参与编译。省略♯else时,当标识符已经被定义过,则编译♯endif后面的程序。

(3) 格式三

```
#if 表达式
    程序段 1
#else
    程序段 2
#endif
```

它的功能是当表达式的值为真(非0)时,编译相应的程序段1,否则编译程序段2。这样可以根据给定的条件,编译执行相应的程序段以完成不同功能。

条件编译主要用于提高所编写源程序的通用性,以适合不同计算机系统上的运行。在调试程序时采用一些条件编译语句,便于对程序的数值进行分析,增加了程序的灵活性。

【例 B-7】 从键盘输入一个字母,根据需要,编译输出该字母,或是编译输出该字母的前一个字母。

分析:定义一个字符变量,存放由键盘输入的字符。用条件编译语句处理,定义一个宏L,用♯define L 5指令检测,如果L定义为非0,则编译♯if L后面的语句,输出该字母;如果指令改为♯define L 0,L代表0,则编译♯else后面的语句,输出前一个字母。

```
#include <stdio.h>
#define L 5                        //宏定义标识符 L
int main(void)
{
    char c;
    printf("Input a letter: ");
    scanf("%c",&c);
    #if L
        printf("%c\n",c);
    #else
```

```
        printf("%c\n",c-1);
    #endif
    return 0;
}
```

运行结果为:

```
Input a letter:t↙
t
```

若将第二行宏定义改为#define L 0,则在预处理时,编译#else 下面的语句并执行,程序的运行结果为:

```
Input a letter:t↙
s
```

附录 C   运算符和结合性

优先级	运算符	含　　义	要求运算对象的个数	结合方向
1	( ) [ ] —> .	圆括号 下标运算符 指向结构体成员运算符 结构体成员运算符	——	自左至右
2	! ++ —— — (类型) * & sizeof	逻辑非运算符 自增运算符 自减运算符 负号运算符 类型转换运算符 指针运算符 取地址运算符 计算字节数运算符	1 (单目运算符)	自右至左
3	* / %	乘法运算符 除法运算符 整数求余运算符	2 (双目运算符)	自左至右
4	+ —	加法运算符 减法运算符	2 (双目运算符)	自左至右
5	<< >>	左移运算符 右移运算符	2 (双目运算符)	自左至右
6	< <= > >=	关系运算符	2 (双目运算符)	自左至右
7	== !=	等于运算符 不等于运算符	2 (双目运算符)	自左至右
8	&	按位与运算符	2 (双目运算符)	自左至右

续表

优先级	运算符	含　　义	要求运算对象的个数	结合方向
9	^	按位异或运算符	2 (双目运算符)	自左至右
10	|	按位或运算符	2 (双目运算符)	自左至右
11	&&	逻辑与运算符	2 (双目运算符)	自左至右
12	||	逻辑或运算符	2 (双目运算符)	自左至右
13	?:	条件运算符	3 (三目运算符)	自右至左
14	=、+=、 −=、*=、 /=、%=、 &=、^=、 |=、<<=、 >>=	赋值运算符 复合赋值运算符	2 (双目运算符)	自右至左
15	,	逗号运算符 (顺序求值)	——	自左至右

附录 D　C 库 函 数

1. 数学函数

使用数学函数时,应该在源文件中使用以下命令行:

`#include<math.h>` 或 `#include "math.h"`

函数名	函数类型	功　　能	返回值	说　　明
abs	int abs(int x);	求整数 x 的绝对值	计算结果	
acos	double acos(double x);	计算 $\cos^{-1}(x)$ 的值	计算结果	x 应在 −1 到 1 范围内
asin	double asin(double x);	计算 $\sin^{-1}(x)$ 的值	计算结果	x 应在 −1 到 1 范围内
atan	double atan(double x);	计算 $\tan^{-1}(x)$ 的值	计算结果	
atan2	double atan2 (double x, double y);	计算 $\tan^{-1}(x/y)$ 的值	计算结果	
cos	double cos(double x);	计算 $\cos(x)$ 的值	计算结果	x 单位为弧度
cosh	double cosh(double x);	计算 x 的双曲余弦 $\cosh(x)$ 的值	计算结果	

函数名	函 数 类 型	功 能	返 回 值	说 明
exp	double exp(double x);	求 e^x 的值	计算结果	
fabs	double fabs(double x);	求 x 的绝对值	计算结果	
floor	double floor(double x);	求出不大于 x 的最大整数	该整数的双精度实数	
fmod	double fmod (double x, double y);	求整除 x/y 的余数	返回余数的双精度数	
frexp	double frexp (double val, int * eptr);	把双精度数 val 分解为数字部分(尾数)x 和以 2 为底的指数 n,即 $val=x*2^n$,n 存放在 eptr 指向的变量中	返回数字部分 x, $0.5 \leqslant x < 1$	
log	double log(double x);	求 $\log_e x$,即 $\ln x$	计算结果	$x \geqslant 0$
log10	double log10(double x);	求 $\log_{10} x$	计算结果	$x \geqslant 0$
modf	double modf (double val, double * iptr);	把双精度数 val 分解为整数部分和小数部分,把整数部分存到 iptr 指向的单元	val 的小数部分	
pow	double pow (double x, double y);	计算 x^y 的值	计算结果	
rand	int rand(void);	产生随机整数	随机整数	
sin	double sin(double x);	计算 $\sin x$ 的值	计算结果	x 单位为弧度
sinh	double sinh(double x);	计算 x 的双曲正弦函数 $\sinh(x)$ 的值	计算结果	
sqrt	double sqrt(double x);	计算 $\sqrt{x}$	计算结果	$x \geqslant 0$
tan	double tan(double x);	计算 $\tan(x)$ 的值	计算结果	x 单位为弧度
tanh	double tanh(double x);	计算 x 的双曲正切函数 $\tanh(x)$ 的值	计算结果	

2. 字符函数和字符串函数

使用字符串函数时,应该在源文件中使用命令行: ♯include ＜string.h＞,使用字符函数时,应该在源文件中使用命令行: ♯include ＜ctype.h＞。

函数名	函 数 原 型	功 能	返 回 值	包含文件
isalnum	int isalnum(int ch);	检查 ch 是否是字母(alpha)或数字(numperic)	是字母或数字返回 1;否则返回 0	ctype.h
isalpha	int isalpha(int ch);	检查 ch 是否为字母	是,返回 1;否则返回 0	ctype.h
iscntrl	int iscntrl(int ch);	检查 ch 是否控制字符(其 ASCII 码在 0 和－x1F 之间)	是,返回 1;否则返回 0	ctype.h
isdigit	int isdigit(int ch);	检查 ch 是否数字(0~9)	是,返回 1;否则返回 0	ctype.h

续表

函数名	函 数 原 型	功　　能	返 回 值	包含文件
isgraph	int isgraph(int ch);	检查 ch 是否可打印字符（其 ASCII 码在 0x21 到 0x7E 之间），不包括空格	是,返回 1；否则返回 0	ctype.h
islower	int islower(int ch);	检查 ch 是否为小写字母(a~z)	是,返回 1；否则返回 0	ctype.h
isprint	int isprint(int ch);	检查 ch 是否可打印字符（其 ASCII 码在 0x20 到 0x7E 之间），包括空格	是,返回 1；否则返回 0	ctype.h
ispunct	int ispunct(int ch);	检查 ch 是否标点字符(不包括空格)，即除字母、数字和空格以外的所有可打印字符	是,返回 1；否则返回 0	ctype.h
isspace	int isspace(int ch);	检查 ch 是否空格、跳格符(制表符)或换行符	是,返回 1；否则返回 0	ctype.h
isupper	int isupper(int ch);	检查 ch 是否为大写字母(A~Z)	是,返回 1；否则返回 0	ctype.h
isxdigit	int isxdigit(int ch);	检查 ch 是否一个十六进制数学字符(即 0~9,或 A~F,或 a~f)	是,返回 1；否则返回 0	ctype.h
strcat	char * strcat(str1, str2) char * str1, * str2;	把字符串 str2 接到 str1 后面,str1 最后面的'\0'被取消	str1	string.h
strchr	char * strchr(char * str, int ch);	找出 str 指向的字符串中第一次出现字符 ch 的位置	返回指向该位置的指针,如找不到,则返回空指针	string.h
strcmp	int strcmp(char * str1, char * str2);	比较两个字符串 str1、str2	str1<str2,返回负数；str1＝str2,返回 0；str1>str2,返回正数	string.h
strcpy	char * strcpy(char * str1, char * str2);	把 str2 指向的字符串复制到 str1 中去	返回 str1	string.h
strlen	unsigned int strlen(char * str);	统计字符串 str 中字符的个数(不包括终止符'\0')	返回字符个数	string.h
strstr	char * strstr(char * str1, char * str2);	找出 str2 字符串在 str1 字符串中第一次出现的位置(不包括 str2 的串结束符)	返回该位置的指针,如找不到,则返回空指针	string.h
tolower	int tolower(int ch);	将 ch 字符转换为小写字母	返回 ch 所代表的字符的小写字母	ctype.h
toupper	int toupper(int ch);	将 ch 字符转换成大写字母	与 ch 相应的大写字母	

3. 输入输出函数

使用输入输出函数时,应该在源文件中使用命令行：#include<stdio.h>。

函数名	函数原型	功　能	返回值	说　明
clearerr	void clearer(FILE * fp);	使 fp 所指文件的错误标志和文件结束标志置 0	无	
close	int close(int fp);	关闭文件	关闭成功返回 0;不成功,返回−1	非 ANSI 标准
creat	int creat(char * filename, int mode);	以 mode 所指定的方式建立文件	成功则返回正数;否则返回−1	非 ANSI 标准
eof	inteof(fp)int fd;	检查文件是否结束	遇文件结束,返回 1;否则返回 0	非 ANSI 标准
fclose	int fclose(FILE * fp);	关闭 fp 所指文件,释放文件缓冲区	有错返回非 0;否则返回 0	
feof	int feof(FILE * fp);	检查文件是否结束	遇文件结束符返回非 0 值;否则返回 0	
fgetc	int fgetc(FILE * fp);	从 fp 所指定的文件中取得下一个字符	返回所得到的字符,若读入出错,返回 EOF	
fgets	char * fgets(char * buf, int n, File * fp);	从 fp 指向的文件读取一个长度为($n-1$)的字符串,存入起始地址为 buf 的空间	返回地址 buf,若遇文件结束或出错,返回 NULL	
fopen	FILE * fopen(char * filename, char * mode);	以 mode 指定的方式打开名为 filename 的文件	成功,返回一个文件指针;否则返回 0	
fprintf	int printf(FILE * fp, char * format, args, …);	把 args 的值以 format 指定的格式输出到 fp 所指定的文件中	实际输出的字符数	
fputc	int fputc(char ch, FILE * fp);	将字符 ch 输出到 fp 指向的文件中	成功,返回该字符;否则返回 EOF	
fputs	int fputs(char * str, FILE * fp);	将 str 指向的字符串输出到 fp 所指定的文件	返回 0,若出错返回非 0	
fread	int fread(char * pt, unsigned size, unsigned n, FILE * fp);	从 fp 所指定的文件中读取长度为 size 的 n 个数据项,存到 pt 所指向的内存区	返回所读的数据项个数,如遇文件结束或出错返回 0	
fscanf	int fscanf(FILE * fp, char format, args, …);	从 fp 指定的文件中按 format 给定的格式将输入数据送到 args 所指向的内存单元(args 是指针)	已输入的数据个数	
fseek	int fseek(FILE * fp, long offset, int base);	将 fp 所指向的文件的位置指针移到以 base 所指出的位置为基准、以 offset 为位移量的位置	返回当前位置;否则返回−1	

函数名	函　数　原　型	功　　能	返　回　值	说　　明
ftell	long ftell(FILE * fp);	返回 fp 所指向的文件中的读写位置	返回 fp 所指向的文件中的读写位置	
fwrite	int fwrite(char * ptr, unsigned size, unsigned n, FILE * fp);	把 ptr 所指向的 $n * size$ 个字节输出到 fp 所指向的文件中	写到 fp 文件中的数据项的个数	
getc	int getc(FILE * fp);	从 fp 所指向的文件中读入一个字符	返回所读的字符,若文件结束或出错,返回 EOF	
getchar	int getchar(void);	从标准输入设备读取下一个字符	所读字符,若文件结束或出错,返回−1	
getw	int getw(FILE * fp);	从 fp 所指向的文件读取下一个字(整数)	输入的整数,如文件结束或出错,返回−1	非 ANSI 标准
open	int open(char * filename, int mode);	以 mode 指出的方式打开已存在的名为 filename 的文件	返回文件号(正数),如打开失败,返回−1	非 ANSI 标准
printf	int printf(char * format, args,...);	将输出表列 args 的值输出到标准输出设备	输出字符的个数,若出错,返回 EOF	format 可以是一个字符串,或字符数组的起始地址
putc	int putc(int ch, FILE * fp);	把一个字符 ch 输出到 fp 所指的文件中	输出的字符 ch,如出错,返回 EOF	
putchar	int putchar(char ch);	把字符 ch 输出到标准输出设备	输出的字符 ch,如出错,返回 EOF	
puts	int puts(char * str);	把 str 指向的字符串输出到标准输出设备,将 '\0' 转换为回车换行	返回换行符,若失败,返回 EOF	
putw	int putw(int w, FILE * fp);	将一个整数 w(即一个字)写到 fp 所指向的文件中	返回输出的整数,若出错,返回 EOF	非 ANSI 标准
read	int read(int fd, char * buf, unsigned count);	从文件号 fd 所指示的文件中读 count 个字节到由 buf 指示的缓冲区	返回真正读入的字节个数,如遇文件结束返回 0,出错返回−1	非 ANSI 标准
rename	int rename(char * oldname, char * newname);	把由 oldname 所指的文件名改为由 newname 所指的文件名	成功返回 0,出错返回−1	
rewind	void rewind(FILE * fp);	将 fp 指示的文件中的位置指针置于文件开头位置,并清除文件结束标志和错误标志	无	

续表

函数名	函数原型	功　能	返回值	说　明
scanf	int scanf(char * format, args,…);	从标准输入设备按 format 指向的格式字符串规定的格式,输入数据给 args 所指向的单元	读入并赋给 args 的数据个数,遇文件结束返回 EOF,出错返回 0	args 为指针
write	int write(int fd, char * buf, unsigned count);	从 buf 指示的缓冲区输出 count 个字符到 fd 所标志的文件中	返回实际输出的字节数,如出错返回 −1	非 ANSI 标准

4. 动态存储分配函数

下列动态存储分配函数在使用时,应该在源文件中使用命令行 ♯include＜stdlib.h＞或使用 ♯include＜malloc.h＞。

函数名	函数和形参类型	功　能	返　回　值
calloc	void * calloc(unsigned n, unsigned size);	分配 n 个数据项的内存连续空间,每个数据项的大小为 size	分配内存单元的起始地址,如不成功,则返回 0
free	void free(void * p);	释放 p 所指的内存区	无
malloc	void * malloc(unsigned size);	分配 size 字节的存储区	所分配的内存区地址,如内存不够,返回 0
realloc	void * realloc(void * p, unsigned size);	将 p 所指的已分配内存区的大小改为 size,size 可以比原来分配的空间大或小	返回指向该内存区的指针